《化工过程强化关键技术丛书》编委会

"十三五"国家重点出版物
出版规划项目

国家出版基金项目
NATIONAL PUBLICATION FOUNDATION

化工过程强化关键技术丛书

中国化工学会 组织编写

石油分子工程

Petroleum Molecular Engineering

吴 青 编著

化学工业出版社

·北京·

《石油分子工程》是《化工过程强化关键技术丛书》的一个分册。本书介绍了石油分子工程概念的起源、定义、技术框架与构成、内容以及应用,包括石油分子信息获取技术即石油分子表征技术、石油分子重构技术,石油分子信息加工技术如石油分子信息库、石油分子反应性与动力学模型,包括石油炼制过程化学反应规则库、分子动力学模型构建与求解等,以及石油分子工程的应用,包括智能炼化建设、原油分子信息应用与分子级先进计划系统及全流程整体协同优化下的管控与决策智能一体化、汽柴油质量升级与产品(如汽柴油、润滑油和沥青等)的分子精准调和、催化新材料与炼油化工新工艺开发等。

《石油分子工程》对进一步"认识石油、利用石油、用好石油",实现"资源高效转化、能源高效利用、过程绿色低碳"目标,深化和推动炼化产业高质量发展具有重要的参考、借鉴和促进作用。本书可供石油化工领域从事研究、开发和生产、管理的人员参考,也可供高校化工及相关专业研究生、本科生学习参考。

图书在版编目(CIP)数据

石油分子工程/中国化工学会组织编写;吴青编著. —北京:化学工业出版社,2020.5(2021.1重印)
(化工过程强化关键技术丛书)
国家出版基金项目 "十三五"国家重点出版物出版规划项目
ISBN 978-7-122-36187-5

Ⅰ. ①石… Ⅱ. ①中… ②吴… Ⅲ. ①石油炼制
Ⅳ. ①TE62

中国版本图书馆CIP数据核字(2020)第033757号

责任编辑:徐雅妮 杜进祥 丁建华　　　　装帧设计:关　飞
责任校对:边　涛

出版发行:化学工业出版社(北京市东城区青年湖南街13号　邮政编码100011)
印　　装:中煤(北京)印务有限公司
710mm×1000mm　1/16　印张17¾　字数370千字　2021年1月北京第1版第2次印刷

购书咨询:010-64518888　　　　　　售后服务:010-64518899
网　　址:http://www.cip.com.cn
凡购买本书,如有缺损质量问题,本社销售中心负责调换。

定　　价:188.00元

作者简介

吴青，中国海洋石油集团有限公司资深专家，集团公司科技发展部总工程师，工学博士，教授级高工，广东省劳动模范，国务院政府特殊津贴专家。从事石油化工行业的计划、技术、生产、安全、信息化等方面工作30余年，提出石油分子工程及其管理理论并应用于智能炼化建设、海洋油气绿色高效转化与分子级精细管理，以实现海洋油气资源价值最大化目标。曾获国际项目管理协会国际卓越项目管理（特大型项目类）金奖1项，国家科技进步二等奖1项，中国专利优秀奖3项，侯德榜化工科技成就奖1项，侯祥麟石油加工科学技术奖1项，省部级一等奖12项、二等奖9项，获授权专利41件（其中发明专利38件），发表论文150余篇，出版《智能炼化建设——从数字化迈向智慧化》等专著4部。兼任中国化学会第29届理事，中国石油学会石油炼制分会第9届副主任委员，中国化工学会第1届化工过程强化专业委员会委员，中国石油化工信息学会第5届理事会常务理事，全国石油产品和润滑剂标准化技术委员会副主任委员，国际项目管理协会委员兼国际评估师等。

化学工业是国民经济的支柱产业，与我们的生产和生活密切相关。改革开放 40 年来，我国化学工业得到了长足的发展，但质量和效益有待提高，资源和环境备受关注。为了实现从化学工业大国向化学工业强国转变的目标，创新驱动推进产业转型升级至关重要。

"工程科学是推动人类进步的发动机，是产业革命、经济发展、社会进步的有力杠杆"。化学工程是一门重要的工程科学，化工过程强化又是其中的一个优先发展的领域，它灵活应用化学工程的理论和技术，创新工艺、设备，提高效率，节能减排、提质增效，推进化工的绿色、低碳、可持续发展。近年来，我国已在此领域取得一系列理论和工程化成果，对节能减排、降低能耗、提升本质安全等产生了巨大的影响，社会效益和经济效益显著，为践行"绿水青山就是金山银山"的理念和推进化工高质量发展做出了重要的贡献。

为推动化学工业和化学工程学科的发展，中国化工学会组织编写了这套《化工过程强化关键技术丛书》。各分册的主编来自清华大学、北京化工大学、中北大学等高校和中国科学院、中国石油化工集团公司等科研院所、企业，都是化工过程强化各领域的领军人才。丛书的编写以党的十九大精神为指引，以创新驱动推进我国化学工业可持续发展为目标，紧密围绕过程安全和环境友好等迫切需求，对化工过程强化的前沿技术以及关键技术进行了阐述，符合"中国制造 2025"方针，符合"创新、协调、绿色、开放、共享"五大发展理念。丛书系统阐述了超重力反应、超重力分离、精馏强化、微化工、传热强化、萃取过程强化、膜过程强化、催化过程强化、聚合过程强化、反应器（装备）强化以及等离子体化工、微波化工、超声化工等一系列创新性强、关注度高、应用广泛的科技成果，多项关键技术已达到国际领先水平。丛书各分册从化工过程强化思路出发介绍原理、方法，突出应用，强调工程化，展现过程强化前后的对比效果，系统性强，资料新颖，图文并茂，反映了当前过程强化的最新科研成果和生产技术水平，有助于读者了解最新的过程强化理论和技术，对学术研究和工程化实施均有指导意义。

本套丛书的出版将为化工界提供一套综合性很强的参考书，希望能推进化工过程强化技术的推广和应用，为建设我国高效、绿色和安全的化学工业体系增砖添瓦。

中国科学院院士：

中国工程院院士：

经过几十年的发展，炼油工业作为我国经济社会发展的支柱产业和实体经济的重要基石，无论在产业布局、加工规模、装置结构、质量升级，还是在炼油工艺技术与装备、工程化等方面均取得了长足的进步。但是，我们也清醒地看到，我国经济发展进入新常态后，中国炼油工业也面临着化解产能过剩、应对资源约束、做好节能减排以及可持续发展、高质量发展等问题与挑战。这些问题与挑战可以概括为"资源、能源、环境与安全"对炼油产业的约束问题，其核心原因是石油炼制与管控粗放、炼油信息化水平没能跟上产业发展的步伐。

面对经济新常态，我国的经济发展方式从追求总量经济向高质量、可持续发展转变，炼油产业也进入了"新时代"。数字化、信息化新技术、"两化融合""互联网+"和"智能+"等正在改变炼油化工及其产品的市场格局和用户的消费行为。炼油化工生产、管控和营销的变革等"新变化"推动着炼油化工企业瞄准智慧炼化建设目标，实施炼油化工企业数字化发展与转型升级。炼油化工企业正在从全产业链开展系统优化，不断提高生产经营效益，使资源、能源的利用率更高，过程更加清洁化即低碳绿色化。在此背景下大力推进、实施炼油强化技术——石油分子工程可谓恰逢其时。

石油分子工程作为炼油强化技术之一，通过分析仪器表征手段和计算机辅助分子重构技术等方法，不断加深对石油资源在分子水平上的认识。深入研究石油及其分子组成的转化规律，一方面可以优化原料组成、有针对性地开发出最适合的催化剂，并设计一系列合理的反应路径和反应条件，达到原料、催化剂、工艺以及反应器的最佳匹配；另一方面，可以实现包括原油在内的资源敏捷优化，原油选择、加工、销售全产业链的协同优化，以及全产业链过程质量、安全、环保的监管与溯源，从而超越传统的、粗放的石油认知体系，真正实现"分子水平"石油炼制，促进炼油化工新技术取得突破性进展，推动行业的重大技术进步。

A.Von Hippel 最早提出了用于解决工程问题的分子工程（Molecular Engineering）概念。根据炼油化工行业"资源高效转化、能源高效利用、过程绿色低碳"的要求，结合石油分析表征、计算机信息化、石油加工等技术的进展，借鉴能源行业分子工程相关概念，如日本学者 Sanada 的煤分子工程、美国学者 Marshall 和 Rodgers 的石油组学、何鸣元院士的分子炼油等，笔者提出了石油分子工程与分子管理的定义，即石油分子工程是在分子水平上研究石油及其馏分的性质、组成、结构及反应性能的相互关系，并以此为基础，遵循"资源高效转化、能源高效利用、过程绿色低碳"原则，研究石油及其馏分如何精准、高效地转化为能源或产品的一门工程学科；石油分了管理则定义为依据数字化、信息化新技术如算法技术、优化技术、可视化技术与深度学习技术等对石油分子工程进行优化利用的集成技术。

本书共分为六章：第一章为绪论，介绍概念、定义以及本书主要内容与技术构架、主要应用领域；第二章为石油及其馏分的分子水平表征技术，包括石油分子组成概述、石油及其馏分的分子水平表征（如色谱法、质谱法、核磁共振法、烃指纹分析法等）技术与仪器的现状及其进展；第三章为石油分子重构技术，介绍物性与组成的估算方法、分子重构方法，如分子同系物矩阵（MTHS）法、结构导向集总 (SOL) 法、概率密度函数 (PDF) 法、蒙特卡罗（Monte Carlo）法、随机重构 (SR) 法与熵最大化分子重构（REM）法等，并对主要的几种重构技术进行了简要分析对比；第四章为石油分子信息库，包括命名规则、石油及其馏分化合物的分子分类与信息化描述以及石油分子信息库的建立与应用；第五章为石油分子反应性与动力学模型，涉及纯化合物分子和石油混合物分子的反应机理与规律、化学反应信息化表述与反应规则库构建、分子反应网络以及动力学模型构建与求解等内容；第六章为石油分子工程的应用，包括智能炼化建设、石油分子信息应用与分子水平先进计划系统及全流程整体协同优化下的管控与决策智能一体化、汽柴油质量升级与产品分子精准调和、催化新材料与炼油化工新工艺开发等。

本书由中国海洋石油集团有限公司吴青编著，是《化工过程强化关键技术丛书》的一个分册，在此特别感谢中国工程院曹湘洪院士、舒兴田院士和陈建峰院士以及中国科学院费维扬院士的认可，也十分感谢化学工业出版社相关编辑为本书出版付出的辛勤劳动，并提出了很好的修改建议。本书大部分内容和应用案例来自于中国海洋石油集团有限公司支持的重大项目的研究与应用成果、经验总结。中国石油大学史权教授通读了全书并提出了修改意见，华东理工大学刘纪昌教授对第五章第四节进行了审改。此外，还得到了吴晶晶、黄少凯、易军、何恺源等几位博士的帮助，在此一并表示感谢。

本书首次阐述了石油分子工程理念，内容新颖，体系完整，理论与实践结合紧密，既可供石油化工、能源、计算机等领域的科研、工程技术人员参考，也可作为高等院校化学、化工、计算机等专业本科生、研究生的教学参考书。

限于笔者的学识与能力，本书难免存在不妥之处，敬请专家、读者批评指正！

2020 年 3 月

目 录

第一章

绪　　论

　　石油炼制工业一直是国民经济最重要的支柱产业之一，是实体经济的重要基石。经过几十年的发展，我国炼油工业无论在产业布局、加工规模与基地化、园区化发展，装置结构与加工原油适应性，以及产品数量、结构与质量升级，清洁生产与节能环保，HSE（健康、安全和环境管理体系）与替代燃料方面，还是在催化剂与加工工艺、技术装备工程化，管控信息化以及数字化、智能化发展等方面均取得了长足的进步[1, 2]。

　　但是，我们也清醒地看到，中国经济发展进入新常态以后，炼油业也面临着应对资源约束，优化产业布局，化解过剩产能，加快炼化一体化进程，推进产品质量升级与产业转型升级，做好绿色低碳、节能减排，促进可持续发展等诸多问题与挑战。这些问题与挑战可以高度概括为"资源、能源、环境与安全"对炼化产业的约束问题[1, 3]，其核心原因是石油炼制与管控粗放，炼油信息化的水平没能跟上产业发展的步伐[4, 5]。

　　炼油化工企业运行模式方面存在诸多问题，如原料变化频繁、工况波动剧烈带来的多变性问题；生产过程连续、不能停顿且其中涉及成千上万的物理化学反应，机理复杂或不清楚带来的复杂性、连续性问题；原料组成、设备状态、工艺参数、产品质量等通常无法实时或全面检测带来的难以数字化描述问题；加工过程与经营计划的决策分析问题。解决上述约束问题时绝大多数情况下还是严重依赖富有经验的知识型炼化工程师，因而急需炼化企业的数字化、智能化发展与转型升级[3-8]。所以吴青认为，面对经济新常态和经济发展方式从追求数量向高质量、可持续发展的转变以及中国社会主要矛盾的新变化，炼化产业也进入了"新时代"：数字化以及信息化新技术、"两化融合"、深化"互联网＋"和"智能＋"应用等正在改变炼油、石化产品的市场格局和用户消费行为，市场竞争更趋激烈，炼化生产、管控和营销的变革等"新变化"推动着炼化企业开创"新征程"——将炼化生产、管控、决策过程与数字化、智能化的敏捷感知与监控测量技术、动态建模等知识关联模型化技术以及云计算、大数据、AI（人工智能）等算法技术以及 AR/VR/MR（增强现实 / 虚拟现实 / 混合现实）等可视化技术进行深度融合，结合移动工业互联网平台，构建起具有"全流程资源敏捷优化与决策系统"和"生产过程绿色低碳的全流程整体协同优化系统"的新型炼化企业模式，并进一步发展为"全流程整体协同优化的管控与决策智能一体化"的企业模式，从而实现炼化企业"资源高效转化、能源高效利用、过程绿色低碳"目标。在这种大趋势和大环境的要求下，如何充分利用好宝贵的石油资源，做到绿色、高效和高选择性地实现资源价值最大化和成本最小化，实施石油分子工程可谓恰逢其时 [9-12]。

石油是由大量烃类和非烃类化合物组成的极其复杂的混合物，虽然目前技术尚无法实现石油及其馏分（尤其是沸程为柴油以上的馏分）全部单体化合物分子的分离与鉴别，而建立在馏分概念上的炼油工艺与催化剂依然是主流技术并不断取得发展与进步，但从认识客观事物的规律来说，科学发展是无止境的。尤其是现代分析技术和计算化学的飞速发展，为石油这个复杂化合物的混合体进行分子层次 / 分子水平级的炼制提供了可能 [13]。

石油分子工程通过深化对石油资源分子水平上的认识，并深入研究石油及其分子组成的转化规律，同时借助计算机与数字化、信息化技术，一方面可以优化原料组成，有针对性地开发最适合的催化剂并设计一系列合理反应路径和反应条件，达到原料、催化剂、工艺以及反应器的最佳匹配；另一方面，可以实现包括原油（未处理的石油）在内的分子级先进计划优化系统即资源敏捷优化，原油选择、加工、销售全产业链的协同优化，以及全产业链过程质量、安全、环保的监管与溯源，从而真正实现超越传统石油粗放认知体系的"分子水平级炼油"，促进炼油化工新技术取得突破性的跨越式进展，并推动行业（产业）的重大技术进步。

第一节　分子工程与石油分子工程的概念与定义

一、分子工程的概念与起源

分子工程（Molecular Engineering）概念最早由 A.Von Hippel[14] 于 1956 年提出，其定义是：分子工程是一种解决工程问题的新的思维模式。有别于解决工程应用问题的传统方法，分子工程（学）立足当前实际应用，从材料的原子和分子构造出发，来实现最终产品的合成（工艺路线），而并非使用预制材料（模块）并试图设计符合物质宏观特性的工程应用。这种思考问题的模式能够让工程师建立起与科学之间更加直接深入的联系，成为真正的"合作伙伴"，以达到对知识的融会贯通与灵活运用。工程师可以根据物质的理想属性及其基本特质来构筑或设想一个方案，然后再通过实验来验证该设想的可行性；同时还可以根据一些基本定律和原则，像下围棋一样，把基础粒子作为棋子，来设计、构思并验证不同的工程解决方案；甚至可以利用敏锐的洞察力进行选择，预见材料的固有局限性，并实现其真实性能的充分利用。

60 多年来，分子工程的概念已经在很多研究或学科建设中被采纳，其内涵也在不断地变化和发展[15-21]。如，北京大学唐有祺教授[22, 23]认为，分子工程学以功能为导向，进行结构的设计和研制，其研究对象不再局限于单个化合物，而是把着重点放在功能体系上；它更加重视功能，以及贯通性能、结构和制备三者之间关系的原理。华东理工大学胡英教授[24]认为，分子工程从分子水平研究产品的设计和开发以及过程的设计和开发，其基础是分子结构和热力学性质、传递性质以及反应动力学之间的定量关系，研究这些关系分别是分子热力学、分子传递现象和分子动力学的任务。美国芝加哥大学[25]则认为，分子工程的提出是基于这样一个概念，即要把演绎于物理、化学、生物学中的分子水平的科学转化为对解决人类社会重大问题具有重要意义的新技术和新方法，同时持续促进分子水平科学获得创造性的应用。因此，分子工程是工程研究和教育的新理念，它综合多学科的知识技能，强调学科交叉和解决问题，打破工程学科分割的传统。

二、分子工程概念在能源领域的发展

1. 煤分子工程

煤分子工程于 2002 年由日本学者 Sanada[26] 提出，以不同层次上的煤组成结构及其反应性关系为基础，研究实现煤的高效和高选择性转化技术和工艺的途径与方法的一门工程学科，即通过"分子 - 产品 - 过程"三位一体的多尺度集成的方法来解决煤洁净利用过程的效率、环境及效益等问题。后来，中国工程院谢克昌院士[27]在中国推广了煤分子工程的概念与应用。

2. 石油组学

石油组学（Petrolomics）的概念最早由美国学者 Marshall 和 Rodgers[28, 29] 提出。他们在发明了傅里叶变换 - 离子回旋共振质谱（FT-ICR MS）技术、实现对重质油组成进行深入分析表征的基础上，研究石油化学组成与其物理、化学性质及加工性能的关系，提出了石油组学概念。即石油组学是从分子层次研究石油化学组成及其与油品性质和转化性能之间的关系，试图通过详细的分子组成数据，关联和预测石油的性质和反应性能[30]。

石油组学最基础、核心和关键的技术是可用于石油组成与结构分析的仪器分析表征技术[31-33]。由于能对处理对象特别是重油进行组成与结构分析，因此，据此可以实现低氢耗、无副反应生成物、不浪费能源的理想反应工艺的设计与开发[34]。

3. 分子炼油

分子炼油的概念首次传入中国，最早见于 2006 年中国科学院何鸣元院士接受

《科技日报》记者的采访稿，认为分子炼油是一种新的理念，主要倡导从分子水平考虑炼油过程。2011 年，中国科学院白春礼院士再次向《科学世界》记者提及分子炼油。

中国石油大学徐春明教授认为，分子炼油就是从分子水平来认识石油加工过程，准确预测产品性质，优化工艺和加工流程，提升每个分子的价值，实现"宜烯则烯、宜芳则芳、宜油则油"的生产理念。其解释是：分子炼油一方面是从分子水平上了解和区分原油，另一方面就是从分子水平上更精确地裁剪原油的碳链，做到市场需要什么，就生产什么。为此，徐春明教授于 2013 年提出了分子组合与转化概念（Molecular Combination & Conversion，MCC），认为 MCC 是"石油组学"在炼油和化工领域的具体实践，是实现"分子炼油"的技术途径，且认为相对"石油组学""分子炼油"两个概念，MCC 概念更侧重技术层面，但不单纯是一项技术，而是解决方案，即从分子水平实现炼化增效的组合技术方案。

由于分子炼油的提法比较形象，很适合炼厂降本增效特别是管理升级，突出与传统差别，体现精细化特点，因此，分子炼油这种说法目前在炼油界有一定的"市场"。

三、石油分子工程的概念与定义

吴青[9-12] 在综合分析了化学与化学工程学科关于分子工程相关概念[14-25]特别是能源工业的煤分子工程[26, 27]、石油组学[28-34]、分子炼油等概念，并结合石油加工与相关领域有关技术的进展和从业实践与经验体会后，提出了石油分子工程与分子管理的概念。其定义如下：石油分子工程是对石油及其馏分在分子水平上研究其性质、组成、结构及反应性能的相互关系，并以此为基础，遵循"资源高效转化、能源高效利用、过程绿色低碳"原则而对石油及其馏分如何精准和高效地转化为当今技术所能使用的能源或产品而开展研究、应用的一门工程学科；石油分子管理则定义为依据数字化、信息化新技术如算法技术、优化技术、可视化技术与深度学习技术等对石油分子工程进行优化利用的集成技术。与上述石油组学、分子炼油概念相比，石油分子工程与分子管理的定义更加全面、清晰和准确，例如对石油分子水平的认识，既包括了分析仪器的表征结果，更提出如何利用计算机模拟识别与分子重构技术。

石油分子工程与分子管理属于新兴的工程学科，基于机器视觉、光谱、质谱、核磁共振等非接触式信息敏捷感知技术、检测技术与软测量技术以及相应的计算化学与分子重构技术，获得石油及其馏分在分子水平上的各种信息[35]；将直接获取或重构获得的分子信息经过数据处理技术等处理后，与石油及其馏分的物化性质及反应性相关联，从而建立分子动力学模型，并模拟石油炼制加工反应过程；预测、关联、传递反应产物分布及其产物性质；为原料优化，催化剂开发、表征、设计、筛选、使用，石油炼制工艺过程操作管理与优化，以及新的工艺过程开发等提供有益的指导与帮助，提升石油炼制的效率与效益。

因此，为了达到"资源高效转化、能源高效利用、过程绿色低碳"目的，实现石油资源价值最大化和加工成本最小化，从石油分子工程与分子管理的理念出发，一方面，需要具备"原料分子水平认识-加工过程-目的产品-循环利用"的全局思维与集成解决方案；另一方面，它也是随着石油及其馏分的仪器分析表征、计算机模拟识别与分子重构技术水平和先进控制、数字化、信息化技术水平以及催化剂与石油炼制新工艺等技术的进步而不断进步的。

综上，通俗来说，石油分子工程与分子管理就是从分子层次来认识石油、利用石油和用好石油。

第二节　石油分子工程的主要内容与技术构架

一、主要内容

石油分子工程的核心与关键技术包括石油及其馏分的分子信息获取技术（如石油及其馏分的分子水平分析表征技术和分子重构技术）、分子信息加工技术（如石油分子信息库、化学反应规则库等）以及分子信息应用技术（即分子动力学模型、动态建模技术等）。

石油分子管理的核心与关键的数字化、信息化技术包括算法技术［如主成分分析（PCA）技术、云计算技术、大数据分析等］、优化技术［如先进控制（APC）技术、实时优化（RTO）技术］、可视化技术（如 AR/VR/MR 技术等）与深度学习技术（如 AI 技术）等。

在研究石油及其馏分分子组成、结构、性质与反应性能的相互关系基础上，充分利用每一种或每一类分子的特点，实现资源价值最大化和加工成本的最小化（即最优化）同时，也实现了能源高效利用和过程的绿色低碳。对石油资源高效转化和加工过程最优化的技术与工艺，要体现资源与资产两方面价值的最大化，其关键是要依据石油分子工程建立新型的炼化企业模式，即构建全流程资源敏捷优化与决策系统和生产过程绿色低碳的全流程整体协同优化系统，并进一步发展为全流程整体协同优化的管控与决策智能一体化的模式。

二、核心技术

1.石油及其馏分分子水平的分析表征技术

国内外对石油进行分析表征的研究与开发大致按照两条主线[2]：一条是在原有的油品族组成和结构族组成分析基础上，通过当代更为先进的分离和检测方法，对油品的化学组成进行更为详细的表征，即油品的分子水平表征技术，其目的是为开发分子炼油新技术提供理论和数据支持，以求索研发变革性的炼油新技术[33]；另一条主线则是采用新的分析手段，快速、实时地在线测定炼油工业过程各种物料的关键物化性质，即现代工业过程分析技术，其目的是为先进过程控制和优化技术提供更快、更全面的分析数据，从而实现炼油装置的平稳、优化运行[36]。

对于石油的分析表征来说，所需要的信息越详细，则分析的难度越大[37]。根据现有分析技术所需提供信息的详细程度，将石油及其馏分的结构与组成信息分为三个层级，如图1-1所示。

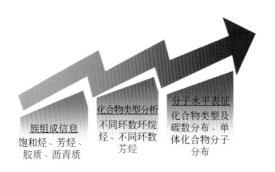

● 图1-1　石油及其馏分的结构与组成信息的分类

第一个层级为族组成信息，如族组成中的饱和烃、芳烃、胶质、沥青质的含量测定等分析信息；第二个层级为化合物类型分析，可得到不同环数环烷烃和芳烃的分布，以及结构族组成中的链烷碳、环烷碳、芳香碳分布等分析数据；第三个层级为石油及其馏分的分子水平表征，得到更加详细的组成信息，如详细的化合物类型和碳数分布及部分单体化合物分子分布。

石油及其馏分的分子组成从根本上决定了石油及其产品的物化性质及反应性能。石油炼制过程中，烃类、非烃类（硫、氮等化合物）会发生极其复杂的化学反应，不同的加工工艺、催化剂以及操作参数的变化都对其化学反应过程具有较大影响，从而影响目标产品的组成和性质（质量）。只有在分子水平上深入认识石油组成，才能有针对性地通过设计一系列化学反应并选择合理反应条件，通过复杂化学反应网络调变，使每一个石油分子的价值最大化。因此，如何突破对石油性质、组成的粗放认知，获得石油及其馏分分子水平上的精细组成信息，即石油及其馏分分子水平表征技术的开发与利用，是实现石油分子工程的基础与关键。

为了提高对石油分子组成的认识水平，为催化剂的设计和工艺条件的优化提供技术支持，进而实现石油分子工程与分子管理目标，需要统筹利用各种先进的石油分析表征仪器与技术，建立先进的石油及其馏分分子信息的表征技术平台，并针对所建立的各种分子表征技术，开发石油分子识别和定量的数据分析系统，实现数据处理的自动化，以提高数据处理的效率和准确性。

借助快速发展的各种色谱、质谱、核磁共振等先进的仪器分析技术并结合多种分离技术，或它们的组合技术，可以获得各类石油及其馏分的分子组成与结构的信息，如通过诸如全二维气相色谱 - 质谱联用（GC×GC/MS）技术、气相色谱 - 飞行时间质谱（GC/TOF MS）技术、傅里叶变换 - 离子回旋共振质谱（FT-ICR MS）技术、核磁共振（^{1}H-NMR 或 ^{13}C-NMR）技术等分析表征手段，可以获得石油及其馏分中各种烃类、非烃类化合物的详细的分子组成与结构分析数据（信息）[32, 38, 39]。

2.石油及其馏分的分子重构与分子信息描述

各种先进的仪器分析与分离技术的高速发展，让人们对石油及其馏分在分子水平组成、结构等方面的认识进入到更深的层次。但是，即使是目前最为先进的分析表征技术也有很多问题与不足。例如，高分辨质谱通过精确的质量解析能够确定石油分子的分子式、得到不同分子缺氢数 z 以及总碳数的分布，但是却很难准确解析分子的具体结构，也不能有效区分各类同分异构体，石油的分子组成仍很难准确定量；此外，许多先进的仪器大多十分昂贵，样品处理周期很长、费用很高，对操作、分析者的要求也非常高，所以炼化企业想要普及此类先进仪器实际上非常困难。

计算机模拟技术的出现及其快速发展，使得石油分子组成、结构模拟方法在石油分子组成与结构的表征与研究中发挥了越来越重要的作用。这种石油及其馏分的分子组成、结构模拟方法又称为石油分子重构技术，它以石油及其馏分的某些容易获取的常规分析数据为基础，采用各种数学工具、方法建立模型并进行模拟计算，再用模拟计算所获得的一套等效的虚拟分子来表示石油及其馏分的分子组成。这种模拟方法有效地回避了烦琐昂贵的石油分子组成的实际分析表征过程，只根据常规的分析数据就能快速计算得到各类石油的分子组成数据。

早期采取计算机模拟技术，是由于当时的仪器分析技术水平不高，难以获得石油特别是重质石油馏分的分子组成数据（信息）。目前仪器分析水平与过去相比进步了很多，但仍需要计算机模拟技术。一方面是因为仪器分析技术对重油的表征仍有困难，另一方面，仪器分析技术获得的大量石油组成数据，将对计算机模拟技术的发展奠定坚实的数据基础，所以计算机模拟技术在石油特别是重油分子组成信息的快速分析方面正发挥越来越重要的作用。石油及其馏分分子重构技术的发展，关键在于以下三个方面：

① 如何描述石油分子信息以及如何建立石油分子信息库。石油组成十分复杂，如何选定合适方法来描述各种分子，如何方便使用，需要做好顶层设计和安排。

② 如何准确计算（预测）各石油分子的物性，如何选取合理的混合规则计算石油的各项宏观平均物性。

③ 如何准确计算石油分子组成。通过对石油及其馏分的分子组成进行合理和准确的定量计算（预测），实现从物性到分子组成的转变。同时，能够据此预测石

油各馏分的宏观物性和炼制（加工）性能。

石油分子信息库的建设是一个十分重要的基础工作，是石油分子工程与分子管理的基础。通过整理、收集石油及其馏分、石油产品中的主要分子，采取特定的分类方法以及对分子骨架结构的信息化编码规则，辅以单个物料数据（如密度、沸点等基本物性以及辛烷值、十六烷值等使用性质）的收集与计算、单体热力学数据（如焓 H、吉布斯自由能 G、比热容 C_p）的收集与计算，通过相应的分子信息维护形成石油分子信息库。分子骨架结构的信息化编码规则有很多种方法[11, 12]，例如，键 - 电子（Bond-Electron，BE）、图论（Graph-Theory）、矩阵法（见图 1-2）和结构导向（SOL）向量法（见图 1-3）等。

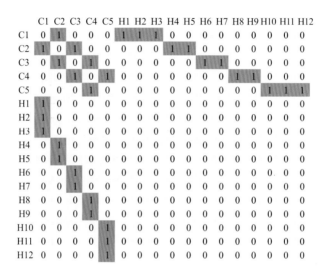

	C1	C2	C3	C4	C5	H1	H2	H3	H4	H5	H6	H7	H8	H9	H10	H11	H12
C1	0	1	0	0	0	1	1	1	0	0	0	0	0	0	0	0	0
C2	1	0	1	0	0	0	0	0	1	1	0	0	0	0	0	0	0
C3	0	1	0	1	0	0	0	0	0	0	1	1	0	0	0	0	0
C4	0	0	1	0	1	0	0	0	0	0	0	0	1	1	0	0	0
C5	0	0	0	1	0	0	0	0	0	0	0	0	0	0	1	1	1
H1	1	0	0	0	0	0	0	0	0	0	0	0	0	0	0	0	0
H2	1	0	0	0	0	0	0	0	0	0	0	0	0	0	0	0	0
H3	1	0	0	0	0	0	0	0	0	0	0	0	0	0	0	0	0
H4	0	1	0	0	0	0	0	0	0	0	0	0	0	0	0	0	0
H5	0	1	0	0	0	0	0	0	0	0	0	0	0	0	0	0	0
H6	0	0	1	0	0	0	0	0	0	0	0	0	0	0	0	0	0
H7	0	0	1	0	0	0	0	0	0	0	0	0	0	0	0	0	0
H8	0	0	0	1	0	0	0	0	0	0	0	0	0	0	0	0	0
H9	0	0	0	1	0	0	0	0	0	0	0	0	0	0	0	0	0
H10	0	0	0	0	1	0	0	0	0	0	0	0	0	0	0	0	0
H11	0	0	0	0	1	0	0	0	0	0	0	0	0	0	0	0	0
H12	0	0	0	0	1	0	0	0	0	0	0	0	0	0	0	0	0

图 1-2　戊烷分子的 BE、图论、矩阵表达

3. 石油及其馏分分子信息与反应性的关系

石油的组成及各组分在石油加工中的转化规律是目前石油加工工艺中最重要的理论基础之一，直接影响到新加工工艺的开发、加工路线的改进、产品质量的提高、新型催化剂的研制以及各加工工艺的优化组合等。石油及其各组分转化规律研究总体上分为两个层次，即亚组分（馏分）层次与分子水平层次。

石油馏分包括石脑油馏分、煤柴油馏分、减压蜡油（VGO）馏分和渣油馏分等，随着原油重质化、劣质化以及环保要求的日益严格，以馏分为基础的传统加工工艺和方案已很难满足生产要求。从分子角度来看，石油是由单个分子组成的混合物，其分子组成包括链烷烃、环烷烃、烯烃、芳香烃、含硫氮氧化合物及含金属化合物等几大类，深入研究这些组分在各种加工过程（如催化裂化、加氢裂化、热转化）

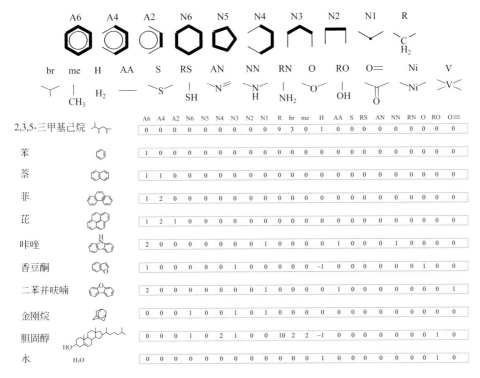

图 1-3　结构导向向量法的化合物分子信息描述

中的转化规律，对于加工工艺的改进和产品质量提高具有十分重要的作用。随着人们对石油组成分子水平认识的不断深入，基于分子组成和反应机理的石油炼制过程化学反应规则库得以建立，实现了石油及其馏分分子信息与反应性的关联，并且可以采用虚拟组分代替性质相近的一系列组分，利用计算机软件实现反应网络的自动生成。

4.分子动力学模型与计算

以虚拟组分代替性质相近的一系列组分，建立分子模型，通过化学反应规则库中反应分子选择规则和产物分子生成规则的限定，即可构建化学加工过程的反应网络，但仅仅依靠反应网络不足以阐明复杂的石油加工过程，还需要有更多相关的速率及平衡常数等信息，即分子动力学模型的建立与计算。

分子动力学模型的建立与计算基本步骤为：建立分子动力学模型，进行转化过程的定量计算，确定动力学参数，并判断最可能的反应路径。动力学计算软件主要涉及以下内容：

数据输入包括：

① 分子信息库访问接口软件，读取单体化合物、特征化合物或模型化合物的物性及热力学 / 动力学基础数据；

② 反应动力学设置模块，设置工艺条件、催化剂物化性质、反应速率方程以及动力学参数初值等；

③ 反应器模拟模块，进行物料与催化剂接触形式和催化剂床层的设置。

数据输出包括：

① 线性自由能计算模块，获得各反应的热力学参数，以及动力学/热力学的参数关联；

② 大规模微分方程组求解模块，求解刚性微分方程组，获得各反应的反应速率，并对产物组成进行模拟计算；

③ 动力学参数校正模块，通过输入产物组成分析数据、设置动力学参数阈值，进行分布式并行优化计算。

如此大量的计算，在最新的云计算环境下，可以提供大量分布式计算核心，并利于计算结果的存储、分析与展示。

5. 石油分子管理技术

主要是算法技术（如 PCA、云计算、大数据分析技术）、优化技术［如先进控制（APC）、实时优化（RTO）］、深度自学习技术等在石油分子工程中的优化应用，在石油资源的敏捷感知（数字化）、知识关联（模型化）和过程优化（智能化）等全过程提供新技术手段，形成从人工智能（Artificial Intelligence，AI）到智能协管（Intelligence Assistant，IA）的发展与飞跃。

三、主要构架

石油分子工程与分子管理的主要技术核心构成示意图见图 1-4，主要包括：

① 石油分子信息获取技术　包括石油及其馏分的分子水平表征技术和石油分子重构技术，尽可能详细地获得石油及其馏分的分子信息，如单体化合物、族组成和结构组成等信息；

② 石油分子信息加工处理技术　包括两大方面，一是利用分子水平表征技术与分子重构技术获得的石油详细分子组成信息，辅以单个物料数据的收集与计算、单体热力学数据的收集与计算，通过相应的分子信息维护形成石油分子信息库；二是按照石油分子不同加工方案、加工过程所遵循的化学反应机理的不同，建立化学反应规则库；

③ 石油分子信息应用技术　一方面，应用石油分子信息库、化学反应规则库，开展反应动力学研究和过程模拟，指导开发或评价催化剂和工艺技术，开展基于分子组成的产品收率及性质预测，指导生产实践；另一方面，据此构建全流程资源敏捷优化与决策系统、生产全流程整体协同优化系统，以及全流程整体协同优化下的管控与决策智能一体化系统，达到"资源高效转化、能源高效利用、过程绿色低碳"目的。

石油分子工程与分子管理的主要软件和支持平台技术构架示意见图 1-5。这些主要软件与炼化生产信息化体系融合示意[11, 12]见图 1-6。

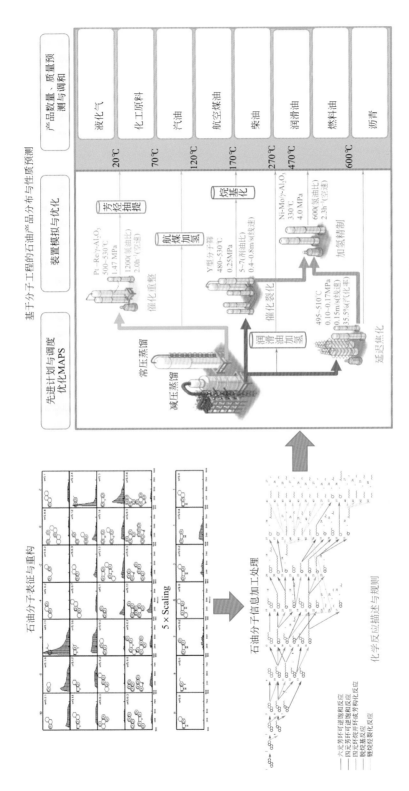

基于分子工程的石油产品分布与性质预测

● 图 1-4 石油分子工程与分子管理的主要技术核心构成示意图

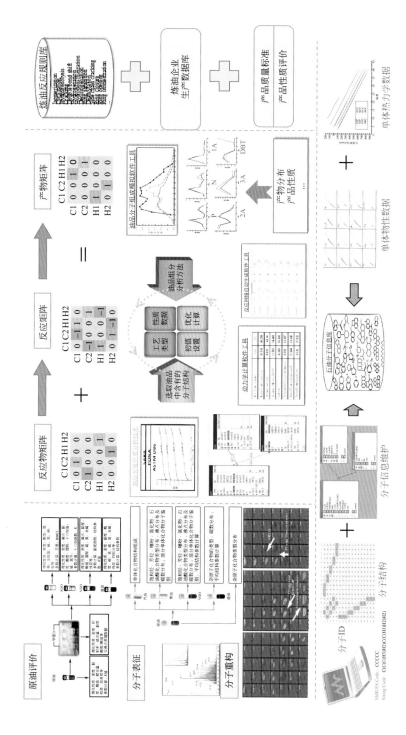

● 图 1-5　石油分子工程与分子管理的主要软件和支持平台技术构架示意图

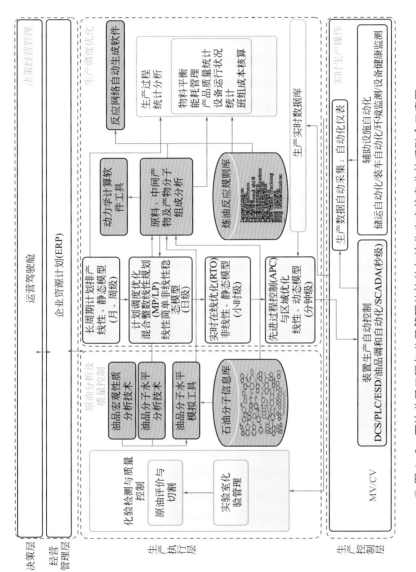

◆ 图 1-6　石油分子工程与分子管理的软件与炼化生产信息化体系融合示意图

石油分子工程从石油分子水平的组成、结构出发，从粗放型、以宽泛温度馏分范围的加工模式转变为精细化的、分子层级的精准加工模式，实现每一种或每一类分子的价值最大化以及转变过程的能源高效率和绿色低碳，因此，石油分子工程与分子管理在优化资源配置、推动技术进步、提高产品质量和转变企业发展方向、提升企业核心竞争力等方面具有重要的现实意义和广阔的应用前景。

就单项技术来说，石油分子工程的主要应用领域包括：石油分子信息库与原油快评，分子重构与原油和产品如汽柴油等调和，分子动力学模型与优化，以及新工艺的开发和新催化材料的研制等。但石油分子工程与分子管理的最大应用情景是在智能炼化建设之中，据此构建全流程资源敏捷优化与决策系统、全流程整体协同优化系统，以及全流程整体协同优化下的管控与决策智能一体化系统，实现炼化产业高质量发展与转型升级。

一、石油分子信息库与原油快评

1.石油分子信息库

石油分子信息库[6]作为最基础的数据库，信息量庞大，既包含了原油产地信息及密度、沸点、RON（研究法辛烷值）等宏观物性，又包含了各种原油的详细分子或结构信息数据等，还包含了单个分子的结构参数、化学反应活性及焓（H）、熵（G）、比热容（C_p）等热力学性质。

针对未知组分的原油，除了原油评价获得相关分子信息外，还可利用石油分子信息库（基础库）对其分子信息进行"拟合"。简单来说，就是根据未知原油的某些定性或定量属性，如产地与原油区块信息、密度、硫含量、蒸馏曲线等，从基础数据库中找到最接近的 $1 \sim 5$ 个基础原油，进行不同比例的混合，通过先进算法"拟合"出未知原油的分子信息。所输出的分子信息可用于未知原油的组成、性质预判，分子动力学模型建立，加工过程模拟，以及所得产物分布与产品性质的预测。

鉴于相同或相近产地的原油在化学成分上具有相似性，因此优先使用同产地的原油作为参照，采用一定方法或规则，例如，依据核心功能团（如烷烃、芳环、杂环等）确定分子类别、同系物；根据已有数据确定每个同系物的碳数分布曲线；根据某些实验数据（如液相色谱、质谱等）进行验证和调整。以此生成某种新原油或未知原油的"全分子"信息。通常情况下，最多可生成 20 多万个分子，其中汽油馏分 $300 \sim 500$ 个分子，柴油馏分 $500 \sim 700$ 个分子，常压渣油约 8000 个分子，而减压渣油 / 沥青的分子组成则达到 17 万个以上。拟合数据经实测数据比对，具有超过 95% 的准确性。

石油分子信息库更深层次的应用还包括引入原料 / 产物的物流运输成本、市场价格、供需限制以及设备操作限制等数据，构建原油分配、调和、生产与优化的模型；根据优化模型，得出当前市场、生产环境下的最优生产条件；通过执行最优生产条件，收集数据，与模型预测进行比对并调整模型参数，继续下一循环。

2. 原油快评系统

一般来说，原油评价的分析内容、分析项目较多，且有些项目所需样品量较大，所用仪器价格昂贵、分析时间长，不能适应当今炼化企业加工原油品种增加、加工方案调整频繁下对原油评价速度的需要。此外，中间物料与成品的化验分析工作量也很大，且分析耗时长、化验成本高，不能满足生产装置操作优化的需要，特别是随着石油分子工程与分子管理 [9-12] 和炼化企业智能工厂 [3-8] 的建设，迫切需要及时、准确的评价数据，为装置优化调整、实现资源敏捷优化和全产业链协同优化等提供支撑 [35]。

中国石油化工股份有限公司石油化工科学研究院（RIPP，简称石科院）在长期的原油评价与近红外光谱技术研发的基础上，利用移动相关系数法、混兑光谱模拟法和库光谱拟合法开发出了一整套全新的近红外原油快评技术 [40]。简单来说，就是基于已建立的原油近红外光谱数据库，根据光谱指纹特征快速识别待测原油的种类，再从原油评价数据库中调出其详细评价数据，从而实现原油的快速评价。该技术可在 10min 内快速准确得到单种类原油和混兑原油的密度、酸值、残炭量、硫含量、氮含量、蜡含量、胶质含量、沥青质含量、实沸点蒸馏等基本数据或性质，以及完整的详细评价数据。

中石油基于近红外原油快速评价方法，利用常减压装置侧线收率预测模型，建立了常减压蒸馏装置侧线收率预测方法 [41]。在原油快速评价方法基础上预测的常减压蒸馏装置侧线收率与实际收率吻合良好，能够反映原油性质变化而引起的侧线收率变化。该方法测量速度快，结果可靠，容易实现在线操作，可以为炼厂计划优化、原油调和等过程提供基础数据。工业应用结果表明，原油快评技术与原油调和技术结合，在保证常减压进料性质平稳、改善常减压装置操作的同时，还可降低原油成本，实现原油调和自动化和信息共享。

中海油正在开发中的原油快评系统是基于分子重构技术与近红外光谱技术相组合的方法，因此信息量更大也更加快捷、准确，能够实现原油快评系统与石油分子信息库的无缝衔接，结合库存的各种原油信息，实现待测原油分子信息的快速"拟合"，快速"调和"，进而实现炼厂原油调和、资源配置及生产经营的分子水平在线监测与实时优化。

有别于过去基于某些宏观物性如相对密度、馏程等进行预测、拟合与调和时导致的模型不正确、不及时，得益于算力的进步，采取了新算法并基于分子信息（图谱）的新技术可以直接用以预测、拟合与调和，做到既准确又敏捷。

二、分子重构与产品分子精准调和技术

基于机器视觉、光谱、质谱、核磁共振等非接触式信息敏捷感知技术、检测技术可以获得石油及其馏分在分子水平上的各种信息。但事实表明，即使是最先进的分析技术也难以获得石油中各种烃类和非烃类化合物的详细分子组成信息。

对此，可以综合一些软测量技术、计算化学与分子重构技术来解决上述问题，如分子重构技术通过宏观的分析数据，生成建立模型所需的详细进料组成和结构信息，并以此代替实际物料进行模拟计算[42]。目前分子重构技术已成功应用于各类馏分的分子组成模拟，为石油炼制过程提供详细的原料分子化学结构和组成信息，进而优化石油加工。

例如，以分子重构技术指导汽油调和生产。具体来说，基于汽油馏分的化学结构组成特点，建立同系物分子重构模型（Molecule Type Homologous Series，MTHS），根据 MTHS 数据库对直馏汽油、催化汽油、重整汽油以及烷基化油、异构化油等汽油池组成分别进行分子重构，得到不同化学结构在各馏分段的分布，替代实际汽油馏分进行调和过程的模拟计算，并以此建立汽油自动调和系统，实现在线优化。

采用类似原理的模型进行柴油池组成的分子重构，替代实际柴油馏分进行调和过程的模拟计算，同样可以实现柴油的自动调和与在线优化。

同理，采用分子重构技术可以用于石脑油重整或蒸汽裂解的优化选择与调和，也可用于润滑油组分、沥青等涉及调和的原料组分的精准混合（调和）。

与原油调和类似，基于分子信息（图谱）直接预测、拟合与调和，可以省去目前近红外光谱（NIR）汽柴油调和频繁取样、分析、建模、修改模型等的弊端，真正做到既准确又敏捷。因此，从这个层次上说，石油分子工程得益于算法、算力的进步，实现了依靠图谱（而不是靠先关联某性质再一一试差、不断拟合）的分子精准调和。

三、分子动力学模型与优化

过去 20 年，详细的分子动力学模型得到了快速发展，并取得了一定的工业应用实例。

利用图论法和反应族概念成功建立了多相催化过程的分子动力学模型。例如，由 147 种物质、587 个反应构成的 C_{14} 石脑油催化重整机理模型的建立与优化，从优化模型结果中，通过基于反应机理认识的亚组分分析，深入洞悉各种化学反应过程，进而准确预测出不同原料和操作条件下的产品收率。此外，由 243 种物质、437 个反应构成的石脑油加氢模型的建立与优化，可以预测不同操作条件下的产品收率，其结果与中试试验结果完全吻合。

利用图论法和定量结构反应性关联（QSRC）成功建立了同时具备金属和酸性的双功能催化过程的分子动力学模型。例如，由 465 种物质和 1503 个反应构成的

C_{16}蜡油加氢裂化机理模型的建立与优化，优化后的C_{16}模型可以预测出不同操作条件下的产品收率，通过与试验数据的对比修正，进一步巩固模型速率参数中的原料、催化剂酸性等基本性质。

其他的应用在后面相应的章节中还会介绍。

四、在新工艺开发中的应用

从分子水平上认识和管理石油资源，合理规划产品方案，并以此指导新技术、新工艺开发，实现每一个分子的价值最大化。具体来说，在获得原料的详细分子组成信息后，建立相应模型，引入反应类别和反应规则，构建不同加工过程的模型化合物反应网络，通过动力学方程求解，并结合定量结构-性质关系（QSPR），准确预测产物性质，根据产品标准和经济性分析，设计最合理的产品方案和加工方案，并通过进一步模拟，优化反应条件和工艺参数。

五、在催化材料研发中的应用

通过模型计算，研究不同催化材料的不同反应性能，结合工艺过程所期望的反应路径，设计或筛选出最合适的催化材料。

例如，物化性质差别很大的两种材料分子筛 A 和 B，其反应性能如图 1-7 所示。从中可以得出结论：①分子筛 B 有利于质子化裂化反应，分子筛 A 对其他各

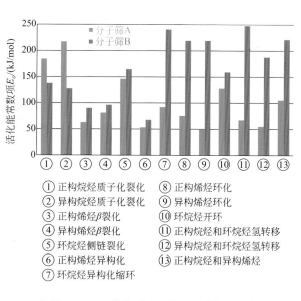

①正构烷烃质子化裂化　⑧正构烯烃环化
②异构烷烃质子化裂化　⑨异构烯烃环化
③正构烯烃β裂化　⑩环烷烃开环
④异构烯烃β裂化　⑪正构烷烃和环烷烃氢转移
⑤环烷烃侧链裂化　⑫异构烷烃和环烷烃氢转移
⑥正构烯烃异构化　⑬正构烷烃和异构烯烃
⑦环烷烃异构化缩环

▶ 图 1-7　两种典型分子筛的反应性能比较

反应更为有利；②对于环化或者缩环反应，两种分子筛差异较大，分子筛B能垒很高；③对于双分子反应，两种分子筛差异较大，分子筛A能垒更低。以此来指导适用于不同原料、不同加工过程的催化材料的设计、研制、筛选和使用。

参考文献

[1] 吴青 . 智能炼化建设——从数字化迈向智慧化 [M]. 北京 : 中国石化出版社 , 2018.

[2] 王基铭 . 中国炼油技术新进展 [M]. 北京 : 中国石化出版社 , 2016.

[3] 吴青 . 中国炼化企业智能化转型升级的研究与应用 [J]. 无机盐工业 , 2018, 50 (6): 1-6, 12.

[4] 吴青 . 卓越数字炼化建设概念与保障措施的研究 [J]. 炼油技术与工程 , 2018, 48 (10): 59-64.

[5] 吴青 . 炼化企业智能化发展全局性信息化评估模型的研究与应用 [J]. 炼油技术与工程 , 2018, 48 (10): 49-54.

[6] 吴青 . 流程工业智慧炼化建设的研究与实践 [J]. 无机盐工业 , 2017, 49 (12): 1-8.

[7] 吴青 . 信息化及其新技术对炼化产业变革影响的思考 [J]. 无机盐工业 , 2018, 50 (2): 1-7.

[8] 吴青 . 流程工业卓越智能炼化建设的研究与实践 [J]. 无机盐工业 , 2018, 50 (8): 1-5, 33.

[9] 吴青 , 吴晶晶 . 石油资源分子工程及其管理 [C]. 原油评价及加工第十六次年会 . 南宁 , 2016: 1-7.

[10] 吴青 . 转型升级技术创新推动炼化产业可持续发展 // 吴青主编 . 中海石油炼化有限责任公司第四次科技大会论文集 [M]. 北京 : 中国石化出版社 , 2016: 1-17.

[11] 吴青 . 石油分子工程及其管理的研究与应用（Ⅰ）[J]. 炼油技术与工程 , 2017, 47 (1): 1-9, 16.

[12] 吴青 . 石油分子工程及其管理的研究与应用（Ⅱ）[J]. 炼油技术与工程 , 2017, 47 (2): 1-14.

[13] 许友好编著 . 催化裂化化学与工艺 [M]. 北京 : 中国石化出版社 , 2012.

[14] Von Hippel A. Molecular engineering [J]. Science, 1956, 123 (3191): 315-317.

[15] Drexler K T. Molecular engineering: An approach to the development of general capabilities for molecular manipulation[J]. Proc Natd Acad Sci USA, 1981, 78 (9): 5275-5278.

[16] Istvan T, Horvath, et al. Molecular engineering in homogeneous catalysis: One-phase catalysis coupled with biphase catalyst separation[J]. J Am Chem Soc, 1998, 120: 3133-3143.

[17] Bartosz, Lewandowski, et al. Sequence-specific peptide synthesis by an artificial small-molecule machine[J]. Science, 2013, 339 (6116): 189-193.

[18] Barth J V, Constantini G, Kern K. Engineering atomic and molecular nanostructures at surfaces [J]. Nature, 2005, 437: 671-679.

[19] Ciesielski A, Palma C A, Bonini M, et al. Towards supramolecular engineering of functional nanomaterials: Pre-programming multi-component 2D self-assembly at solid-liquid

interfaces [J]. Advanced Materials, 2010, 22: 3506-3520.

[20] Cai J, Ruffieux P, Jaafar R, et al. Atomically precise bottom-up fabrication of graphene nanoribbons [J]. Nature, 2010, 466: 470.

[21] Palma C A, Samori P. Blueprinting macromolecular electronics [J]. Nature Chemistry, 2011, 3: 431-436.

[22] 唐有祺. 分子工程学学科建设刍议 [J]. 功能高分子学报, 1992, 5 (2): 82-86.

[23] 唐有祺. 分子工程学学科建设刍议 [J]. 科学 (双月刊), 1996, 48 (6): 8-10.

[24] 胡英, 刘洪来. 分子工程与化学工程 [J]. 化学进展, 1995, 7 (3): 235-249.

[25] UChicago. Matthew Tirrell named founding director of Institute for Molecular Engineering [Z]. UChicago [2019-10-1]. http://news.uchicago.edu/article/2011/03/07/matthew-tirrell-named-founding-director-institute-molecular-engineering.

[26] Sanada Y. An introduction "Molecular Engineering Coal, 1996 -2000 ", the Japan society for the promotion of science, research for the future project[J]. Energy & Fuels, 2002, 16: 3-5.

[27] 谢克昌. 煤的结构与反应性 [M]. 北京: 科学出版社, 2002.

[28] Marshall A G, Rodgers R P. Petroleomics: chemistry of the underworld [J]. PNAS, 2008, 105 (47): 18090-18095.

[29] Marshall A G, Rodgers R P. Petroleomics: The next grand challenge for chemical analysis[J]. Acc Chem Res, 2004, 37 (1): 53-59.

[30] Aye M S, Zhang N. A novel methodology in transformation bulk properties of refining streams into molecular information[J]. Chem Eng Sci, 2005, 60: 6702-6717.

[31] Rodgers R, PSch Aub T M, Marsh A A. Petroleomics: MS returns to its roots[J]. Anal Chem, 2005, 77 (1): 21A-27A.

[32] Cho Y, Ahmed A, Islam A, et al. Developments in FT-ICR MS instrumentation ionization techniques, and data interpretation methods for petroleomics[J]. Mass Spectrom Reviews, 2015, 34 (2): 248-263.

[33] Rodgers R P, McKenna A M. Petroleum analysis[J]. Anal Chem, 2011, 83 (2): 4665-4687.

[34] 宋春侠, 刘颖荣, 刘泽龙等. 基于高分辨质谱的石油组学分析技术的研究进展 [J]. 色谱, 2015, 33 (5): 488-493.

[35] 吴青. NIR MIR 和 NMR 分析技术在原油快速评价中的应用 [J]. 炼油技术与工程, 2018, 48 (6): 1-7.

[36] Workman Jr J, Lavine B, Chrisman R, et al. Process analytical chemistry[J]. Anal Chem, 2011, 83 (12): 4557-4578.

[37] Speight J G. The Chemistry and technology of petroleum[M]. New York: Marcel Dekker, 1998.

[38] Marshall A G, Chen T. 40 years of Fourier transform ion cyclotron resonance mass

spectrometry [J]. International Journal of Mass Spectrometry, 2015, 377: 410-420.

[39] 田松柏, 龙军, 刘泽龙. 分子水平重油表征技术开发及应用 [J]. 石油学报 (石油加工) ,
      2015, 31 (2): 282-292.

[40] 褚小立, 田松柏, 许育鹏等. 近红外光谱用于原油快速评价的研究 [J]. 石油炼制与化工,
      2012, 43 (1): 72-77.

[41] 王艳斌, 胡于中, 李文乐等. 近红外原油快速评价技术预测常减压蒸馏装置侧线收率 [J].
      光谱学与光谱分析, 2014, 34 (10): 2612-2616.

[42] 赵雨霖, 江洪波. 原油分子重构 [D]. 上海 : 华东理工大学, 2011.

第二章

石油及其馏分的分子水平表征技术

第一节 概述

　　石油组成极其复杂，主要由各类复杂的有机分子（烃类、非烃类）构成。物理性质包括密度、沸点、熔点、分子量和能量（振动、旋转和分子间相互作用）等。化学特性包括分子的转化，生物学特性包括毒性等。石油中的烃类、非烃类（如含硫、氮、氧类化合物）、微量金属（含镍、钒、铁、铜、钙、砷等）在石油加工过程存在相当复杂的化学反应，对加工过程所用的催化剂、操作条件、产品分布与性质以及环保处理均有很大影响。此外，研究过程需要更加详实地考察不同条件下石油烃类的转化规律，通常采用模型化合物来考察降芳、脱硫、脱氮等过程，通过测定反应前后的组成来推测化学反应历程、化学反应动力学、反应速率和反应机理等。所以，石油的分子组成决定了其性质以及反应行为。

　　对石油进行分子水平分析表征是实现石油炼制技术跨越式乃至颠覆性发展的基础，如基于分子分析所用的化学反应可以作为新工艺的设计基础；对化合物特别是杂原子化合物的沸点分布、碳数分布的分析，可以作为原料切割与馏分选择以及精准反应与选择性的关注重点；重油组成与结构分析例如其中芳烃杂环化合物的结合方式可以预判某些工艺过程液体收率、结焦趋势从而优选操作条件；而杂原子化合物信息与新催化剂开发、产品质量提高等又息息相关。

　　石油作为自然界的产物，其组成有前身物溯源性和自然赋存依据。无论是纯化合物，还是混合物，其宏观物性和化学特性都与其化学组成有着十分密切的联系，即由有机分子的组成和结构所确定。石油组成的显著特点之一是分布的连续性，类型相同的化合物在结构上具有延续性，且均存在一系列碳数不同的同系物，这种客观特性为推进石油分析持续从分子水平认识石油尤其是认识重质油提供了前提。基于石油自身的组成特点，结合分析仪器的更高分离能力、更高分辨率及新型分离方式（例如基于分子截面积等）、衍生反应形式以及分子模拟计算辅助等，石油分析将可以从分子水平提供更多单体烃和含杂原子（硫、氮、氧、金属等）化合物的分子鉴别及组成分布（碳数分布、沸点分布），提供链烷或侧链异构化评价，提供胶质、沥青质中化合物组成及分子结合形式等。

对石油分子工程与分子管理而言，要实现从分子水平上认识石油及其馏分并予以绿色低碳化和高效转化、利用，最高境界是把原油及其馏分油中的每一个分子分别予以分离、鉴别，至少也要尽可能详细地获得分子组成的碳数、结构等信息。当然，需要指出的是，把原油及其馏分油中的每一个分子都予以分离、鉴别，这个任务靠目前的技术能力和水平是无法实现的，实际上目前也没有这个必要。

本章简要介绍石油性质、组成以及结构的分析表征及其技术进展。

一、石油的复杂性

图 2-1 所示为某阿拉伯国家重质原油的主要石油产品（液化石油气、汽油、煤油、柴油、重质燃料油、润滑油、芳烃提取物、沥青与石油焦）馏分的典型烃类分子分布范围情况[1]。

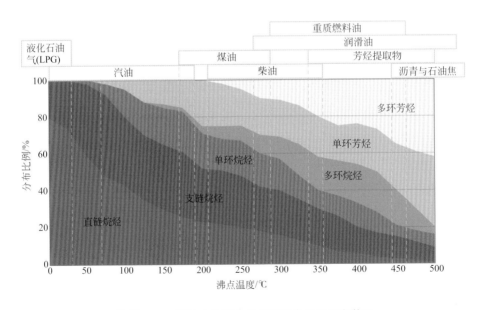

◐ 图 2-1　石油产品馏分的典型烃类分子分布范围

前人对原油及其各种馏分进行过很多的分析表征研究[2, 3]。随着石油馏分的沸点和碳数的增加，其组成中同分异构体的分子数目呈指数增加[4]，见图2-2。以链烷烃的异构体为例，C_{10}链烷烃的同分异构体为75个，当碳数增加到15时，则有4347个同分异构体，但如果碳数增加到40以上，则其同分异构体高达几万亿个！这种情况下依靠目前的分析技术是根本无法分析和鉴别的。此外，石油馏分中与烃类紧密结合形成杂原子化合物的杂原子如硫、氮、氧与金属（镍、铁、钒、钙等）原子很难鉴别，尤其是在重组分中时。

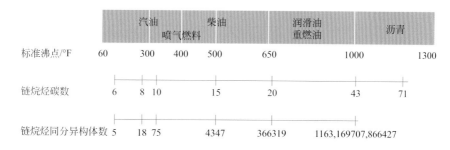

图 2-2　链烷烃同分异构体数目随石油馏分沸点及链烷烃碳数变化情况

$$t/^{\circ}C = \frac{5}{9}\,(\,t/^{\circ}F - 32\,)$$

二、对石油组成与性质的认识

人类对石油组成和性质的认识，是伴随着石油生产与加工工业的发展以及化验分析技术的进步而不断发展的。图2-3为石油分析的历史沿革及发展示意图[3]。随着现代炼油工业的快速发展，特别是"石油组学、分子炼油、石油分子工程"的提出，对石油化学组成和结构分析的要求越来越高，现代石油分析无论是宏观的馏分组成和基本物性测试，还是针对石油及其馏分不同层次上的、微观的化学组成和结构分析也应势得到了较快发展。图2-4所示为现代石油分析的简易体系结构。

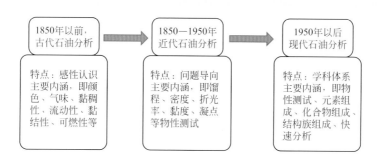

图 2-3　石油分析的历史沿革及发展示意图

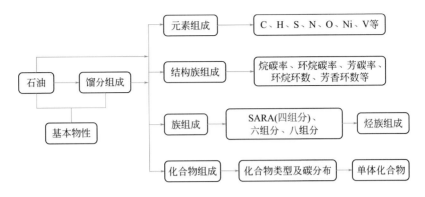

图2-4 现代石油分析的简易体系结构

为适应石油开采、输送、调和或加工等过程中对石油及其馏分的理化性质快速响应需求，出现了石油的快速分析技术，这对石油分子工程与分子管理技术的应用尤为重要。Callis 等[5]最早提出了过程分析化学（Process Analytical Chemistry，PAC）概念，即将化学过程中在线分析得到的定性、定量数据，经化学计量学方法处理和信息提取后，再将分析结果反馈给智能化的在线仪器，从而控制或优化生产过程。过程分析控制要在石油领域中应用，就必须实现石油的快速分析。1990 年后由于激光、光纤、微电子等技术的发展，原来仅能在实验室使用的红外、近红外、拉曼及核磁共振等技术陆续走出实验室，演变成可用于过程分析的仪器，结合化学计量学的应用，使炼油过程的实时在线分析得到了极大的发展[6]。其中，近红外光谱（NIR）技术在原油与产品（油品）调和、常减压蒸馏、催化裂化、催化重整、烷基化等主要炼油生产工艺过程以及蒸汽裂解等石化工艺过程的在线控制与优化应用中最为广泛和普及，可快速提供原料性质数据、实时监测各馏出口产品或中间产物性质，为及时调整操作条件、优化生产提供依据。吴青[6]对近红外、中红外和核磁共振分析技术在石油加工、智能工厂建设中的应用做了综述，分析、对比了这几种技术的使用范围、优缺点等，可供专业人员参考。

第二节 石油及其馏分的分析

原油（未处理的石油）是从地下开采出来的黄色、黑褐色或黑色的黏稠液态或半固态的可燃物质。不同产地原油的性质差别较大，通常可根据密度、特性因数、关键组分性质等判断原油之间的差异，由运动黏度、倾点、饱和蒸气压等描述其输送特性，用硫、氮、酸值、残炭、蒸馏曲线等预测炼制加工性能。这些宏观性质及加工性能均取决于原油的化学组成。研究认为原油是由成千上万个化合物组成的极其复杂的混合物，是世界上最复杂的天然有机体系。

一、石油常规性质分析

世界上各种原油的常规性质差别很大，这是由组成原油的分子大小以及类型的不同所致。原油的常规性质对原油开采、储运和加工过程有着重要影响，是研究石油加工的基础。表 2-1 列出了我国主要原油的宏观物性。

表2-1　我国主要原油的宏观物性

性质	大庆	胜利	辽河	塔河	蓬莱19-3	江汉	绥中36-1	惠州（南海）
密度（20℃）/（g/cm³）	0.8517	0.9236	0.9443	0.9430	0.9212	0.8621	0.9698	0.8223
运动黏度（50℃）/（mm²/s）	31.15	271.03	209.90	245.50	72.44	17.60	845.20	5.80
凝点 /℃	33	14	0	−20	< −35	28	−9	30
蜡质量分数 /%	26.3	9.1	8.3	3.3	4.75	16.8	0.85	25.8
沥青质质量分数 /%	0	1.4	1.8	12.8	0.56	0.1	3.1	0
酸值 /（mgKOH/g）	0.01	1.27	3.30	0.12	3.20	0.27	2.69	0.11
残炭质量分数 /%	3.10	7.22	9.35	14.60	5.62	3.78	8.94	2.33
硫质量分数 /%	0.11	1.03	0.26		0.31			0.06
氮质量分数 /%	0.16	0.37	0.41		0.39			0.12
基属	低硫石蜡基	含硫中间基	低硫环烷-中间基	含硫中间基	低硫环烷-中间基	石蜡基	环烷基	石蜡基

1.宏观物理性质

石油的宏观物性与其化学组成密切相关，由于石油是复杂混合物，其宏观物性是所含各种组成的综合表现。与纯化合物性质不同，石油宏观物性的测试通常是在特定条件下进行，离开了规定的试验方法、仪器和分析条件，这些物性也就失去了意义。

通常，石油宏观性质包括密度（相对密度）、运动黏度、凝点与倾点、闪点、苯胺点、烟点、折射率、馏程、总酸值、残炭、分子量和腐蚀性等，其测定方法可参见相关参考文献、资料。

2.元素分析

就元素组成而言，石油主要由碳、氢、硫、氮、氧5种元素和一些微量元素组成，不同元素的质量分数范围为：碳83.0%～87.0%；氢11.0%～14.0%；硫0.05%～8.00%；氮0.02%～2.00%；氧0.05%～2.00%，所以碳和氢是组成石油的最主要的两种元素。

由碳、氢元素分析得到的氢碳摩尔比（或碳氢摩尔比）是表征石油平均结构的重要指标；硫、氮、氧杂原子的含量以及分子组成与结构直接影响石油的加工及使用；镍、钒、铁、铜、钙、砷等微量元素对石油加工过程所用催化剂有很大影响，对污水、污泥以及某些石油产品如石油焦等的性质也有很大影响。因此，石油的元素组成分析除一般涵盖碳、氢、硫、氮、氧的分析外，镍、钒等微量元素的含量也经常需要分析。

石油中碳、氢、硫、氮元素含量的传统分析方法起初基本上都是由化学学科发展的方法通过适当改变相应的条件演化而来。目前，石油元素组成分析方法基本上均采用仪器分析方法。

石油馏分常规性质分析标准汇总如表2-2所示。

表2-2　石油馏分常规性质分析标准

编号	项目	分析方法
1	API	ASTM D287
2	密度 /（g/cm³）	SH/T 0604，ASTM D1298
3	运动黏度 /（mm²/s）	GB/T 265，ASTM D445
4	凝点 /℃	GB/T 510
5	倾点 /℃	GB/T 3535
6	蜡（质量分数）/%	SY/T 7550
7	沥青质（质量分数）/%	SY/T 7550
8	胶质（质量分数）/%	SY/T 7550
9	残炭（质量分数）/%	GB/T 17144，ASTM D4530
10	水分（质量分数）/%	GB/T 8929
11	盐（质量分数）/%	GB/T 6532
12	闪点（开口杯法）/℃	GB/T 267，ASTM D93 ASTM D92
13	酸值 /（mgKOH/g）	GB/T 7304
14	折射率 n_D^{20}	ASTM D1218
15	苯胺点 /℃	ASTM D611

续表

编号	项目	分析方法
16	溴价 /（gBr/100g）	ASTM D1492
17	碳、氢（质量分数）/%	SH/T 0656，ASTM D5291
18	氮（质量分数）/%	SH/T 0704，ASTM D5762
19	碱性氮（质量分数）/%	SH/T 0162，ASTM D4629
20	硫（质量分数）/%	GB/T 17040，ASTM D6445
21	氧（质量分数）/%	ASTM D5622
22	氯含量 /（μg/g）	ASTM D5808
23	金属含量（铁、镍、铜、钒、铅、钠、钾、钙等）/（μg/g）	SH/T 0715

二、化合物组成与结构分析

石油中化合物的组成分析，从精细层次来分，包括单体化合物分析、烃族组成分析、化合物类型和碳数分布分析（化合物的分子水平表征）等。

1.组成分析

（1）单体化合物分析

单体化合物组成表明石油及其馏分中每一单体化合物的含量。严格意义上的分子组成分析是指石油及其馏分的全组成单体化合物分析，可对石油中每一个单体化合物进行定性和定量。但是如前所述，石油中单体化合物随着石油馏分沸程的升高、化合物碳数的增加，同分异构体的个数呈几何级数增加，因此，全组成的单体化合物分析目前仍只适于低沸点馏分及特殊石油样品，而对于石油中间馏分和重质馏分，现有的分析技术还不具备区分如此巨大数量异构体的能力，只能实现部分单体化合物的定性、定量。

一般采用气相色谱类仪器并配置相应的检测器来测定石油中的单体烃化合物。由于分析和分离手段有限，目前单体化合物（烃）组成表示法还只限于阐述石油气及石油低沸点馏分的组成时采用。例如，利用气相色谱技术已可分析鉴定出汽油馏分中的几百种单体化合物。

（2）烃族组成分析

单体烃组成表示法过于细繁，在实际应用中不需要或不可能进行单体化合物分析时，常采用族组成表示法。所谓"族"，就是化学结构相似的一类化合物。至于要分成哪些族则取决于分析方法以及实际应用的需要。一般对于汽油馏分的分析，以烷烃、环烷烃、芳香烃的含量来表示。如果要分析裂化汽油，因其含有不饱和烃，所以需增加不饱和烃的分析。如果对汽油馏分要求分析更细致些，则可将烷烃再分成正构烷烃和异构烷烃，将环烷烃分成环己烷系和环戊烷系，将芳香烃分为苯和其他芳香烃等。

煤油、柴油及减压馏分，由于所用分析方法不同，所以其分析项目也不同。对于减压渣油，目前一般还是用溶剂处理法及液相色谱法将减压渣油分成饱和分、芳香分、胶质、沥青质四个组分，如有需要还可将芳香分及胶质分别再进一步分离为轻、中、重芳香分及轻、中、重胶质等亚组分。

（3）化合物的分子水平表征

就目前的分析技术而言，沸点在汽油（石脑油）馏分以下的石油馏分基本上可以做到单体烃分析，到了煤柴油馏分，能够分析得到大部分的单体烃化合物，但是更重的石油馏分就难以实现单体化合物的组成分析了。

近10年来，石油组成研究者采用傅里叶变换-离子回旋共振质谱仪（FI-ICR MS）、全二维气相色谱-质谱联用仪（GC×GC/MS）、气相色谱串联质谱联用仪（GC/MS/MS）、气相色谱-飞行时间质谱仪（GC/TOF MS）等多种高分辨质谱仪器，结合固相萃取分离技术、化学衍生技术、化学计量学以及其他仪器分析技术，开发出多种分析方法，不仅能够得到烃类、非烃类化合物按碳数分布或者按沸点分布的信息，而且还能得到重油中某些分子的定性定量数据。同时，石油馏分是连续分布的，其中相同类型的化合物，它们在结构上是有延续性，且有一系列碳数不同的同系物。通过确定石油混合物中化合物的类型及其碳数分布，可以尽可能地"逼近"实际的化合物组成，从而实现石油分子水平表征。所以，在无法或难以达到石油重馏分单体烃化合物组成分析、且石油烃族组成数据又不足以满足石油分子工程、分子管理需要的时候，采取化合物类型和碳数分布分析也是一种手段。

2.结构族分析

对于重油特别是渣油，单体烃分析完全不可能做到，此时的族组成的界定也很可能不很确切，如某些化合物分子，兼具环烷环、芳香环和长烷基侧链结构，它们在族组成中只能按照主要结构划到某一族。在高沸点的石油馏分中，这种混合物普遍存在，这样化合物族之间的交叉区域就很大，族组成的归属方法就意义不大了。结构族组成分析的概念，就是不考虑分子结构有多复杂，认为它们都是由烷基、环烷基和芳香基三种基本结构单元组成。本分析方法是要确定石油混合物中上述三种基本结构单元的含量，不研究这些结构单元在分子中的具体结合方式，所以获得的是石油组成的平均结构参数。

结构族组成分析的方法包括 *n-d-M* 法、红外光谱法、核磁共振法等。

第三节	石油分子水平表征技术进展

由于石油组成与结构的复杂性，常规的化学分析已经不能满足分析表征的需要，必须采用现代仪器分析技术。因此，现在所说的石油分子水平表征技术，通常是指色谱、光谱、质谱与核磁共振等波谱分析技术。表2-3为用于石油及其馏分组成与结构表征的仪器分析方法分类情况。本小节简要介绍主要几种仪器分析的技术进展。

表2-3　石油及其馏分组成与结构表征的仪器分析方法分类

仪器分析（方法分类）	电化学分析		电位分析法
			极谱分析法
			库仑分析法
	波谱分析	光谱	原子吸收光谱法（AAS）
			红外光谱法（IR）
			紫外-可见光光谱法（UV）
			核磁共振波谱法（NMR）
		质谱分析法（MS）	
	色谱分析		气相色谱法（GC）
			高效液相色谱法（HPLC）
			薄层色谱法

一、色谱技术进展

色谱是石油组成分析中最常用的技术，主要分为气相色谱（Gas Chromatography，GC）、液相色谱（Liquid Chromatography，LC）两大类，每一大类还有很多细分种类，如液相色谱还可以分为高效液相色谱（HPLC）、反冲液相色谱、薄层色谱等细类。其中，在石化分析领域，用途最广泛的还是气相色谱，通常用于气体或气液混合物中非极性或低极性化合物的分析。

1.气相色谱

气相色谱技术在石油分子组成方面的应用已相当普及，从气体分析到各种目的的油品组成分析或其他项目的分析，已经形成一系列标准，构建了一个相对较为完整的体系。

目前，气相色谱技术在油品分析研究的发展主要是应用范围的持续拓展，以及开发更加快捷、高效和高灵敏度的各种气相色谱技术，以及气相色谱与其他各种现代分析仪器（如质谱等）的联用技术的开发与应用。

2.气相色谱模拟蒸馏分析

气相色谱模拟蒸馏（GCD）分析是气相色谱技术在石油和石化分析中的另一类重要应用。色谱模拟蒸馏就是运用色谱技术模拟经典的实沸点蒸馏方法，来测定各种石油馏分的馏程。以原油、馏分油、渣油模拟蒸馏为代表的系列方法，在过去二十余年已得到了业内人士的普遍认可。用于测定汽油、煤油、柴油、润滑油、蜡油、原油、渣油等不同馏分范围油品馏程的气相色谱模拟蒸馏系列方法参见表2-4。

表2-4　不同馏分范围油品馏程的气相色谱模拟蒸馏系列方法

方法特征	ASTM D3710 D7096	ASTM D2887	ASTM D5307	ASTM D5442	ASTM D6352	ASTM D7500	ASTM D6417 （MOV）	ASTM D7213	ASTM D7169	ASTM D4900
碳数	C_{20}	C_{44}	C_{44}	C_{44}	C_{90}	C_{110}	C_{60}	C_{60}	C_{100}	C_9
样品范围	汽油 石脑油	航煤 柴油	原油	原油 石蜡	润滑油 基础油	润滑油 基础油	润滑油 基础油	馏分油	渣油 原油	稳定原油 前端
沸点范围	<280℃	<538℃	<538℃	<538℃	>174℃ <700℃	>100℃ <735℃	>126℃ <615℃	>100℃ <615℃	<720℃	<151℃

3.全二维气相色谱

由于色谱峰容量的局限性，传统的一维色谱只能用来分析含几十种至几百种物质的样品，而当样品更为复杂时，传统的一维色谱则无法进行分析。全二维气相色谱[7]（Comprehensive Two-dimensional Gas Chromatography，简称GC×GC）解决了一维色谱的不足，在相同的分析时间和检测限的条件下，GC×GC的峰容量可以达到传统一维色谱峰容量的10倍；而一维色谱要获得同样的峰容量，理论上需要用到比目前色谱长100倍的分离柱、高10倍的柱头压以及1000倍的分析时间[8]，因此，GC×GC是毛细色谱柱之后最具革命性的创新[9]。GC×GC将两根分离机理不同的色谱柱以串联方式连接，其分析过程主要分为调制、转换和可视化三个步骤，原理示意见图2-5。试样从进样口导入第一柱，第一柱一般较长、液膜较厚且为非极性柱（一维柱）。被分析物中各化合物根据沸点的差异进行第一维分离，从一维柱流出的峰经调制器聚焦（数次调制）后以脉冲方式（区带转移）进入长度较短、液膜较薄的中等极性或极性二维色谱柱，第一柱中因沸点相近而未分离的化合物再根据极性大小不同进行第二维快速分离，经由检测器检测得到的响应信号经数据采集软件处理后，将原始数据文件处理成为三维色谱图。

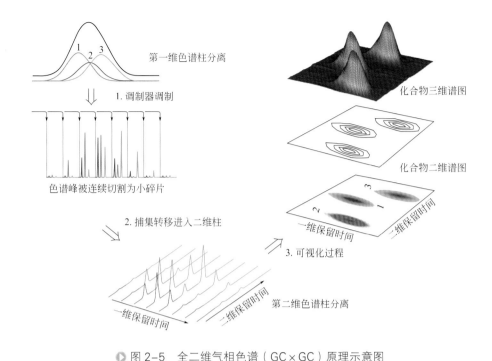

第一维色谱柱分离

1. 调制器调制

色谱峰被连续切割为小碎片

2. 捕集转移进入二维柱

3. 可视化过程

第二维色谱柱分离

一维保留时间

二维保留时间

化合物三维谱图

化合物二维谱图

一维保留时间

二维保留时间

▶ 图2-5　全二维气相色谱（GC×GC）原理示意图

研究的热点以及发展的趋势主要在调制器、检测器以及各种技术的组合方面。

（1）调制器

调制器以系统设定的调制周期，将从一维柱流出的组分连续切割为小切片，每个切片再经重新聚焦后进入第二维色谱柱进行分离。组分在二维柱上保留时间一般为1～20s。通常调制周期大于被分析物的二维保留时间，以免发生周期穿越现象。调制器定时捕集第一维柱流出的化合物，并将捕集的窄区带快速转移到第二维色谱柱的柱头，从而起到捕集、聚焦、再传送的作用。

（2）检测器

检测器是GC×GC色谱中的核心部件之一。由于GC×GC色谱中第二维分离速度非常快，必须在脉冲周期内完成第二维的分离，否则，前一脉冲的后流出组分可能会与后一脉冲的前面组分交叉或重叠，引起混乱。所以，检测器必须要有很快的响应速度，数据处理器的采集频率应高于100 Hz。质谱仪是迄今为止GC×GC分离目标组分最好的鉴定工具，能很大程度提高定性准确性。传统的四极杆质谱扫描速度慢，不能满足分析要求，而飞行时间质谱（TOF MS）每秒能产生多于50个谱的谱图，能精确处理快速色谱得到的窄峰，是GC×GC最理想的检测器。

（3）各种技术的组合

油品烃类组成分析是GC×GC技术应用最早且最成功的一个领域，充分体现了 GC×GC 的高峰容量、高灵敏度和结构谱图辅助定性等特点。Adahchour 等[10] 综述了近年来 GC×GC 的最新进展及其在石油化工中的应用现状。

近年来，随着更高灵敏度、更快采集速率的飞行时间质谱（TOF MS）技术的发展，应用 GC×GC/TOF MS 分析重馏分油已逐渐成为国内外重油研究的热点。带有多通道（MCP）检测器的飞行时间（TOF）能同时对样品中的所有质量进行高灵敏度的采集。

采用多种技术组合是 GC×GC 的主要发展方向。如，ExxonMobil 公司采用组合了气相色谱（GC）分离、场电离（FI）和飞行时间高分辨质谱（GC/FI TOF HRMS）的新型分析仪器详细分析了 $C_6 \sim C_{44}$ 的石油产品。GC 根据沸点分离烃分子，FI 对于 GC 流出的饱和烃和芳烃石油分子可产生完整的分子、离子，这些分子、离子的元素组成用具有单位质量分辨率大于 7000 和质量精度 ±3mu 的 TOF MS 来分辨并确定，进而得到石油分子的化学信息（杂原子含量、环加双键数和碳数分布）。

4.液相色谱

（1）高效液相色谱（HPLC）法

HPLC 是 20 世纪 60 年代后期迅速发展起来的一项技术，对于沸点高、热稳定性差、相对分子质量大的有机物，原则上都可用 HPLC 进行分离、分析，因此 HPLC 是油品烃族组成分析的主要方法之一。

采用 HPLC 分析时，可以将多根不同的液相色谱柱串联，通过柱切换和梯度淋洗等手段，将油样分成烷烃、芳烃（1 环～ 4 环）以及芳烃杂环和极性化合物（杂原子化合物）等窄馏分，然后通过配置或组合的不同检测器如紫外（光电）二极管阵列检测器、蒸发光散射检测器、电子轰击（EI）电离源或 FI 以及 GC/MS 和 ^{1}H NMR 等进行进一步的分析鉴定。

将重质油进行族组成分析的一个重要方面是将其中的芳烃按芳香环数作进一步的分离。芳烃能否在色谱柱上按芳香环数分离主要取决于色谱柱中所用固定相的性能。

（2）棒状薄层色谱和氢离子火焰检测器法

棒状薄层色谱和氢离子火焰检测器（TLC-FID）是近几年来才发展起来的一种新技术，和液相色谱（LC）相比，TLC-FID 使用较少的溶剂和样品，分析时间短，精密度好，且不需要预先分离极性大的化合物，因此有较好的发展前景[11]。目前，国内外对于 TLC-FID 的研究主要在分析重油的族组成上。

二、质谱以及相关联用技术进展

1.质谱技术简介

质谱（Mass Sepetrometry，MS）是一种根据其质量对混合物中的各个组分进行定性和定量的分析手段。经过 100 多年的发展，质谱技术已成为石油组成分析中应用最为广泛的一种表征技术，图 2-6 为其应用示意图。

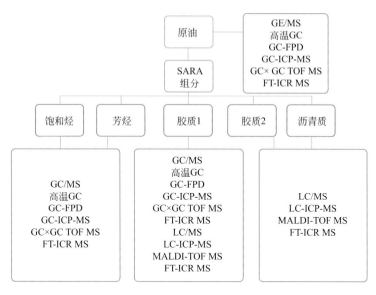

● 图 2-6　以质谱分析为代表的现代分析技术在石油组成研究中的应用示意图

质谱可以看作是一杆特殊的"秤"，"称取"的是离子的质量，因此，质谱分析需要依靠离子源将被分析物的分子电离成离子，然后进入质量分析器在电磁作用下进行分离而被检测，所以质谱的基本原理就是电离。

质谱仪的四大组成及其主要技术[12]见图2-7。

样品进样系统	离子源	分析器	检测器
• 分批进样(AGHIS) • 探针直接进样 • 气相色谱(GC) • 液相色谱(LC) • 超临界流体色谱(SFC) • 炉式进样/GC • SFC/GC • 热重(TG) • 直接注入 • 等离子发射光谱(ICP)	• 电子轰击电离源(EI) • 化学电离源(CI) • 场致电离源/场解吸电离源(FI/FD) • 光致电离(PI) • 液体SIMS • 快原子轰击源(FAB) • 热喷雾(TSP) • 大气压化学电离(APCI) • 电喷雾电离源(ESI) • 基质辅助激光解析电离源(MALDI) • 大气压光化学电离源(APPI) • 激光声解析/化学电离(LIAD)	• 扇形磁场 • 四级杆 • 离子阱 • 飞行时间(TOF) • 串联质谱MS/MS • 离子回旋共振(ICR) • 轨道阱 • 离子迁移	• 法拉第收集器 • 照相底片 • 电子倍增管 • 照相倍增器 • 变换倍增管电极 • 感应电荷检测器 • 时间数字转换器

● 图 2-7　质谱仪四大组成以及相关技术

不同的质谱分析模式适合各种不同馏分（气体、石脑油、煤柴油、减压馏分油和渣油），这样才能获得最大量的分子信息。图 2-8 所示为不同类型质谱技术对不同石油馏分分析时的适用范围情况。

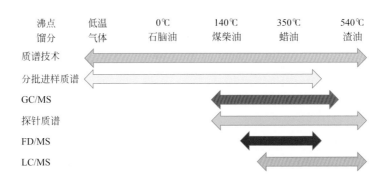

▶ 图 2-8　针对不同石油馏分不同类型质谱技术的适用范围

2.质谱电离源技术与进展

电离可以分为通用型和选择型两大类，也可以分为真空/减压电离和大气压电离。通用型电离包括电子轰击电离（Electron Ionization，EI）和场电离/解析（Field Ionization/Field Desorption，FI/FD）。选择型电离包括化学电离（Chemical Ionization，CI）、光电离（Photo Ionization，PI）以及所有的大气压电离，包括电喷雾电离（Electrospray Ionization，ESI）、大气压化学电离（APCI）和大气压光电离（APPI）。

不同的电离源适用于不同的化合物类型，其中 EI 源为硬电离源，其余电离源为软电离源。EI 源是利用加速到一定能量的电子（如 70eV）轰击样品分子生成碎片离子，该电离源适用于低极性、小分子，获得的结构信息多，重现性高。CI 源的电离过程是利用反应气产生的反应离子与样品分子反应得到准分子离子，分子断裂的碎片较少，有利于样品分子量的测定，不利于化合物结构的测定。FI 利用强电场将样品分子电离为分子离子，但样品需要气化进样，对于难气化的液体样品或固体样品，可采用 FD 实现离子化。随着电离技术的发展，发展了更为先进的电离技术如 ESI 电离源、APPI 电离源、MALDI 电离源等。

图 2-9 所示是采用 FI 电离源技术，研究润滑油基础油加氢过程原料和产物中不同环数的烃类的碳数分布规律。碳数分布来源于 FI 得到的分子离子，X 轴代表碳数，Y 轴代表强度（离子丰度）。由于该润滑油基础油是直接从原油馏分油中提取得到的，没有经过热加工或催化加工，所以其生物标志物甾烷和萜烷的分布情况很明显。图中红色曲线代表原料，而蓝色曲线则代表产物。显然，非环烷烃和一环环烷烃都是由多环环烷烃得到的。

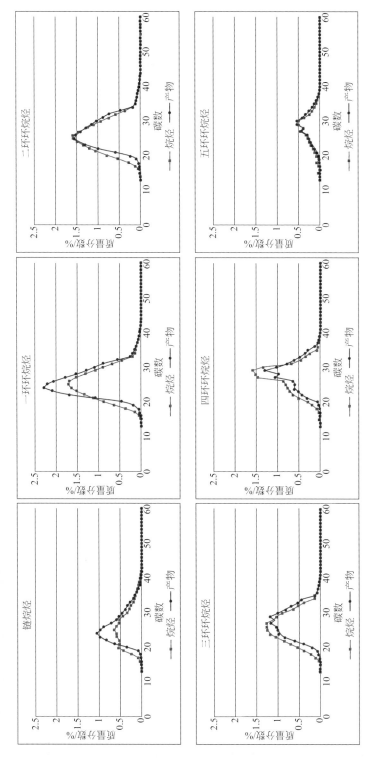

◆ 图 2-9 加氢过程原料和产物中不同环数的烃类碳数分布

3.质谱检测器技术进展

市场上不同类型的质谱仪可以简单地划分为低分辨质谱和高分辨质谱两类。石油工业中最常用的质谱仪包括扇形磁场质谱仪、四极杆质量分析器（QMS）、飞行时间质谱仪（TOF MS）、四极杆飞行时间质谱仪（Q-TOF MS）和傅里叶变换-离子回旋共振质谱仪（Fourier Transform Ion Cyclotron Resonance Mass Spectrometry，FT-ICR MS）以及一些其他种类的质谱仪，如四极离子阱和轨道阱等。不同仪器具有不同的参数和灵敏度，各种仪器就像彼此分离的孤岛，没有一种仪器属于理想的检测器，但除了 FT-ICR MS 以外。

FT-ICR MS 是最近 30 多年快速发展起来的一项质谱分析仪器[13]。各种电离技术均可与 FT-ICR MS 联用，这是其他类型质谱无法比拟的。因此，FT-ICR MS 以其高分辨率、高质量检测上限、高扫描速率以及便于发展串联质谱技术，各项性能都接近"理想"的巨大优势，越来越广泛地应用到有机物、蛋白质和生物大分子结构分析以及化学与材料科学等各个领域。

通过使用 FT-ICR MS，高分辨率双聚焦扇形磁场仪器中所遇到的质量限制已经大大降低，其能够实现几百万的分辨能力，甚至能够分辨比电子质量还小的质量变化。离子被引入（传输）磁场中并被捕获电极板捕集，通过施加一个与磁场正交的振荡电场，离子将被激发并以其自身的回旋频率旋转。离子团在捕集阱内持续旋转，随着旋转半径增大逐渐靠近检测电极，接着通过电荷诱导效应在检测电极对之间形成逐渐衰减的感应电流。检测到的电信号，可以看作是多个正弦信号在时域上的叠加，通过傅里叶变换可将该信号转变为频域信号，最后可以通过该频域信号计算出具体的质谱图分布。

现代 FT-ICR MS 技术是公认的高分辨扇形质谱的有力替代方案，适合分析重叠组分，特别是在石油行业最感兴趣的复杂高沸点混合物中与碳氢化合物重叠的、质量差仅为 $3.4 \times 10^{-3}u$ 的含硫化合物，目前大量应用于最重的组分如沥青质的表征。但是，尽管以前不能被分析的极性组分已经可以实现精确的质量检测，并进行元素组成测定，但对于已确定组分实现可靠并且可重复的定量分析则仍然是一个很大的挑战。

近来，离子迁移率分析器与 TOF 或其他类型的质量分析器联用已有相应产品面市。它们是等离子体色谱法或离子漂移质谱的改进型，可以产生迁移率谱图，这种方法被用来进行气体离子密度的测定。离子迁移率质谱可用于离子组分横截面积的测量，利用已知横截面积的标准物质来实现未知物质横截面积的检测。

4.色谱－质谱联用技术及其进展

（1）气相色谱-质谱联用技术

1957 年 Halmes 和 Morrel 实现的气相色谱-质谱联用技术（Gas Chromatography-Mass Sepetrometry，GC/MS）联用技术，其分析方法不但能一次性完成混合体系的分离、鉴定以及定量分析，而且对于批量物质的整体和动态分析也起到了很大的促进作用。

随着程序升温、高分离效能毛细管柱及计算机软件的配套使用，目前 GC/MS 分析技术水平得到了进一步提高，可在 1 ～ 2h 内检测出石油中饱和烃、芳烃、杂原子化合物的数百个化合物，使其在石油行业中得到快速而广泛的应用。

随着 GC/MS 技术的发展，在 GC/MS 基础上添加辅助设备，例如装上热解装置，得到热解色谱 - 质谱联用仪，可检测干酪根和沥青质热降解产物。利用高温毛细管柱色谱仪与质谱仪的联用，能测定高沸点、高相对分子质量的混合物，其碳数可达到 $C_{70} ～ C_{100}$；也可以利用多维色谱与质谱的联用，测定许多常规情况下不易被分离的混合物。利用当前飞速发展的飞行时间质谱仪（TOF MS），并配合适当的样品前处理，可以实现重油分子烃类 / 非烃类组成、沸点分布和碳数分布分析。

（2）液相色谱 - 质谱联用技术

液相色谱主要用于挥发性低的液体极性化合物、高沸点化合物的分离，这些混合物在不同溶剂中有不同的溶解度。对组成复杂的油品，液相色谱的分离效率远低于气相色谱，检测器也有更多的限制。石油领域应用较广泛的检测器包括示差折光检测器（RI）、紫外检测器（UV）和蒸发光散射检测器（ELSD）。样品通常溶解在单溶剂或混合溶剂中，与非极性或极性流动相互溶。色谱柱填充适合的固定相。对于石油馏分，化合物被分离成许多不同碳数分布的共洗脱组分。液相色谱与质谱联用可区分具有相同分子质量但结构不同的化合物，从而提供更多的分子信息。

对高沸点的复杂化合物可以依靠溶解度的不同，选择液相色谱对组分进行分离。例如，研究加氢处理过程中原料和产物的分子类型和碳数分布的转化规律时，文献 [14] 采用 LC/MS 技术，以不同分辨率、按照芳香环的环数分布进行化合物类型分离研究，取得了很好的效果。

三、核磁共振技术进展

1946 年，Bloch 和 Purcell 发现核磁共振（Nuclear Magnetic Resonance，NMR）现象，后来核磁共振技术获得飞速发展，目前该技术已成为鉴定物质结构以及研究化学动力学极为重要的方法，在石化领域主要用于重质油结构分析。

20 世纪 70 年代随着计算机技术的飞速发展，出现了脉冲傅里叶变换核磁共振波谱仪，它采样时间短，可以使用各种脉冲序列进行测试，得到不同的多维谱图，给出大量的结构信息。

核磁共振（NMR）技术与元素分析、平均分子量相结合，可以计算石油特别是重油的平均分子结构（ASP），进而提供该油样的详细平均分子结构信息，包括正构烷碳率（C_P）、环烷碳率（C_N）、芳碳率（C_A）；环数（如总环数 R_T 等）以及烷基侧链平均长度、取代率、缩合率等数据，也可以给出芳香分、脂肪分和环烷分的含量。

核磁共振技术与其他仪器分析方法，如色谱、质谱、光谱［UV（紫外）、VIS（可见）、ICP（电感耦合等离子体）、AA（原子吸收）］等相比，有一些明显的不足，如检测的灵敏度低、样品用量较大、定量重复性差、仪器成本高等；但由于核磁共振波谱技术独特的检测方式，能非常直观地反映分子结构信息，不受样品极性和挥发性的影响，各谱峰面积可基本接近结构单元的物质的量之比等，因而在石化产品及炼油催化材料实际分析研究中不可或缺，它能够与其他分析技术形成互补，为炼化工艺改进、催化剂研发等提供重要的参考依据。

四、石油烃指纹技术进展

石油烃指纹化合物是指具有明确化学组成与结构并能够从石油（馏分、油品）复杂基质中对其单体烃进行准确定性和定量测定的烃类化合物。石油烃指纹技术是指依据石油烃的"指纹"信息（如指纹图谱、指纹化合物、组成结构信息等），对不同的原油和石油产品进行识别和鉴定的方法。石油烃指纹技术能从分子水平上对石油（油品）的化学组成、结构信息进行描述、提取、获得石油（油品）有代表性的特征结构和组成信息。因此，石油烃指纹技术在石油的环境刑侦（如石油或油品泄漏源寻找）以及原油采购、原油加工方案的制定、油品调和、催化剂与反应机理研究和石油分子工程与分子管理等领域具有良好的应用前景。

石油及其产品中烃指纹化合物的分布主要受三方面因素的影响：

① 原油的形成、聚集和运移过程中的因素，包括原油生源岩本身的有机质特征、地热环境以及原油在地层和油藏间的运移等；

② 石油经过不同的炼制或化工过程，由于炼油过程不同、目标产品需求不同以及后期调和、运输、储存方式不同等，炼油过程中间产物（馏分油）及成品油的烃指纹化合物都有各自的固有特征；

③ 由于各类型烃指纹化合物本身的物化性质差异，不同烃指纹化合物对热和催化等作用的反应性和稳定性不同，油品中烃指纹化合物会表现出相应的分布形式。因此，原油、馏分油及其炼制产品的化学组成均存在一定的差异，各自具有鲜明的特征性。

在烃指纹分析中，通常需要选择一些特征化合物的信息进行鉴别，这些特征化合物是烃指纹信息库建设的基础。

能用于烃指纹分析、鉴别的烃指纹化合物，至少需要满足以下要求：

① 普遍性要求，即在所研究的石油（油品）中应普遍存在；

② 准确性要求，即其含量能准确分析定量；

③ 稳定性要求，即其在环境中性质较稳定；

④ 单一性要求，即其在环境中除了油品以外，不会有其他的来源。

烃指纹参数的选择要科学、准确、谨慎、具有代表性，需遵循的基本原则如下：

① 烃指纹参数应采用化合物浓度的相对比值，以消除系统误差的影响；

② 同一烃指纹参数所涉及的两个化合物在色谱图上处于邻近的保留时间位置，以避免所用样品受到轻组分溢失、分流比和重现性变化造成的误差；

③ 烃指纹参数的大小适中，不宜选取相差悬殊的两个化合物比值作为烃指纹参数；

④ 烃指纹参数的大小最好能够表征原油的特征差异，能够最大限度地代表原油相似或差异性的特征指标。

指纹参数包括烷烃指纹参数、甾烷类指纹参数、萜烷类指纹参数等。它是指油品中某些特定组分之间的比值，能够代表不同油样各自的化学组成，用于判断油样之间是否一致。指纹参数通过定量或者半定量数据计算得到，常规使用的表现形式为 A/B、A/（A+B）或者 ［A/（A+B）］×100%。这种形式的指纹参数消除了仪器波动、分析条件的变化等因素的影响，能较为准确地反映油品的化学组成。

目前实验室常用的烃指纹分析方法包括气相色谱法、气相色谱/质谱法、高效液相色谱法、红外光谱法、薄层色谱法、排阻色谱法、超临界流体色谱法、紫外光谱法、荧光光谱法及重量法等。

由于原油及成品油是复杂的化合物，采用各种分析手段所获得的指纹信息非常多，利用所有的信息进行原始指纹鉴别既费时又依赖于个人经验，所得结果不够准确，需要一种数字化自动指纹鉴别的模式。

烃指纹数字化鉴别是指使用有效的数学统计处理模式对通过各种分析手段获得的指纹参数进行分析处理，快速准确地识别出各种油品的差异性和相似性。

数字化鉴别方式从最初的单变量分析（峰比值法、对数比值法、相关系数法、类比模拟法等）发展到多元统计分析方法。在烃指纹鉴别中用的较多的多元统计方法有：主成分分析法、聚类分析法、t 检验法和重复性限法。多元统计方法相比烃指纹中常规的鉴别方法，在样本的分辨率和客观性上有很大的提高。多元统计分析方法能够同时对许多样本和变量进行分析，探索样本之间、变量之间的相关性，定量评价油样之间的相似程度。

石油分子水平的其他表征技术还包括红外光谱、荧光光谱等，这方面文献资料较多，不再赘述。

第四节	石油轻馏分分子表征研究与进展

石油的分子组成从根本上决定了石油的物理性质、化学性质、加工性能及其产

品性质。过去，受分析技术制约，传统的石油组成认识主要停留在馏分性质、汽油单体烃、中间馏分族组成、重油结构族组成、四组分、平均结构参数的水平上，致使对炼油过程中的最本质的化学性能与转化规律的认识不够细致和深入，严重限制了炼油技术的进一步发展及石油资源的高效利用。随着炼油技术的进步和分析研究的深入，对石油化学组成的认识逐步加深。从分子水平上认识石油的组成与结构、石油分子的转化规律、石油产品分子与其宏观性质的内在关系，充分利用原料中每一个或每一类分子的特点，有针对性地设计反应路径与条件，将其绿色、高效地转化为所需要的分子，并尽可能减少不需要的副产物分子，使每个石油分子价值最大化，是石油炼制技术的发展方向。

石油分子水平表征是综合利用样品预处理技术（如样品衍生化）、高分离能力的仪器技术（如基于分子截面积等）、超高分辨率的仪器检测技术（如傅里叶变换-离子回旋共振质谱）、分子模拟计算辅助技术（如结构导向集总模型），尽可能实现对原油及其馏分中单个分子分离鉴别，或获取分子的类型、碳数、结构等信息。其基础是现代仪器分析技术与计算机模拟技术，能够提供更详细与丰富的单体烃和含杂原子（硫、氮、氧和金属等）化合物的分子鉴别以及组成分布（碳数分布、沸点分布等），也能提供链烷或侧链异构化评价和胶质、沥青质中化合物组成与分子结合形式（大陆型还是群岛型）等信息。其目的是通过石油分子水平表征获取系统的石油分子信息，在此基础上建立炼油工艺过程的分子水平动力学模型，模拟炼油过程中的化学反应，预测产品分子组成，进而关联产物分布与宏观性质，为炼油工艺开发、催化剂设计和生产调度优化提供指导。

本节主要利用上节所述仪器分析手段，介绍石油轻馏分（气体、汽油以及柴油馏分）的分子表征即单体烃与组成分析与进展情况。

一、气体组成分析

石油加工过程中产生的炼厂气含有大量可利用的低级烃类和氢气，主要成分包括 $C_1 \sim C_6^+$ 烃类、H_2、O_2、N_2、CO_2、CO、H_2S 等，可提供各种化工原料。由于组成十分复杂，多年来人们对炼厂气的分析一直非常重视。

早期由于色谱柱和色谱仪器比较落后，炼厂气的分析采用多台色谱同时分析，再将结果关联归一化处理，不仅效率低下、分析成本高而且结果误差较大。20世纪80年代惠普公司开发出了应用于炼厂气分析的四阀五填充柱双 TCD 检测器的多维气相色谱仪，利用阀切换技术实现分离和检测过程，极大减少了分析误差和降低了分析成本，但是由于 TCD 检测器以及填充柱在复杂烃类分析中的缺陷，该分析系统依然存在一定的局限性。之后，相继出现了毛细管柱-填充柱组合或全毛细柱的多维气相色谱分析系统，且在检测器的配置上，出现了多个 TCD 和 FID 的组合。目前国内外应用较普遍的也是这种基于多柱多阀组合技术的多维气相色谱分析方法。

多维气相色谱按色谱柱数量分为四柱、五柱、六柱、七柱系统，其中四柱和五柱系统为两通道二维色谱系统，不设独立通道检测 H_2，存在 H_2 的检测灵敏度低的缺点。六柱和七柱系统为三通道三维气相色谱系统，克服了四柱和五柱系统的缺点，H_2 采用 TCD 检测器单独检测。六柱和七柱系统的区别在于六柱系统中轻烃的检测中未设置反吹系统，因 C_6^+ 组分出峰温度高、保留时间长，导致整个检测周期较长。七柱系统为迄今为止最佳的测定炼厂气组分的多维气相色谱系统。

二、汽油（石脑油）馏分的组成分析

1.汽油（石脑油）族组成分析

目前，汽油的烃族组成分析方法主要包括 PIONA（正构烷烃、异构烷烃、烯烃、环烷烃、芳烃）、PONA（烷烃、烯烃、环烷烃、芳烃）和 SOA（饱和烃、烯烃、芳烃）等。

2.汽油（石脑油）单体烃分析

汽油（石脑油）馏分的烃类组成数据是汽油产品的重要指标，也是石油炼制和石油加工过程不可缺少的基础数据，获知汽油烃组成是确定油品加工方案的重要依据。

石脑油是原油的轻端馏分，一般由沸点小于 180℃、碳数范围 $C_5 \sim C_{12}$ 的正构烷烃、异构烷烃、环烷烃和芳烃组成。目前，汽油馏分单体烃分析的毛细管气相色谱法和石脑油、汽油等低沸点馏分详细单体烃分析的高分辨毛细管气相色谱法已经成为标准方法，在石油炼制过程中发挥了重要作用。

根据汽油单体烃组成数据，可以据此计算汽油辛烷值及其他多项物性参数，包括样品的密度、折射率、饱和蒸气压、热值、平均相对分子质量和碳氢元素的含量，特别适合于样品量很少时物性数据的测定，有效提高了数据的利用效率。

目前国内外广泛采用的方法为溴价法和多维色谱法。其中，多维色谱法主要采用两种仪器分析，其测定结果示意分别见图 2-10 和图 2-11。

3.汽油馏分杂原子化合物的分布与类型

烃类组分占汽油的主体地位，除此之外非烃化合物也占到相当大的比例，尤其是以含有硫、氮、氧等杂元素的非烃化合物，虽然总体数量相较于烃类较少，但是对于汽油加工和产品的使用有着非常大的影响。例如汽油中的硫醇具有非常强烈的臭味；某些含硫化合物、含氮化合物会毒害催化剂，造成催化剂中毒失活；非烃化合物燃烧生成的硫氧化物和氮氧化物等会污染环境。

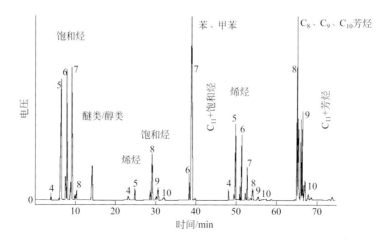

▶ 图 2-10 荷兰 AC 新配方汽油分析仪得到的色谱图

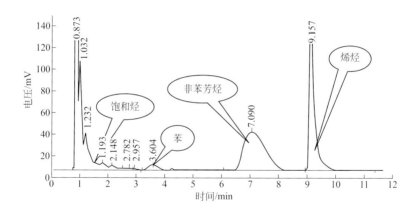

▶ 图 2-11 中石化石科院 SOA 系统得到的汽油分析色谱图

采用气相色谱并结合选择性检测器是测定汽油中各种硫化物分布的最有效方法之一，可用于检测硫的检测器包括：火焰光度检测器（FPD）、脉冲火焰光度检测器（PFPD）、硫化学发光检测器（SCD）、原子发射光谱检测器（AED）等，其中最理想的检测器应为原子发射光谱检测器和硫化学发光检测器。

氮化学发光检测器（NCD）除了只对样品中的含氮化合物有响应外，还具有对含氮化合物等摩尔响应的优点，在没有标准物质的情况下也可以对未知含氮化合物进行准确定量。

而基于氧选择性氢火焰离子化检测器（O-FID）的单柱单检测器法和基于柱阀切换技术的二维色谱分析方法是汽油（石脑油）馏分氧含量分析的两种方法。

三、柴油馏分组成分析

1.概述

柴油馏分主要由饱和烃（正构烷烃、异构烷烃、环烷烃）和芳香烃组成，还有少量的硫、氮和氧等非烃类化合物。柴油馏分的组成对其性质和性能，如十六烷值、润滑性、低温流动性和燃烧排放物等有很大的影响。另外，一些柴油需要进行精制才能满足产品质量的要求，在柴油精制前后，各类烃及杂原子化合物的变化也是至关重要的，考察在精制过程中柴油组成的变化，可以为加工工艺的优化和新型催化剂的研发提供有价值的信息，因此柴油的详细组成分析对生产工艺和产品质量控制有非常重要的作用。

目前还无法实现柴油中全部单体化合物的分离鉴定，所以只能建立不同的分析方法来满足不同的需求。例如，柴油组成分析可根据提供信息的详细程度分为三个层次[15]，其中，第一层次为简单的族组成分析，即测定饱和烃、芳烃、烯烃、极性物的含量，可以采用超临界流体色谱（SFC）、高效液相色谱（HPLC）、洗脱色谱（EC）、固相萃取（SPE）、Ag-SPE 等分析方法；第二层次是在第一层次的基础上提供详细的化合物类型分析以及沸点分布，对于环烷烃、芳烃还能得到其不同环数的化合物类型分布，可以采用 SFC、HPLC、MS、GC/MS 等分析方法；第三层次为分子水平表征，能够得到更为详细的组成信息，如碳数分布及部分单体化合物分子组成等信息，可以采用 GC/MS、GC×GC、GC×MS、GC×GC/MS 等分析方法。所需要的信息越详细，分离分析的难度就越大，对所需分析仪器的要求也越高。

2.柴油组成分析

（1）柴油的烃族组成分析

这属于第一层次的信息。对于该层次的族组成分析可以利用色谱技术，如洗脱色谱（EC）、超临界流体色谱（SFC）、高效液相色谱（HPLC）、近红外光谱法、气相色谱 - 氢火焰检测器联用法等，这些方法所获得的结果均为简单、粗略的组成数据，只能提供各大类烃族组成的分布，这里称之为柴油化学组成的第一层次信息。

（2）柴油的烃类型组成分析

这属于第二层次的信息，是在第一层次的基础上提供详细的化合物类型（即烃类型组成）分析，其中对于环烷烃、芳烃还能得到其不同环数的化合物类型分布。此时采用质谱分析法，能给出较详细的组成和结构信息。

传统的柱色谱法（经典法）分离组分的时间很长，不适合快速分析，为此中石化石油化工科学研究院开发了固相萃取（SPE）的 GC/MS 快速分析法。表 2-5 所示为两种方法的结果对比。

表2-5　固相萃取与经典柱色谱方法分离油样的烃类组成结果对比

项目	烃类组成（质量分数）/%					
	直柴		加氢柴油		成品柴油	
方法	经典	固相萃取	经典	固相萃取	经典	固相萃取
链烷烃	56.3	53.2	45.9	45.9	37.5	40.0
一环环烷烃	20.7	21.6	14.8	15.8	9.5	9.5
二环环烷烃	8.6	10.1	16.7	16.2	16.2	15.1
三环环烷烃	2.2	2.3	6.8	6.0	12.5	11.5
总环烷烃	31.2	34.0	38.3	38.0	38.2	36.1
总饱和烃	87.5	87.2	84.2	83.9	75.7	76.1
烷基苯	3.5	3.8	6.6	7.5	5.6	5.2
茚满或萘满类	2.5	2.5	4.8	4.3	10.1	8.7
茚类	1.0	0.9	2.0	2.0	5.9	6.6
总单环芳烃	7.0	7.2	13.4	13.8	21.3	20.5
萘类	3.0	3.1	1.1	1.1	1.7	2.0
苊类	0.9	0.8	0.7	0.6	0.4	0.5
苊烯类	0.8	0.9	0.4	0.4	0.5	0.7
总双环芳烃	4.7	4.8	2.2	2.1	2.6	3.2
三环芳烃	0.7	0.8	0.2	0.2	0.2	0.2
总芳烃	12.4	12.8	15.8	16.1	24.3	23.9

（3）柴油的分子水平表征

为柴油的第三层次信息。柴油的详细化合物类型和碳数分布以及部分单体化合物分子组成，即从分子层面上对中间馏分的全面认知，对优化油品加工工艺、控制成品柴油质量是十分重要的。

20世纪60年代以后，具有程序升温和高分离效能的毛细管气相色谱，以及具有结构解析能力的质谱及其联用技术逐渐成熟，柴油分子水平表征技术的进步随之逐步实现。特别是在二维（多维）分析技术如GC×MS、GC×GC、GC×GC TOF MS以及高分辨率的FT-ICR MS等进步以后，例如利用GC/MS技术对柴油中各类烃的特征离子进行提取分析，可以得到200多个指纹化合物的分子组成信息，而采用GC×GC/TOF MS技术，可以获得柴油族组成和2000多个单体烃化合物的详细表征。如果采用色谱与带软电离源的高分辨飞行时间质谱组合技术GC/TOF

HRMS，可以得到柴油中各类化合物详细的碳数分布等信息；而如果采用高分辨率的 FT-ICR MS 技术，还可以获得柴油中极性化合物的分子组成信息。

对于高碳数的化合物，由于同分异构体数量巨大，无法彻底分析清楚其单体结构。尽管如此，在族组成认识的基础上，结合目前气相色谱分离、软电离和高分辨质谱技术，可以确定出馏分油中化合物的分子式，进而得到化合物类型和碳数分布的分子水平信息。根据馏分油中化合物元素组成特点，馏分油可用通式 $C_cH_hN_nO_oS_s$ 表示，用缺氢数 Z 值表示化合物类型（或同系物），$Z = h - 2c$，Z 值由分子中的双键、环数和杂原子决定，每增加一个双键或一个环会使 Z 值减少 2 个单位，Z 值越负，则分子的芳香度越大。也有用环加双键数（DBE）表示化合物类型：$DBE = c - h/2 + n/2 + 1$，DBE 与 Z 值之间的关系为 $Z = -2(DBE) + n + 2$，DBE 值越大则分子的芳香度越大。对于柴油馏分中的化合物，不同类型化合物 Z 值关系如表 2-6 所示。

表2-6　不同化合物的Z值

Z值	烃类型	分子式	结构式	Z值	烃类型	分子式	结构式
2（n）	烷烃类	C_nH_{2n+2}		-10	茚类	C_nH_{2n-10}	
2（i）	烷烃类	C_nH_{2n+2}		-10S	苯并噻吩类	$C_nH_{2n-10}S$	
0	一环环烷烃类	C_nH_{2n}		-12	萘类	C_nH_{2n-12}	
-2	二环环烷烃类	C_nH_{2n-2}		-14	二氢苊类和/或联苯类	C_nH_{2n-14}	
-4	三环环烷烃类	C_nH_{2n-4}		-15N	咔唑类	$C_nH_{2n-15}N$	
-6	烷基苯类	C_nH_{2n-6}		-16	苊类	C_nH_{2n-16}	
-8	茚满和萘满类	C_nH_{2n-8}		-16S	二苯并噻吩类	$C_nH_{2n-16}S$	
-9N	吲哚类	$C_nH_{2n-9}N$		-18	蒽、菲类	C_nH_{2n-18}	

① 柴油中指纹类化合物的分析 气相色谱 - 质谱联用技术（GC/MS）是目前最流行的柴油烃类族组成分析方法，可依据烃类的特征离子峰系列对不同类型烃类化合物定性，并依据特征离子碎片加和对烃类化合物定量。

虽然 GC/MS 中的一维色谱峰容量不足，难以实现柴油馏分单体化合物的分离，但是通过提取各类烃的特征离子色谱图可以实现柴油中烃指纹化合物的鉴定。如，刘星等[16]利用 GC/MS 技术对柴油中 6 种常见的指纹化合物进行提取鉴定研究，其中典型的正构烷烃、姥鲛烷（$C_{19}H_{40}$）和植烷（$C_{20}H_{42}$）分子取特征离子（$m/z = 85$）进行检测，通过将样品组分和标准物质的保留时间比对进行多环芳烃和烷基化多环芳烃的定性，双环倍半萜、甾烷以及五环萜烷类生物标记物则利用其在谱图中的分布规律进行定性，通过加入内标物和配制标准溶液的方法进行指纹化合物的定量。实验结果表明，柴油中含有丰富的饱和链烷烃和双环倍半萜类生物标记物，基于各指纹化合物的诊断比值参数，利用聚类分析以及模式识别可以将柴油分类。

② 柴油的单体烃鉴别 Phillips 等[7]开发出的全二维气相色谱（GC×GC）技术为石油单体化合物的分离分析提供了强有力的手段，把分离机理不同且相互独立的两根色谱柱用一个调制器以串联方式结合成二维系统，由此具有峰容量大、灵敏度和分辨率高、定性规律性强等特点，可以对芳烃、饱和烃同分异构体进行更好的分离与定性，实现成千上万个单体峰的分离。全二维气相色谱（GC×GC）和质谱联用，再利用飞行时间质谱（TOF MS）、SCD 或 NCD 对其中单体化合物进行定性，极大地促进了对柴油、蜡油单体化合物组成的认识。

牛鲁娜等[17]利用 GC×GC/TOF MS，结合谱库检索、质谱图解析、沸点与分子结构关系和全二维谱图特征，定性（或归类）了焦化柴油饱和烃中 1057 个化合物单体，通过对不同原料和不同加工工艺的柴油馏分进行分析可以更为全面地认识柴油馏分的分子组成信息，更好地为探究柴油加工反应规律和机理研究提供方法支持。

③ 柴油分子的类型与碳数分布分析 GC×GC/TOF MS 可以实现柴油分子组成的分析表征。花瑞香等[18]采用 GC×GC 方法，利用一套柱系统即完成了直馏汽油、煤油、柴油或催化裂化柴油等不同沸程的石油馏分的烷烃、环烷烃和 1～4 环芳烃的族组成和目标化合物的分离，同时采用标准物质对这些馏分的特征组分进行了定性，并采用体积归一化法完成了特征组分和不同馏分的烷烃、环烷烃和环芳烃的族组成定量，见图 2-12。

基于软电离技术的 GC/TOF HRMS 是一种快速有效的柴油分子组成表征技术[19]，因其能获得分子离子碎片的优势，更多地应用于组成复杂的样品的分离分析，可以避免石油分子的断裂，从而得到分子量、碳数分布等方面更为有针对性的信息。利用软电离技术获取化合物高强度的分子离子峰或准分子离子峰，结合高分辨质谱可实现对柴油中化合物的分子水平表征。

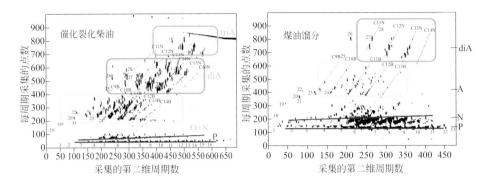

◉ 图 2-12　催化裂化柴油和煤油馏分 GC×GC 谱图

triA—三环芳烃；diA—二环芳烃；A—环芳烃；O—烯烃；
N—环烷烃；P—链烷烃；C13N—C3取代萘；C13B—C3取代苯

　　对于柴油馏分采用气相色谱分离、软电离飞行时间质谱或全二维气相色谱 - 飞行时间质谱等方法，可以分析得到烃类化合物和含硫、含氮化合物碳数和类型分布信息，且能分析出部分单体化合物。

　　① 柴油分子中的硫化物分析　柴油中的含硫化合物，不仅造成加工过程装备腐蚀、催化剂中毒，也影响产品质量，以及造成环境污染，其分布随柴油来源及加工工艺的不同存在很大差异。

　　目前，对柴油中硫化物进行分析的方法包括气相色谱（GC）、气相色谱 - 质谱联用仪（GC/MS）、气相色谱 - 原子发射光谱检测器联用仪（GC/AED）、气相色谱 - 硫化学发光检测器联用仪（GC/SCD）、全二维气相色谱 - 质谱联用仪（GC×GC/MS）、傅里叶变换 - 离子回旋共振质谱（FT-ICR MS）、高效液相色谱（HPLC）等。例如，花瑞香等[20]采用 GC×GC/SCD 研究建立了柴油馏分中的硫化物类型表征方法。此方法可按不同碳数给出柴油馏分中的硫醇硫醚类、苯并噻吩类和二苯并噻吩类等化合物分布信息（图 2-13），并给出柴油加氢脱硫中一些重要硫化物的单体信息。

　　② 柴油分子中的微量氮化物分析　柴油中的微量氮化物则包括非碱性和碱性含氮化合物，非碱性含氮化合物比较简单，主要为吲哚和咔唑类。碱性含氮化合物相对较复杂，除吡啶类化合物（如喹啉、吖啶和菲啶类）外，还有苯胺类。虽然氮化物的种类和数量相对较少，但是其危害却不容小觑。非碱性氮自由基作为自动氧化的中间体，能引发油品化合物的聚合和氧化反应，使柴油颜色变深；碱性含氮化合物单独存在时虽然相对比较稳定，但与酸性物质相遇容易发生反应从而使得油品安定性下降，且在加工过程中，碱性氮化物容易在催化剂活性位上竞争吸附、中和催化剂酸性活性中心，降低催化剂的活性和选择性，从而影响产品分布和质量。

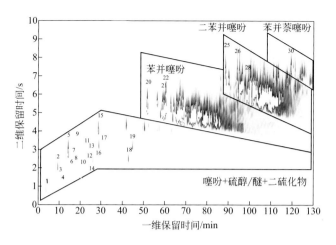

▶ 图2-13　催化裂化柴油硫化物的全二维气相色谱

通常，炼厂主要的几类柴油中含氮化合物的分布如下：催化裂化柴油中的含氮化合物主要是中性含氮化合物和少量碱性含氮化合物，其中中性含氮化合物占90%以上，主要是吲哚类和咔唑类含氮化合物，碱性含氮化合物仅占10%左右，主要是苯胺类、喹啉类和苯并喹啉类含氮化合物。直馏柴油中中性含氮化合物占总含氮化合物的质量分数在70%以上，主要是苯并咔唑类含氮化合物。焦化柴油中含氮化合物包括吡啶类、苯胺类、吲哚类、喹啉类和咔唑类等含氮化合物。柴油中的含氮化合物既影响柴油的产品质量，也影响加工过程中催化剂活性与使用寿命。了解柴油中含氮化合物类型及分布信息对于柴油脱氮工艺优化具有重要意义。如，Wang等[21]研究表明GC×GC/NCD能很好地检测柴油中的含氮化合物，可以用来监控分析油品加氢脱氮过程。

③柴油分子中的含氧化合物分析　柴油中含氧化合物有脂肪酸、环烷酸、酚类等酸性含氧化合物及少量的非酸性含氧化合物（醛、酮、苯并呋喃等）。含氧化合物对柴油生产会产生不利影响，降低柴油产品的安定性，此外还会造成运输和加工设备的腐蚀。对于烃类化合物，目前已经建立了成熟的分离分析方法，但对于含氧化合物仍然缺乏系统完整的分离分析方法。色谱法、红外光谱法、核磁共振法和质谱法是当前分析含氧化合物的有效分析手段，其中质谱法是从分子水平表征含氧化合物的最普遍最有力的工具，也是获得分子结构最为理想的方法之一。

柴油中的含氧化合物主要以有机酸的形式存在，其中环烷酸约占石油中酸性含氧化合物的90%，也是目前研究最多的含氧化合物种类。由于含氧化合物含量少，常规的仪器直接测定很难获得理想的分离效果，因此往往需要将样品预处理从而实现含氧化合物的分离。含氧化合物的分离方法有衍生化提取、吸附分离法、溶剂抽提、络合法等。其中醇碱抽提法为一种简单有效的分离方法。例如，刘泽龙等[22]

采用 56g/L 的氢氧化钾 - 乙醇（体积比 1：1）溶液，在剂油比为 1：5（体积比）的条件下分离环烷酸，取得了良好的效果，最多可以鉴定 70 多个酚类化合物。

总之，对于气体、汽油和柴油馏分这样的石油轻馏分，依据目前的仪器分析技术水平，基本上可以实现真正意义上的分子水平表征。

第五节　石油重馏分分子表征研究与进展

一、概述

随着原油资源重质化、劣质化趋势日趋普遍和轻质化要求不断攀升，如何高效利用重质油已经成为"资源高效转化、能源高效利用、过程绿色低碳"的最重要课题。分析表征作为"先行官"，对于石油重馏分即重油，还难以实现完整和全面的分子水平表征。

重油包括蜡油（即减压瓦斯油，VGO）和渣油（如常压渣油 AR 和减压渣油 VR），其中常压渣油可以看作为蜡油和减压渣油的混合物。

蜡油馏分沸点范围一般在 350～540℃，碳数主要在 C_{20}～C_{45} 之间，由饱和烃和芳烃组成，还含有少量的胶质和杂原子化合物。饱和烃主要由链烷烃和环烷烃组成，链烷烃主要为 C_{20}～C_{45} 的长链烷烃，包括正构和异构烷烃。环烷烃是蜡油中含量很高的烃类物质，其环数可多达 6 个或更多。芳烃化合物除了烷基苯类、茚类，还含有大量的多环芳烃（PAH）以及环烷芳烃，其中多环芳烃一般为 2～5 环芳烃。

目前蜡油烃类组成的主要分析方法有经典液相色谱法（LC）、薄层色谱法、高效液相色谱法（HPLC）、超临界流体色谱法（SFC），这些方法可以分析蜡油族组成，得到饱和分、芳香分和胶质含量。红外光谱法能测定油品中的饱和烃和不同环数的芳烃；荧光光谱法可选择性地测定出多组分体系中芳烃的环数分布和含量；核磁共振能测定出蜡油的平均结构参数，这些方法均是在族组成和平均结构上得到的蜡油信息。由于蜡油中化合物的种类和同分异构体数目庞大，现有分析技术较难实现对该馏分的单体烃分析。随着分析方法的进步和对于蜡油分子表征研究的深入，能分析出的化合物信息也越来越丰富，在这个过程中高分辨质谱技术发挥了重要作用。本小节将着重介绍质谱（及其联用技术）与核磁共振技术对减压蜡油（VGO、瓦斯油）进行组成分析、结构分析（分子表征）的研究与进展。

减压渣油是饱和烃、芳烃、胶质、沥青质等非烃（杂原子）化合物含量很高的化合物，是原油中沸点最高、相对分子质量最大的部分。减压渣油碳数范围在 C_{35}～C_{100}，50%～80% 分子的元素组成中含至少一个杂原子，约 50% 的分子中含有一个以上的杂原子。由于减压渣油分子量大、难挥发、热稳定性差等原因，传统的分析表征手段只能对减压渣油的宏观性质如密度、黏度等进行分析，对折射率等都很难分析，难以很好地指导减压渣油的加工。

GC（气相色谱）、HPLC（高效液相色谱）、凝胶渗透色谱（GPC）等色谱技术可用于减压渣油的组分分离和烃类（如链烷烃、环烷烃和芳香烃）组成的测定，但此类方法通常操作费时费力，且需要计算特定样品的校正因子。GC/MS（气相色谱-质谱联用）技术是烃类混合物分子组成表征的强有力手段之一，但由于事先需要将样品气化，该技术的适用范围受限于较低沸点馏分。近年来，电喷雾电离质谱（ESI-MS）、傅里叶变换-离子回旋共振质谱（FT-ICR MS）等各种质谱技术越来越多地应用于重质油表征，此类技术能够获取重质油中的分子组成信息，但会破坏样品因而无法获取完整的结构信息。

渣油组成分析最常用的方法是液固吸附色谱法，如将渣油按极性分成饱和分、芳香分、胶质和沥青质。随着分析技术的不断进步，结合预分离和表征技术，对渣油组成的认识也不断深入。但普通色谱-质谱联用技术用于减压渣油这样复杂大分子的组成分析，表征仍有很大难度，这是因为一方面减压渣油组成复杂，随着分子量的增大，GC/MS 的质量分辨率对杂原子化合物和烃类分子之间很难区分，如，含硫化合物与其相邻质量的烃类化合物（C_3/SH_4）的质量差为 $3.4 \times 10^{-3}u$，当相对分子质量为 500 时质谱分辨率需要 15 万以上，这是极难做到的；另一方面，减压渣油的难挥发性给电离带来了极大困难。

随着大气压光致电离源（APPI）、电喷雾电离源（ESI）等新型电离源和高分辨质谱的出现，特别是具有超高分辨率和质量准确度的傅里叶变换-离子回旋共振质谱（FT-ICR MS）的出现，使对减压渣油等重馏分油的认识到了分子水平，从而对新催化剂、新工艺的开发和渣油加工产生深刻影响。

目前，通过组合采用最适宜的电离源，以及 FT-ICR MS 分析技术所能获得的减压渣油等重油馏分分子信息主要分为三个层次，即元素组成、等价双键数和侧链烷基的碳数分布，具体可以得到减压渣油等重馏分油的饱和烃、芳香烃、胶质、沥青质和杂原子等化合物的分子组成信息。

就原油而言，如果能够很好地获得全馏分的分子信息，对于原油贸易、计划、调度等均极具吸引力和帮助。

二、蜡油的分子表征研究与进展

1.蜡油组成分析

蜡油（VGO，减压瓦斯油）的组成表征与柴油馏分具有较多的相似性，按其深入程度可分为三类，即详细族组成分析；蜡油中化合物的碳数分布表征；部分关键单体烃分子表征。

（1）蜡油的详细族组成分析

质谱在蜡油馏分烃类组成分析方面具有灵敏度高、分辨率高、样品处理简单、提供信息丰富的优势，因而得到广泛应用。标准测量方法包括 ASTM D2786、ASTM D3239 和 SH/T 0659。

（2）蜡油的碳数分布表征

蜡油的碳数分布表征技术与柴油馏分类似，主要是采用软电离技术获取蜡油的分子离子，结合高分辨质谱获取分子的精确质量数及分子、离子峰强度，进而通过对质谱图的数据处理获取蜡油中不同类型的烃类与非烃类化合物含量随碳数的分布信息。

① 烃类化合物碳数分布　新型软电离技术，如电喷雾电离（ESI）、大气压化学电离（APCI）、大气压光致电离（APPI）、基质辅助激光解析（MALDI）、场解析/场电离（FD/FI）与超高分辨率的 FT-ICR MS 结合，使得对蜡油中芳烃类、杂原子化合物的组成认识提升到一个新的高度。Rodgers 等 [23] 综述了近年来 FT-ICR MS 的最新进展以及对不同极性化合物的表征现状。

通过 FD/FI 对烃类和其他非极性有机物的分析，FD/FI 电离源结合高分辨飞行时间质谱可以实现更精确的分子量测定，该方法更适合重馏分油这种复杂混合物的定性分析，目前主要用于分析重馏分油的碳数分布、馏程分布等方面 [24]。

蜡油馏分中芳烃化合物尤其是多环芳烃是二次加工关注的重点，多环芳烃的含量和形态对加氢和催化裂化过程影响很大。表 2-7 所示为多环芳烃的主要类型及结构。

表2-7　多环芳烃的主要类型及结构

族	烃类型	实验式	典型结构式	相对分子质量
二环芳烃	萘类	C_nH_{2n-12}		128
	苊烯	C_nH_{2n-16}		152
	苊类	C_nH_{2n-14}		154
	芴类	C_nH_{2n-16}		166
三环芳烃	菲类、蒽类	C_nH_{2n-18}		178
	苯基萘	C_nH_{2n-20}		204

族	烃类型	实验式	典型结构式	相对分子质量
四环芳烃	芘类	C_nH_{2n-22}		202
	䓛类、苯并蒽	C_nH_{2n-24}		228
五环芳烃	苝类	C_nH_{2n-28}		252
	苯并（a）芘	C_nH_{2n-28}		252
	苯并（e）芘	C_nH_{2n-28}		252

② 非烃类化合物的碳数分布

色谱与色 - 质联用在杂原子化合物碳数分布分析方面的应用

石科院探讨了重馏分油中含硫芳烃的碳数分布测定。将沙中蜡油各含硫芳烃组分溶于 1mL 二氯甲烷中，采用 GC/FI-TOF MS 分别测定其碳数分布与化合物类型分布。利用开发的计算程序根据精确质量有效归属各质谱峰的分子元素组成，采用气泡图的形式比较沙中蜡油各馏分段的 S1 化合物的碳数分布，见图 2-14。

将多种分析手段相结合，可分析蜡油馏分的详细组成。如，Vila 等[25] 用 GC×GC/TOF MS 和 ESI（±）FT-ICR MS 分析了由分子蒸馏所得不同馏程重馏分油的详细组成，七个重馏分油的终馏点温度分别为 490.0℃、503.2℃、522.5℃、549.6℃、583.7℃、602.4℃、622.2℃。作者先在硅胶色谱柱上将重馏分油分成饱和分、芳香分和极性组分，后用相应的方法分析各组分的详细组成。用 GC×GC/TOF MS 分析得到了饱和分中的三环、四环、五环的萜烷、甾烷、断藿烷类等，芳香分所含的多环芳烃化合物如芴、菲、苯并 [g，h，i] 芘等，及含硫化合物烷基苯并噻吩、烷基二苯并噻吩和烷基萘并噻吩和烷基酚等。用正、负离子模式的 ESI

FT-ICR MS 分析了普通 GC 无法测定的极性化合物，包括喹啉、苯并吖啶、咔唑、苯并咔唑、呋喃吖啶等，得到了用环加双键数（DBE）所表示的不饱和度随碳原子数的分布情况，这表明综合多种分离分析手段可分析重馏分油的详细组成。

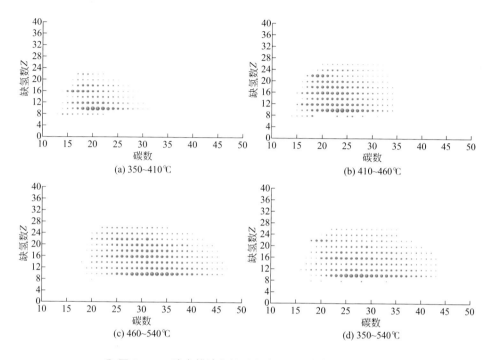

● 图 2-14　沙中蜡油各馏分段中 S1 化合物的碳数分布

FT-ICR MS 在杂原子化合物碳数分布分析方面的应用

相对于石脑油和柴油馏分，蜡油馏分中含有更多的杂原子化合物，并且随着馏分碳数和馏分复杂程度的增加，对含杂原子化合物进行分析的难度更大，尤其是区分质量差只有 3.4×10^{-3}u 的含 C_3/SH_4 结构的芳烃和含硫芳烃化合物，需要更有效的分离手段或者更高的分辨率。FT-ICR MS 的分辨率能够达到几十万甚至上百万，可以精确地确定由 C、H、S、N、O 所组成的各种元素组合，将这种超高分辨能力的质谱与适当的电离源相结合，可从元素组成层次上研究馏分组成。

电喷雾技术（ESI）与 FT-ICR MS 结合，极大地促进了重质油中极性杂原子化合物分析技术的进步。ESI 对绝大多数烃类没有电离作用，但可以选择性地电离微量碱性（主要是碱性氮）和酸性化合物（主要是环烷酸）。如，Stanford 等 [26] 分别用正离子和负离子 ESI FT-ICR MS 分析了轻、中、重减压蜡油（轻 295 ～ 319℃、中 319 ～ 456℃和重 456 ～ 543℃）中的酸性和碱性化合物，在不需分离的情况下，可以分析不同馏分的分子量、杂原子类型、芳香性和取代碳数，极大地简化了蜡油极性化合物的分析过程，正离子模式下测得含 N_1、N_2、NO 等的碱性化合物中，含 1 个氮的吡啶类化合物比例最大，负电离模式下测得的含 O_1、O_2、O_3S 等酸性化合物中，以含 2 个 O 的酸性化合物为主，见图 2-15。进一步分析了这些含杂原子化合物的 DBE 随碳数分布，对比发现，轻质馏分中主要是单环芳烃和低 DBE 值的环烷类含杂原子物质，从负离子条件下的结果来看低分子量的多环环烷酸、单环芳香酸及氧硫化合物（S_xO_y）只是在轻馏分油中，而中质和重质馏分油含有高分子量和高 DBE 值的多环芳香类极性物质，如多环芳香酸、芳烃吡咯类以及芳烃酚类等。

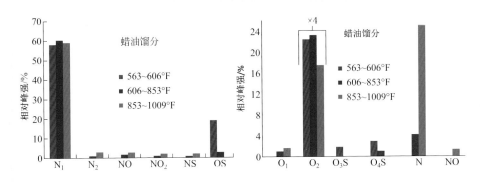

● 图 2-15   正、负电离模式下碱、酸化合物的相对峰强

由于含硫类化合物不具有酸碱性，在 ESI 条件下无法电离，因此文献采用化学衍生法增强含硫化合物的极性，进而实现 ESI 结合 FT-ICR MS 的电离分析 [27]。而在大气压光致电离（APPI）离子源条件下，能够直接电离馏分中弱极性与非极性化合物，不需要对样品进行处理，并能选择性地电离噻吩类化合物及芳烃 [28]。这方面的研究较多，就不一一列举了。

（3）蜡油中的单体烃分子表征

虽然石油中的化合物数量非常庞大，现在的分析技术还无法实现对高沸点石油馏分中所有单体烃的表征，但还是可以得到部分单体烃的信息，通过分析有代表性的单体烃分子来研究工艺、转化规律、产品组成、产品性能等。

例如，Peters 等 [29] 定量研究了不同工艺过程对生物标志物浓度和分布的影响。他们采用 GC/MS 测定了 Chervon 公司的原油、喷气燃料、直馏柴油、蜡油、渣油、加氢裂化产品、加氢精制蜡油、蜡油催化裂化产品和渣油焦化汽油中甾烷和萜烷，并用其芳香性和热稳定性对产品中生物标志物的浓度和分布进行了解释。

2.蜡油的结构分析

蜡油是催化裂化、加氢处理等二次加工过程生产汽油、柴油和喷气燃料的重要原料。芳香分含量较高的蜡油易生焦，并导致催化剂失活。因此在加工前全面了解蜡油的化学组成和结构很有必要，这不仅有利于炼厂选择合理的加工条件，同时也有助于炼厂根据目标产物选择理想原料。蜡油结构组成的传统分析方法为 *n-d-M* 法，但该法测定油品存在一定的适用范围，这使其应用受限。

核磁共振（NMR）技术对于难挥发的重质油样的分析更具有其独特的优越性。高分辨的 ^{1}H-NMR 和 ^{13}C-NMR 波谱能够直接反映出碳、氢及杂原子所处的化学环境，且不受样品极性和挥发性的影响。与质谱等其他分析方法相比，NMR 波谱法具有分析速度快、样品用量少及样品预处理简单等特点，使之成为蜡油特别是沥青、渣油等重油结构组成分析的最有力工具之一。

（1）基础油分子组成的常规 NMR 分析

Sarpal 等[30]确定了基础油中各种异构烷烃谱峰归属，并利用 ^{13}C-NMR 研究加氢处理工艺（加氢裂化、蜡异构化、HT）、溶剂精制与加氢补充精制（HF）组合工艺以及深度加氢补充精制工艺（SHF）三种不同加工方法所得基础油的结构与组成，通过分析碳谱化学位移 $5 \times 10^{-6} \sim 21 \times 10^{-6}$ 区域谱峰，建立了正构和异构烷烃含量、平均链长和异构位点数的计算公式。然后，通过对比三种基础油的 ^{13}C-NMR 谱图，获得了三种基础油中的不同结构的异构烷烃的分布情况，并依此提出了异构烷烃的几种主要异构结构。研究表明，异构烷烃总量及不同类型异构结构的分布对于加氢后目标产物的性质极其重要，而 NP/IP（正构烷烃与异构烷烃含量之比）及不同异构结构的分布对基础油的黏温性能起决定性作用。Sarpal 等认为该种方法可适用于各种类型的基础油。

利用 ^{1}H-NMR 和 ^{13}C-NMR 方法对加氢补充精制（HF）、深度加氢补充精制（SHF）和加氢处理（HT）三种工艺所得基础油的进一步研究可参见文献 [31]。

（2）NMR 在蜡油分子组成研究中的应用

近年来，NMR 越来越多地应用于蜡油等重馏分油的定量、定性表征。蜡油类重馏分油，其 ^{1}H-NMR 中谱峰重叠是难免的，因此 ^{1}H-NMR 所得信息有限；而且，一般从氢谱中很难得到丰富的碳骨架结构信息。而碳谱能够提供更丰富、详细的平均结构信息，得到不同类型碳的定量信息；此外，能够比传统方法更快速地测定饱和分与芳香分含量及其比值。故要得到蜡油尽可能详细的分子组成信息，应采用 ^{1}H-NMR 与 ^{13}C-NMR 联合方式对蜡油进行综合表征。采用不同的分离技术以及组合技术，计算出芳香度、正构烷基侧链、平均烷基链长、桥头碳、芳环及环烷环数等详细平均结构参数，并由此推导了各烃类组分可能的平均分子结构，这方面的文献 [32-34] 很多。

三、减压渣油的分子表征研究与进展

1.减压渣油的组成分析

（1）饱和烃部分

饱和烃是重油中易于加工和轻质化的理想组分，在石油中含量很高，同时也是石油中极性最弱的组分。随石油馏分升高，其中饱和烃的碳数和环数均逐渐增大。过去基于色谱的分析技术手段能够分辨出石油中的正构烷烃以及小分子的异构烷烃和环烷烃，但受色谱仪器特性限制，高沸点（大于500℃）的正构烷烃无法通过色谱柱被分析，且超过六环的环烷烃及异构烷烃等由于同分异构体众多，难以被色谱柱分离。质谱技术在饱和烃分析中是常用手段，电子轰击源（EI）广泛用于饱和烃分析中，GC/MS分析石油饱和烃中最常用的电离源就是EI源。但EI源的电压过高，电离能量太大，会将饱和烃电离出大量碎片。经过改进低电压EI源则只能电离芳香烃而不能电离饱和烃。还有一种改进后的超声分子流EI源，能够通过改变电极电压的高低从而分别选择性地电离正构烷烃、环烷烃和异构烷烃等，但仍会产生大量碎片峰。

　　大气压化学电离源（APCI）也被应用于饱和烃的电离中，但APCI源也会将饱和烃同时电离成分子离子和准分子离子，并有少量碎片产生，谱图相对复杂，对质谱分辨率要求高。

　　场电离/场解析源（FI/FD）也成功实现了与FT-ICR MS的联用[35]。其他电离源如激光诱导超声解析电离源（LIAD）[36]、解析电喷雾电离源（DESI）[37]和钌离子催化氧化（RICO）转化饱和烃再结合ESI源分析分子组成的方法[38]是比较有效的电离饱和烃的方法。图2-16是饱和烃衍生化反应流程图。在该图示的钌离子催化氧化（RICO）过程中，支链烷烃可以得到很好的保留，有利于全面分析重油中饱和烃的分布特征。

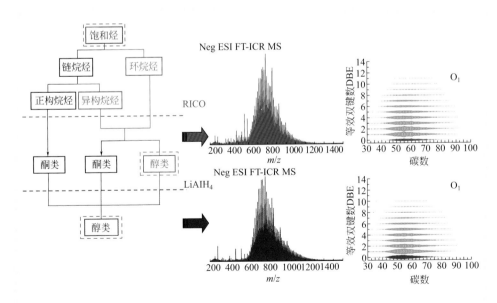

● 图2-16　饱和烃衍生化反应流程图
Neg ESI—负离子电喷雾电离源

（2）芳香烃

作为石油中的主要化合物之一，芳香烃的有关研究报道数量众多。比起饱和烃，芳香烃中由于共轭双键的存在，极性会相对大一些，但没有任何杂原子和强极性基团存在的情况下，单纯的芳香烃很难直接被 ESI 电离源电离。目前 APPI 电离源结合 FT-ICR MS 应该是最常用的研究芳香烃的方法[39]。

目前石油中使用 APPI 能电离的芳香烃化合物的缩合度一般小于 40。除 APPI 电离源外，大气压激光电离源（APLI）也被引入芳香烃分析中，但与 FT-ICR MS 结合后得到的谱图不是十分理想，电离效率受温度影响较大，稳定性较差，且与 APPI 类似，APLI 也具有电离歧视的问题，几乎无法电离低缩合度芳香烃化合物。

芳香烃化合物极性较弱，无法使用 ESI 电离源直接电离，但相关研究一直有学者在进行，试图通过改变促电离剂或溶剂等方式使得芳香烃化合物能被 ESI 电离[40]。

因此，目前使用 FT-ICR MS 定性分析芳香烃有了一定进展，但还没有合适的完整分析所有环数芳香烃的方法，在此方面的研究尚需突破。

（3）胶质、沥青质类化合物

张占纲等[41]通过超临界萃取方法对大港减压渣油进行深度窄馏分切割，利用 RICO 法对萃余残渣及其芳香分、胶质和沥青质亚组分进行选择性降解，生成的混合物经分离后作相应的甲酯化处理，最后运用 GC/MS 定性、定量分析酯化产物来推测原萃余残渣及亚组分的结构特征。这类方法可以分析出渣油组成的结构细节。

（4）含硫化合物

石油尤其是重油中的硫化物一般以噻吩类和硫醚类化合物最为常见。硫化物中除了砜类和亚砜类极性较强、能直接被 ESI 电离源电离外，石油中含量最高的硫醚类和噻吩类硫化物极性较弱，无法直接利用 ESI 电离源电离，需要首先对这两类含硫化合物进行化学衍生化处理，增强极性后才能使用 ESI 电离源有效电离。如，通过甲基衍生化将减压渣油及其催化加氢脱硫产物中的含硫化合物转化为强极性的甲基锍盐，并结合正离子 ESI FT-ICR MS 实现对含硫化合物的分子组成表征[42]。

有些电离源均可直接电离石油中的含硫化合物，如大气压光致电离源（APPI），大气压化学电离源（APCI）、大气压激光电离源（APLI）及场电离源（FD）[24]等。采用配位交换色谱分离技术分离渣油，将含硫化合物甲基衍生化后采用 ESI FT-ICR MS 分析各亚组分中含硫化合物的结构，可以获取渣油杂原子的形态和分布[43]。但这些整体电离的方法难以区分含硫化合物的类型与结构。为了区分硫化物的种类，目前常用的方法是将含硫化合物按种类从石油中分离出来，再使用 FT-ICR MS 表征具体分子信息。图 2-17 是选择性分离富集石油中含硫化合物的方法示意[44]。

（5）含氮化合物

与含氧化合物一样，石油中的氮化物随结构不同，性质也不尽相同，同样可按酸碱性分为两类：一类为中性氮化物，主要是吡咯、吲哚、咔唑等一系列含五元环氮化物的衍生物；另一类是碱性氮化物，包括吡啶、喹啉等六元环氮化物的衍生物以及胺类化合物。这两类氮化物在极性上有所不同，可通过将样品溶解在苯和冰醋酸混合液中用高氯酸滴定的方式来区别二者，能与高氯酸反应的即是碱性氮化物[45]。除以上所述氮化物外，还有一种独特的含氮化合物也存在于石油中，即由一类大分子氮化物（卟啉环）与镍、钒、铁等微量重金属络合形成的金属卟啉化合物[46]，一般也归类于中性氮化物。

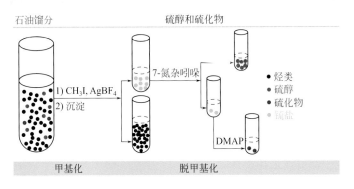

▶ 图 2-17　选择性分离富集石油中含硫化合物的方法

与酸性含氧化合物类似，石油氮化物可以使用 APCI 电离源、APPI 电离源或 ESI 电离源电离，但使用 APCI 电离源时会产生碎片离子，APPI 电离源或 ESI 电离源都是分析氮化物较为理想的软电离源。

含氮化合物的分析表征研究是比较热门的研究领域，相关文献也较多，如中性氮化物表征[47-50]、碱性氮化物表征[51-53]。

（6）含氧化合物

氧元素是石油中主要杂原子之一，通常含量在千分之几左右，随石油馏分沸点升高含量逐渐加大，大部分氧元素都分布在石油的胶质和沥青质组分中。氧元素在石油中以多种不同的基团存在，根据基团结构不同，石油中的含氧化合物具有不同的性质，通常按酸碱性分为两大类：一类为酸性含氧化合物，主要是强极性的含氧化合物，如羧酸类和酚类等，也就是通常所说的石油酸；第二类是中性含氧化合物，主要是极性较弱的含氧化合物，如醚类、脂类、酮类、醛类和呋喃类等。原油中含氧化合物种类众多，极性相差较大，很难被同一种电离源或者同一种检测方法同时检测。

① 酸性含氧化合物　酸性含氧化合物主要是羧酸类和酚类等强极性含氧化合物，可以使用 APCI 电离源或 ESI 电离源电离，但使用 APCI 电离源时会产生碎片离子，增大分析难度，因此分析含氧化合物最理想的电离源为 ESI 电离源。

无论是羧酸类还是酚类含氧化合物，都可以在原油中被负离子 ESI 电离源直接电离，无需分离等前处理过程，相对便捷快速。结合 FT-ICR MS 的超高分辨率以及质量精度，可以得到石油中这两类化合物的分子层次定性分析数据，因此，近些年关于这方面的研究数量相当多。如南美重质原油里鉴定出多达 3000 种酸性含氧化合物,同时发现重质原油中还含有大量杂原子化合物如 O_2、O_3、O_4、O_2S、O_3S、O_4S 等[54]。

负离子纳米喷雾电离源(Nano-ESI)结合 FT-ICR MS 可用于原油中的环烷酸组成分析,图 2-18 所示为两种原油中羧酸类化合物分子组成分布,图中可以看到不同缩合度和不同碳数羧酸类化合物的分布,真正表明 FT-ICR MS 可以清晰地从分子层次定性分析石油中的羧酸类化合物[22]。

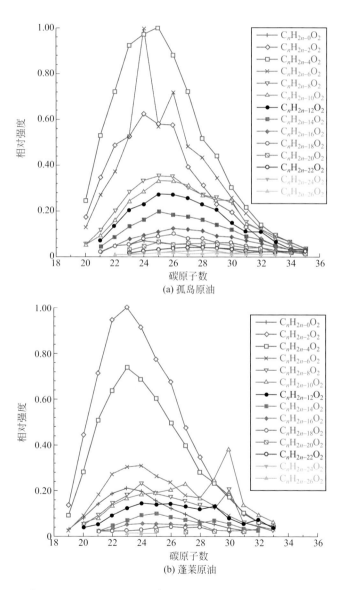

图 2-18　两种不同原油中羧酸类化合物分子组成分布

石油酸的含量及组成不仅影响到石油产品的质量和使用性能，而且还影响到具体的加工工艺的选择，对于石油酸的分析一直是大家的关注热点。作为无需分离，能够轻易被 ESI 电离的石油组分，关于石油酸的定性研究比比皆是，同时也有越来越多的研究者开始使用 ESI FT-ICR MS 对多种原油的石油酸进行检测，并与酸值进行关联、对比，效果较好。

② 中性含氧化合物　主要指含有酮类、醛类、醚类、脂类和呋喃类等极性较小的含氧化合物。这些化合物在石油中含量较少，极性也比较微弱。酮类化合物极性较低，且在石油中含量很少，因此需要经过衍生化后才能在 ESI 电离源下电离。

目前没有比较理想的分析石油中性含氧化合物的方法，只有少许关于酮类的研究报道，如应用吉拉德 T 试剂选择性地衍生化石油和煤焦油中的酮类化合物，并结合正离子 ESI 的 Orbitrap 质谱进行分析[55]。

（7）卟啉类化合物

卟啉类化合物一般由大分子氮化物（卟啉环）与镍、钒、铁等微量重金属络合形成。卟啉化合物在石油加工过程中影响很大，卟啉上络合的金属离子容易沉积在催化剂表面，引起催化剂失活，从分子层次表征石油中的卟啉化合物对加工利用石油具有非常重要的意义。

使用 EI 源检测卟啉类化合物并不是一种成熟完美的方法，因为样品在分析前需要先进行烦琐的甲磺酸脱金属反应，且不确定卟啉原始结构是否在甲磺酸脱金属反应中遭到破坏，而且如果 EI 源能量过大，会产生大量离子碎片，并不适合与 FT-ICR MS 联立用来分析卟啉化合物。

使用 ESI 电离源或 APPI 电离源结合 FT-ICR MS 是目前较好的从分子层次定性分析石油金属卟啉化合物的手段[56-59]，但未能检测到所有的金属卟啉化合物种类，离定量检测差距较大，有待诸多学者进一步研究。

2.减压渣油的结构分析

（1）概述

目前，研究减压渣油的化学组成与结构主要采用核磁共振波谱、红外光谱等近代物理分析方法。利用红外光谱可以对重质油中的某些基团进行鉴定和含量测定，如亚甲基与甲基之比 n_{CH_2}/n_{CH_3} 及芳碳率 f_{C_A}，但对于相对密度较大的减压渣油，该法测定结果与核磁共振碳谱的无畸变极化转移增强（DEPT）技术所测结果偏差较大，如表 2-8 所示。

表2-8　红外光谱法与DEPT法求得的 n_{CH_2}/n_{CH_3} 对比

渣油样品	DEPT 法求得的 n_{CH_2}/n_{CH_3}	红外光谱法求得的 n_{CH_2}/n_{CH_3}
大庆渣油	7.6	6.7
胜利渣油	4.7	4.4

渣油样品	DEPT 法求得的 n_{CH_2}/n_{CH_3}	红外光谱法求得的 n_{CH_2}/n_{CH_3}
孤岛渣油	4.8	3.9
欢喜岭渣油	3.8	2.7

（2）NMR 在减压渣油结构表征中的应用进展

① 渣油热转化过程分子组成变化规律研究　有不少文献报道了 NMR 技术在渣油热转化过程中分子组成变化规律研究中的应用。如，Hauser 等[60] 采用 ^{1}H-NMR 和 ^{13}C-NMR 技术研究了 Kuwait 三种减压渣油的热裂解过程，结合元素分析数据计算了原料及其在不同反应条件下所得非气态裂化产物的各类平均结构参数。通过分析平均结构参数发现，减压渣油分子主要由带有烷基侧链的稠环芳核组成，芳核由三个以上溆位缩合的芳香环系构成。稠环芳核在高温条件下裂解为饱和烃和带有较短烷基侧链的芳烃。在深度加工条件下，原料类型会影响渣油的热裂解稳定性。在其实验条件下，原料类型和裂解深度对非气态裂化油的化学组成影响较小，所有裂化油中烷基碳与芳香碳原子比约为 3，芳碳主要为单环或双环芳碳，烯烃碳质量分数的变化范围为 2%～3%。对于带有烷基侧链的芳烃，热裂解主要发生在分子的烷基部分，而芳香环保持不变。其中，正构烷基链发生 β- 断裂或 1,2- 断裂，前者生成苄基自由基和链较短的正构烷烃。随着热裂解条件加深，裂化产物沥青中的芳碳含量不断增加。在最深的热裂解条件下，沥青中有 30% 芳碳以迫位缩合的多环芳环缩合桥头碳形式存在；裂化油中链烷碳率（约 62%）是芳碳率（约 21%）的三倍，芳烃以单环或双环芳烃为主。

为了进一步获取减压渣油在裂化过程中的分子结构变化规律，Hauser 等[61] 预先将原料及其非气态裂化产物进行四组分分离，然后采用相同的方法对这三种减压渣油及其非气态裂化产物的 SARA 各组分进行进一步详细分析，计算了相应的平均结构参数，由此深入探索三种减压渣油的裂化规律。研究表明，除了芳香分，三种减压渣油的裂化情况非常相似。整体而言，裂化油中的正构链烷烃相比减压渣油中芳环上的正构烷基侧链较长，表明发生了正构烷烃自由基的重组。裂化油和沥青两种裂化产物中迫位缩合桥头芳碳含量与减压渣油原料几乎相同，这表明在 430℃时芳环的缩合反应不是主要反应。

Michael 等[62] 采用 NMR 技术对轻度热加工（430℃）过程中原料和产物中沥青质的分子结构变化进行了表征、研究。

② 渣油加氢过程分子组成变化规律研究　不少文献报道了 NMR 技术对渣油加氢前后原料与产物中沥青质分子的分子组成和结构表征的研究结果。例如，Merdrignac 等[63] 利用 NMR 技术结合体积排阻色谱（SEC）和质谱（MS）技术研究了中东减压渣油在沸腾床反应器内加氢转化过程中沥青质的结构变化情况。该过程中渣油转化率达到 55%～85%，对应的沥青质转化率为 62%～89%。采用 SEC

技术表征减压渣油加氢过程前后沥青质的结构大小变化情况，利用 MS 技术测定沥青质的相对分子质量变化情况。结合分析 ¹³C-NMR 谱、SEC 和 MS 测定结果，得到加氢过程前后沥青质分子的平均分子结构参数变化情况。分析发现，随着转化程度加深，沥青质分子逐渐变小；同时，脱烷基反应使得沥青质的芳碳率增加，但尽管如此，并未发生芳香结构的缩合。之后，该课题组对此开展了更为详细的研究。Gauthier 等 [64] 采用 ¹³C-NMR 技术探索更宽馏程范围内沥青质结构变化与渣油转化率之间的关系。Ali 等 [65] 采用 NMR 技术对比分析了科威特常压渣油和加氢脱硫原料中减压渣油馏分中的沥青质的变化情况。Wandas[66] 采用 ¹H-NMR 技术结合元素分析和平均相对分子质量，通过计算出的平均结构参数，推测出减压渣油原料及其经加氢脱硫过程后产物中沥青质的平均分子结构，由此加深了对减压渣油加氢脱硫过程中结构转化的理解。

除了将 NMR 技术应用于减压渣油加氢裂化过程前后原料和产物的转化规律研究中以外，Siddiqui 等 [67] 将 ¹H-NMR 和 ¹³C-NMR 表征技术应用于阿拉伯重质常压渣油固定床反应器在不同催化剂条件下的加氢裂化反应行为研究。实验中对比分析了催化裂化（FCC）催化剂、ZSM-5 分子筛、加氢裂化催化剂（HC-1）和加氢处理催化剂（NiMo）上渣油反应前后的平均结构参数的变化，包括不同类型碳和氢的分布变化。结果表明，经过加氢裂化反应渣油及沥青质的平均相对分子质量减小，说明较大的沥青质分子发生了裂解。根据平均结构参数变化情况，推导了加氢裂化过程中渣油中沥青质可能的反应路径。通过对比同一催化剂上反应前后沥青质平均结构参数变化，可知原料在四种催化剂作用下的加氢裂化深度；通过对比在不同加氢处理催化剂上反应前后沥青质的 NMR 谱图，可以看出不同催化剂作用下产物中沥青质结构上的相似性和差异性。

③ 渣油平均分子结构的构建　龚剑洪等 [68] 采用 ¹H-NMR 和 ¹³C-NMR 技术，结合 Monte Carlo 算法，考虑到大多数国产重油富含链烷烃，建立了重油分子构造规则和计算程序，并进一步完善了等效分子系综法。Sato[69] 建立了一种简单的分子构建方法（芳香烃的结构分析，也称 SAAH 法）。SAAH 构建方法是基于 ¹³C-NMR 谱、SEC（测定相对分子质量）及元素分析法所得到的信息，进而得到平均分子的四个主要特征值：M，含有缩合芳环的结构数目；C_{tr}，结构中芳香环和环烷环上的碳数；C_{ai}，结构中内部芳碳数；P，芳香环上的烷基链数目。由此得到一系列可能的分子结构，进一步对比并筛选出最可能的分子结构。但一般情况下，对于组成和相对分子质量极为复杂和分散的沥青质，只用一种单一的结构来表达有时可能不够严谨，易造成片面理解。Artok 等 [70] 采用 ¹H-NMR、¹³C-NMR 和 SEC 技术，提出了一种对原油混合物中的沥青质可能的平均分子结构的推导方法。

Gauthier 等 [64] 采用 Sato[69] 的方法，研究并构建了渣油加氢裂化过程前后沥青质分子结构，示意图见 2-19。

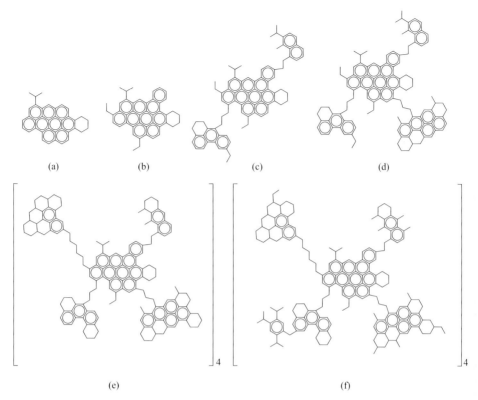

▶ 图 2-19　540℃时渣油加氢裂化不同转化率下产物中沥青质分子结构推测

产物转化率：（a）85%；（b）72%；（c）56%；（d）48%；（e）28%；（f）原料

　　考虑到在沥青质高转化率下沥青质单元中的杂原子数目远低于原料中的数目，为了简化分子构建过程，实验中主要考虑沥青质分子中总体的烃类（C 和 H）结构，而不包括 N、S、O、N 和 V 等杂原子。首先找出沥青质平均分子结构与渣油转化率之间的关系，然后基于渣油高转化率下得到的信息进行分子构建，以此为基础，着重考虑那些理论上随加氢裂化深度增加会发生变化的分子，从而构建渣油低转化率下的沥青质的平均分子结构。这样可以在一定程度上降低分子结构构建的复杂性。由于该方法中没有考虑杂原子，因而建立的平均分子结构质量低于实验所得的平均相对分子质量。

　　迄今为止，分子构建仍然是一项挑战性的工作。因为所有这些分子构建方法都面临一个问题，即随相对分子质量增加，可能的分子结构的数目急剧增加。只有尽可能地从 NMR 谱获取详细结构信息，并结合其他适当分析方法，如 XRD（X 射线衍射）、SEC 等，才能得到比较合理的分子结构。其次，构建的分子结构是平均意义上的，若与高分辨质谱技术等其他重油表征手段结合，则可得到更为详尽的组成与结构信息。

四、原油组成分子水平表征

1. 烃类

原油是由大小不同、极性各异的分子组成的复杂化合物，研究原油组成分布特征最好事先进行前处理，或按沸点切割或按极性分离。原油组成的分布呈一定规律，大量的研究表明组成原油的化合物其沸点、分子量、缺氢数、杂原子分布等均连续分布，并且沸点与分子量、缺氢数等存在内在联系。

Boduszynski 等[71]是分子水平上研究原油组成的先驱。他们将 6 种不同来源、不同性质的原油常压蒸馏至 343℃，再采用短程蒸馏的方式将减压渣油每间隔 25℃切割至 704℃，后将减压渣油用正戊烷、环己烷、甲苯和氯代甲烷/甲醇（体积比 4∶1）溶液按极性分离成四个组分，用减压热重分析测定各个馏分的馏程，由50% 馏程温度表示窄馏分的沸点，测定各馏分的硫、氮、氧和金属含量和场电离FI、场解析 FD 质谱组成，以此考察分子量、缺氢数和杂原子随沸点的变化。实验表明：相近分子量的化合物具有较宽的沸点范围，且一个窄的沸点范围内含有较宽的分子量分布。从质谱分析按沸点分离的窄馏分和按极性分离的组分来看，原油中分子量没有超过 2000 的化合物。由 H/C 摩尔比表明原油的缺氢数随着沸点的增大而减小，第一个馏分的 H/C 摩尔比为 1.6 ～ 1.8，而减压渣油组分的 H/C 摩尔比为 1.1 ～ 1.2，说明氢含量少的芳香性化合物挥发性和溶解性较小，在馏分中可能是相对分子质量较小的分子。硫、氮（包括碱性氮）、氧和金属镍、钒、铁随沸点的分布数据表明，杂原子化合物含量随着馏分沸点和极性的增加而增加。随后，Boduszynski[72]将各窄馏分进一步用高效液相色谱进行细分。通过测定平均分子质量并采用核磁共振研究平均结构，用场电离 FI 质谱考察各组分按碳数和缺氢数分类型分布，并比较各馏分之间的差别，获得了馏分的常压沸点和分子量之间的关系[73]，分别通过引入第三方参数如相对密度、H/C 摩尔比或折射率建立关系式，据此关系式可以将大于 704℃馏分按极性分离后的亚组分，换算成相应的沸点范围，向约 1650℃的高沸点范围延伸了原油馏分，由此完成对原油全沸点范围的收率分布。最后，Boduszynski[74]考察了馏分的平均缺氢数随沸点分布，平均分子中硫、氮的组成随沸点分布，以及残炭、金属镍、钒、铁随沸点分布，结果表明这些均随沸点呈连续性的分布，这个结果对原油进行内插和外延计算很有帮助。因此，上述研究结果被总结成规律，称为 Boduszynski 模型，并为 Mckenna 等[75-79]证实是正确的。

Mckenna 等的深入研究表明，虽然沥青质和油分有相近的碳数分布范围，但沥青质的芳香度更高。而原油组成在沸点分布上的规律性分布，按极性分离后在分子水平上进行表征也可以得到许多新的认识。如，Cho 等[80]用 APPI+ FT-ICR MS 分析阿拉伯中质原油的饱和分、芳香分、胶质和沥青质的 DBE 值和碳数分布的关系，考察各组分中碳数一定时 DBE 的最大值，由碳数和 DBE 最大值的关系曲线得到边界线（Planar Limit），该曲线的斜率大小可以说明组分缩合度的大小。

Cho[81] 还将阿拉伯重质原油分成四个组分，并往各组分中加入外标物分析各组分中化合物的类型和碳数分布，根据外标物进行定量折算，将四组分分析结果合并得到原油全组分信息，并与不分离直接测定原油样品所得信息对比。结果发现饱和分中 S1 类化合物的 DBE 值小于 13、碳数小于 100，而沥青质的 DBE 值高达 40、碳数大于 80；并且各组分的边界线斜率大小顺序是：沥青质＞芳香分≈胶质＞饱和分，说明沥青质的缩合度最高。四个组分合并所得原油的化合物信息与直接测定原油所得信息相比，前者化合物总数约是后者的 2 倍（见图 2-20），主要是因为对原油进行测定时不同化合物基质之间会相互干扰或离子化时相互抑制。这一研究表明，需要将高分辨质谱与色谱技术或分馏相结合，才能更完全地弄清石油的分子构成。

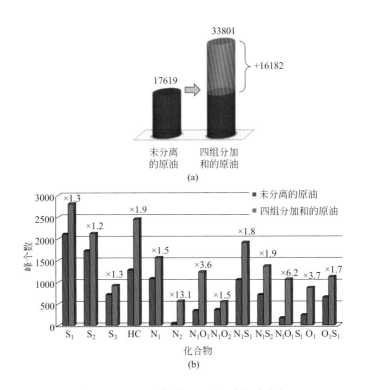

图 2-20 分离前后所测原油组成信息

Gaspar 等 [82] 用 248nm 波长的大气压激光电离（APLI）分析北美重质原油的饱和分、芳香分、胶质和沥青质分子组成，并与直接测定原油时所得结果比较。APLI 用于非极性组分的电离，如多环芳烃缩合结构，也可能是含杂原子的极性较小的化合物。结果分离后饱和分、油分（饱和分、芳香分和胶质）所得分子式的个数比原油直接测定时的多，说明样品基质对解离过程有抑制作用。分别得到了不同组分的烃类型分布，并根据 DBE 值与碳数比（DBE/C）分布情况考察不同馏分的芳香性差异（见图 2-21），可见沥青质的 DBE/C 平均值最大，为 0.52，说明其芳香性最大；而饱和分的 DBE/C 平均值最小，为 0.32，其他组分测定结果居于二者之间。根据 DBE/C > 0.7 可以认为是多环芳烃（见图 2-22），考察不同组分中多环芳烃所占比例，多环芳烃含量顺序与 DBE/C 平均值大小一致。总的来说用四组分分离的方法与 APLI 相结合可以得到原油中更多的分子信息。

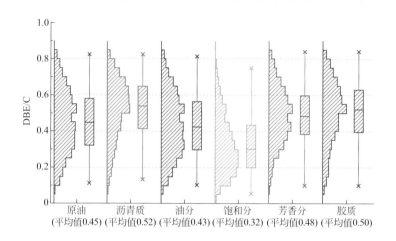

◗ 图 2-21　原油及其各组分中分子组成的比较

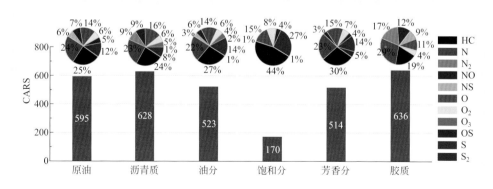

◗ 图 2-22　原油四组分中多环芳烃的分布

CARS为双键相等数与碳数之比。

其他一些在分子水平上分析原油的结果见文献 [83-85]。

2. 非烃类

ESI 离子源可选择性地电离原油中的极性化合物，与 FT-ICR MS 结合在分析原油中的非烃化合物方面发挥着重要作用，其中负电离模式主要用于酸性化合物（如石油酸、硫化物和部分中性氮化物）的测定。一些分析结果可参见文献 [86，87]。

总之，对原油而言，将适当的前处理或选择性电离手段与 FT-ICR MS 相结合，可有针对性地分析原油中的烃类和非烃类化合物，并研究原油的组成特点和分布规律。不同电离方式选择性测定不同的化合物组分，APPI/APLI 离子源主要测定非极性化合物，如芳烃、噻吩硫化合物等，ESI 离子源主要测定含杂原子的极性化合物，如含氧、氮化合物等，正负电离方式的作用有所不同。

随着分析技术的不断发展，针对原油及其馏分油目前可以得到不同程度的分子水平信息。其中，结合气相色谱高效的分离能力和质谱强大的分析能力，GC/MS 可提供其他分析手段不能提供的结构信息和组成信息，尤其是对于烃类的组成分析。而配合不同电离源的超高分辨率的 FT-ICR MS 技术，则是目前重油组成、结构鉴定方面的最有力手段，在无需预处理的情况下就能选择性分析蜡油、渣油馏分中芳烃和含杂原子化合物，得到噻吩硫化合物、碱性氮化物、酸性化合物的类型和碳数分布信息，且可能是渣油馏分尤其是减压渣油馏分分子组成分析的唯一工具。气相色谱可以分析天然气、炼厂气等气体和汽油（石脑油）馏分的单体烃化合物；柴油馏分采用气相色谱在线分离、场电离、软电离和高分辨飞行时间质谱相结合，能同时得到柴油的烃类化合物和含硫、含氮化合物类型分布和碳数分布；蜡油馏分采用固相萃取技术分为饱和烃和芳烃组分后，可鉴定出饱和烃和芳烃的化合物类型及碳数分布，采用全二维气相色谱技术还能对芳烃组分中菲、芘等常见多环芳烃及其取代产物进行定性分析；渣油预分离之后，可分析其部分烃类和含杂原子化合物类型和碳数分布；对于全馏分的原油，在分子水平上分析其组成一直是人们追求的目标，通过适当的前处理或选择性电离，目前能分析某一类物质如芳烃、噻吩硫、酸等的碳数和类型分布。至于非烃化合物，由于主要存在于重馏分油中使 GC/MS 的应用受到一定的限制。目前解决方案主要是技术改进，一方面通过改进色谱分离技术如多维色谱，另一方面则通过串联质谱的方法提高仪器的选择性。上述分析表征技术的进步所获取的石油及其馏分的丰富的分子水平信息，推动了人们对石油组成、结构认识的不断深入，势必在炼油加工过程优化、炼油技术升级中发挥重要作用。

参考文献

[1] Speight J G. The chemistry and technology of petroleum[M]. New York: Marcel Dekker, 1998.

[2] 汪燮卿. 我国炼油分析技术的回顾与展望 [J]. 石油炼制与化工, 1987, 9: 46-50.

[3] 蔡新恒, 龙军, 田松柏等. 石油分析的发展历程及展望 [J]. 石油及加工科技信息, 2014, 3: 31-46.

[4] Boduszvnski M M. Composition of heavy petroleums-Ⅱ. Molecular characterization [J]. Energy&Fuels, 1988, 2 (5): 597-613.

[5] Callis J B, Liman D L, Kowalski B R. Process analytical chemistry [J]. Analytical Chemistry, 1987, 59 (9): 624-637.

[6] 吴青. NIR、MIR 和 NMR 技术在原油快评中的应用[J]. 炼油技术与工程, 2018, 48 (6): 1-8.

[7] Liu Z, Phillips J. Comprehensive two-dimensional gas chromatography using an on-column thermal modulator interface[J]. J Chromatogr Sci, 1991, 29 (6): 227-231.

[8] Klee M, CoChran J, Merrick M, et al. Evaluation of conditions of comprehensive two-dimensional gas chromatography that yield a near-theoretical maximum in peak capacity gain[J]. J Chromatogr A1, 2015, 29: 151-159.

[9] Blumberg L M, David F, Klee M S, et al. Comparison of one-dimensional and comprehensive two-dimensional separations by gas chromatography [J]. J Chromatogr A, 2008, 1188 (1): 2-16.

[10] Nyadong L, Quinn J P, Hsu C S, et al. Atmospheric pressure laser-induced acoustic desorption chemical ionization mass spectrometry for analysis of saturated hydrocarbons[J]. Analytical Chemistry, 2012, 84 (16): 7131-7137.

[11] 林燕生, 董萍, 吴青. 棒状薄层色谱/氢火焰检测法在石油重质油烃组成分析上的应用[J]. 分析测试学报, 1989, 6: 68-73.

[12] Hsu C S, Hendrickson C L, Rodgers R P, et al. Petroleomics: Advanced molecular probe for petroleum heavy ends[J]. J Mass Spectrom, 2011, 46: 337-343.

[13] Asamoto B. FT-ICR-MS: Analytical applications of Fourier transform ion cyclotron resonance mass spectrometry [M]. New York: VCH Publishers, 1991.

[14] Makarov A. Electrostatic axially harmonic orbital trapping: A high-performance technique of mass analysis[J]. Anal Chem, 2000, 72: 1156-1162.

[15] Song C, Hsu C S, Mochida I. Chemistry of diesel fuels[M]. New York: Taylor & Francis, 2000.

[16] 刘星, 王震, 马新东等. 柴油的指纹提取及基于指纹信息的层次聚类分析 [J]. 环境污染源防治, 2011, 33 (12): 18-22.

[17] 牛鲁娜, 刘泽龙, 周建等. 全二维气相色谱-飞行时间质谱分析焦化柴油中饱和烃的分子组成 [J]. 色谱, 2014, (11): 1236-1241.

[18] 花瑞香, 阮春海, 王京华等. 全二维气相色谱法用于不同石油馏分的族组成分布研究 [J]. 化学学报, 2002, 60 (12): 2185-2191.

[19] Qian K, Dechert G J. Recent advances in petroleum characterization by GC field ionization

time-of-flight high-resolution mass spectrometry [J]. Analytical Chemistry, 2002, 74 (16): 3977-3983.

[20] Hua R X, Li Y, Liu W, et al. Determination of sulfur-containing compounds in diesel oils by comprehensive two-dimensional gas chromatographywith a sulfur chemiluminescence detector[J]. Journal of Chromatography A, 2003, 1019: 101-109.

[21] Wang F C Y, Zhang L. Chemical composition of group Ⅱ lubricant oil studied by high-resolution gas chromatography and comprehensive two-dimensional gas chromatography[J]. Energy & Fuels, 2007, 21 (6): 3477-3483.

[22] 刘泽龙, 田松柏, 樊雪志等. 蓬莱原油初馏点 -350℃馏分中石油酸的结构组成 [J]. 石油学报 (石油加工) , 2003, 19 (6): 40-45.

[23] Rodgers R P, MeKenna A M. Petroleum analysis[J]. Analytical Chemistry, 2011, 83 (12): 4665-4687.

[24] Schaub T M, Rodgers R P, Marshall A G, et al. Speciation of aromatic compounds in petroleum refinery streams by continuous flow field desorption ionization FT-ICR mass spectrometry[J]. Energy & Fuels, 2005, 19 (4): 1566-1573.

[25] Vila B M F, Vaz B G, Pereira R, et al. Comprehensive chemical composition of gas oil cuts using two-dimensional gas chromatography with time-of-flight mass spectrometry and electrospray ionization coupled to fourier transform ion cyclotron resonance mass spectrometry[J]. Energy & Fuels, 2012, 26 (8): 5069-5079.

[26] Stanford L A, Kim S, Rodgers R P, et al. Characterization of compositional changes in vacuum gas oil distillation cuts by electrospray ionization fourier transform ion cyclotron resonance (FT-ICR) mass spectrometry[J]. Energy & Fuels, 2006, 20 (4): 1664-1673.

[27] Liu P, Shi Q, Pan N, et al. Distribution of sulfides and thiophenic compounds in VGO subfractions: Characterized by positive-ion electrospray fourier transform ion cyclotron resonance mass spectrometry[J]. Energy & Fuels, 2011, 25 (7): 3014-3020.

[28] 刘颖荣, 刘泽龙, 胡秋玲等. 傅里叶变换离子回旋共振质谱仪表征 VGO 馏分油中噻吩类含硫化合物 [J]. 石油学报 (石油加工) , 2010, 26 (1): 52-59.

[29] Peters K E, Scheuerman G L, Lee C Y, et al. Effects of refinery processes on biological markers[J]. Energy & Fuels, 1992, 6 (5): 560-577.

[30] Sarpal A S, Kapur G S, Mukherjee S, et al. Characterization by ^{13}C-NMR spectrometry of base oils produced by different processes[J]. Fuel, 1997, 76 (10): 931-937.

[31] Sarpal A S, Kapur G S, Bansal V, et al. Direct estimation of aromatic carbon (C_A) content of base oils by ^{1}H-^{1}NMR spectrometry [J]. Petroleum Science and Technology, 1998, 16 (7-8): 851-868.

[32] Kurashova E K, Musayev I A, Smirnov M B, et al. Hydrocarbons of Khar'yag crude oil[J] Petroleum Chemistry USSR, 1989, 29 (3): 206-220.

[33] Ai-Zaid K, Khan Z H, Hauser A, et al. Composition of high boiling petroleum distillates of Kuwaiti crude oils [J]. Fuel, 1998, 77 (5): 453-458.

[34] Ali F, Khan Z H, Ghaloum N. Structural studiesof vacuum gas oil distillate fractions of Kuwaiti crude oil by Nuclear Magnetic Resinance[J]. Energy & Fuels, 2004, 18 (6): 1798-1805.

[35] Schaub T M, Hendrickson C L, Qian K, et al. High-resolution field desorption/ionization Fourier transform ion cyclotron resonance mass analysis of nonpolar molecules [J]. Analytical Chemistry, 2003, 75 (9): 2172-2176.

[36] Duan P, Qian K, Habicht S C, et al. Analysis of base oil fractions by ClMn $(H_2O)^+$ chemical ionization combined with laser-induced acoustic desorption/Fourier transform ion cyclotron resonance mass spectrometry [J]. Anal Chem, 2008, 80 (6): 1847-1853.

[37] Wu C, Qian K, Nefliu M, et al. Ambient analysis of saturated hydrocarbons using discharge-induced oxidation in desorption electrospray ionization [J]. J Am Soc Mass Spectrom, 2009, 21 (2): 261-267.

[38] Zhou X, Zhao S, Shi Q. Quantitative molecular characterization of petroleum asphaltenes derived ruthenium ion catalyzed oxidation product by ESI FT-ICR MS [J]. Energy&Fuels, 2016, 30 (5): 3758-3767.

[39] Ahmed A, Choi C H, Choi M C, et al. Mechanisms behind the generation of protonated ions for polyaromatic hydrocarbons by atmospheric pressure photoionization [J]. Analytical Chemistry, 2012, 84 (2): 1146-1151.

[40] Maziarz E P, Baker G A, Wood T D. Electrospray ionization Fourier transform mass spectrometry of polycyclic aromatic hydrocarbons using silver (I) -mediated ionization [J]. Can J Chem-Rev Can Chim, 2005, 83 (11): 1871-1877.

[41] 张占纲, 郭绍辉, 闫光绪等. 大港减渣及其超临界萃取残渣沥青质中的桥接链和烷基侧链分布 [J]. 化工学报, 2007, (10): 2601-2607.

[42] Muller H, Andersson J T, Schrader W. Characterization of high-molecular-weight sulfur-containing aromatics in vacuum residues using fourier transform ion cyclotron resonance mass spectrometry [J]. Analytical Chemistry, 2005, 77 (8): 2536-2543.

[43] 刘晓丽. 渣油饱和分和芳香分中含硫化合物的分离与鉴定 [D]. 北京: 中国石油大学, 2011.

[44] Wang M, Zhao S, Chung K H, et al. Approach for selective separation of thiophenic and sulfidic sulfur compounds from petroleum by methylation/demethylation [J]. Analytical Chemistry, 2015, 87 (2): 1083-1088.

[45] Bej S K, Dalai A K, Adjaye J. Comparison of hydrodenitrogenation of basic and nonbasic nitrogen compounds present in oil sands derived heavy gas oil [J]. Energy & Fuels, 2001, 15 (2): 377-383.

[46] 李东胜, 崔苗苗, 刘洁. 石油中卟啉化合物的研究进展 [J]. 化学工业与工程, 2009, 26 (4): 366-369.

[47] Shi Q, Pan N, Long H, et al. Characterization of middle-temperature gasification coal tar. Part 3: Molecular composition of acidic compounds [J]. Energy & Fuels, 2012, 27 (1): 108-117.

[48] Zhang Y, Shi Q, Li A, et al. Partitioning of crude oil acidic compounds into subfractions by extrography and identification of isoprenoidyl phenols and tocopherols [J]. Energy & Fuels, 2011, 25 (11): 5083-5089.

[49] 张娜, 赵锁奇, 史权等. 高分辨质谱解析委内瑞拉奥里常渣减黏反应杂原子化合物组成变化 [J]. 燃料化学学报, 2011, 39 (01): 37-41.

[50] Zhang T, Zhang L, Zhou Y, et al. Transformation of nitrogen compounds in deasphalted oil hydrotreating: characterized by electrospray ionization Fourier transform-ion cyclotron resonance mass spectrometry [J]. Energy & Fuels, 2013, 27 (6): 2952-2959.

[51] Qian K, Rodgers R P, Hendrickson C L, et al. Reading chemical fine print: resolution and identification of 3000 nitrogen-containing aromatic compounds from a single electrospray ionization Fourier transform ion cyclotron resonance mass spectrum of heavy petroleum crude oil[J]. Energy & Fuels, 2001, 15: 492-498.

[52] Klein G C, Rodgers R P, Mashall A G. Identification of hydrotreatment-resistant heteroatomic species in a crude oil distillation cut by electrospray ionization FT-ICR mass spectrometry [J]. Fuel, 2006, 85 (14-15): 2071-2080.

[53] Shi Q, Xu C, Zhao S, et al. Characterization of basic nitrogen species in coker gas oils by positive-ion electrospray ionization Fourier transform ion cyclotron resonance mass spectrometry [J]. Energy & Fuels, 2010, 24 (1): 563-569.

[54] Qian K, Robbins WK, Hughey CA, et al. Resolution and identification of elemental compositions for more than 3000 crude acids in heavy petroleum by negative-ion microelectrospray high-field Fourier transform ion cyclotron resonance mass spectrometry[J]. Energy & Fuels, 2001, 15 (3): 1505-1511.

[55] Al-Hassan A, Andersson J T. Ketones in fossil materials—a mass spectrometric analysis of a crude oil and a coal tar [J]. Energy & Fuels, 2013, 27 (10): 5770-5778.

[56] Van Berkel G J, Zhou F. Chemical electron-transfer reactions in electrospray mass spectrometry: effective oxidation potentials of electron-transfer reagents in methylene chloride [J]. Anal Chem, 1994, 66 (20): 3408-3415.

[57] Rodgers R P, Hendrickson C L, Emmett R, et al. Molecular characterization of petroporphyrins in crude oil by electrospray ionization Fourier transform ion cyclotron resonance mass spectrometry [J]. Canadian Journal of Chemistry, 2001, 79 (5-6): 546-551.

[58] Zhao X, Shi Q, Gray M R, et al. New vanadium compounds in venezuela heavy crude oil

detected by positive-ion electrospray ionization Fourier transform ion cyclotron resonance mass spectrometry [J]. Scientific Reports, 2014, 4: 5373.

[59] Qian K, Edwards K E, Mentito A S, et al. Enrichment, resolution, and identification of nickel porphyrins in petroleum asphaltene by cyclograph separation and atmospheric pressure photoionization Fourier transform ion cyclotron resonance mass spectrometry [J]. Analytical Chemistry, 2009, 82 (1): 413-419.

[60] Hauser A, Al-Humaidan F, Al-Rabiah H. NMR investigations on products from thermal decomposition of Kuwaiti vacuum residues[J]. Fuel, 2013, 113: 506-515.

[61] Hauser A, Al-Humaidan F, Al-Rabiah H, Halabi Ma. Study on thermal cracking of Kuwaiti heavy oil (vacuum residue) and its SARA fractions by NMR spectroscopy [J]. Energy & Fuels, 2014, 28 (7): 4321-4332.

[62] Michael G, Al-Siri M, Khan Z H, et al. Differences in average chemical structures of asphaltene fractions separated from feed and product oils of a mild thermal processing reaction[J]. Energy & Fuels, 2005, 19 (4): 1598-1605.

[63] Merdrignac I, Quoineaud A A, Gauthier T. Evolution of asphaltene structure during hydroconversion conditions[J]. Energy & Fuels, 2006, 20 (5): 2028-2036.

[64] Gauthier T, Danial-Fortain P, Merdrignac I, et al. Studies on the evolution of asphaltene structure during hydroconversion of petroleum residues[J]. Catalysis Today, 2008, 130 (2): 429-438.

[65] Ali F A, Ghaloum N, Hauser A. Structure representation of asphaltene GPC fractions derived from Kuwaiti residual oils[J]. Energy & Fuels, 2006, 20 (1): 231-238.

[66] Wandas R. Structural characterization of asphaltenes from raw and desulfurized vacuum residue and correlation between asphaltene content and the tendency of sediment formation in H-oil heavy products[J]. Petroleum Science and Technology, 2007, 25 (1-2): 153-168.

[67] Siddiqui M N. Catalytic pyrolysis of Arab Heavy residue and effects on the chemistry of asphaltene[J]. Journal of Analytical and Applied Pyrolysis, 2010, 89 (2): 278-285.

[68] 龚剑洪, 贺彩霞. 国产重油组成的表征 [J]. 石油炼制与化工, 2000, 31 (10): 48-53.

[69] Sato S. The development of support program for the analysis of average molecular structures by personal computer[J]. Sekiyu Gakkaishi, 1997, 40 (1): 46-51.

[70] Artok L, Su Y, Hirose Y, et al. Structure and reactivity of petroleum-derived asphaltene[J]. Energy & Fuels, 1999, 13 (2): 287-296.

[71] Boduszynski M M. Composition of heavy petroleums. 1. Molecular weight, hydrogen deficiency, and heteroatom concentration as a function of atmospheric equivalent boiling point up to 1400F (760℃) [J]. Energy & Fuels, 1987, 1 (1): 2-11.

[72] Boduszynski M M. Composition of heavy petroleums. 2. Molecular characterization[J]. Energy & Fuels, 1988, 2 (5): 597-613.

[73] Altgelt K H, Boduszynski M M. Composition of heavy petroleums. 3. An improved boiling point-molecular weight relation[J]. Energy & Fuels, 1992, 6 (1): 68-72.

[74] Boduszynski M M, Altgelt K H. Composition of heavy petroleums. 4. Significance of the extended atmospheric equivalent boiling point (AEBP) scale[J]. Energy&Fuels, 1992, 6 (1): 72-76.

[75] Mckenna A M, Purcell J M, Rodgers R P, et al. Heavy petroleum composition. 1. Exhaustive compositional analysis of Athabasca bitumen HVGO distillates by Fourier transform ion cyclotron resonance mass spectrometry: A definitive test of the Boduszynski model[J]. Energy & Fuels, 2010, 24 (5): 2929-2938.

[76] Mckenna A M, Blakney G T, Xian F, et al. Heavy petroleum composition. 2. Progression of the Boduszynski model to the limit of distillation by ultrahigh-resolution FT-ICR mass spectrometry[J]. Energy & Fuels, 2010, 24 (5): 2939-2946.

[77] Mckenna A M, Donald L J, Fitzsimmons J E, et al. Heavy petroleum composition. 3. Asphaltene aggregation[J]. Energy & Fuels, 2013, 27 (3): 1246-1256.

[78] Mckenna A M, Marshall A G, Rodgers R P. Heavy petroleum composition. 4. Asphaltene compositional space[J]. Energy & Fuels, 2013, 27 (3): 1257-1267.

[79] Podgorski D C, Corilo Y E, Nyadong L, et al. Heavy petroleum composition. 5. Compositional and structural continuum of petroleum revealed[J]. Energy & Fuels, 2013, 27 (3): 1268-1276.

[80] Cho Y, Kim Y H, Kim S. Planar limit-assisted structural interpretation of saturates/aromatics/resins/asphaltenes fractionated crude oil compounds observed by Fourier transform ion cyclotron resonance mass spectrometry[J]. Analytical Chemistry, 2011, 83 (15): 6068-6073.

[81] Cho Y, Na J G, Nho N S, et al. Application of saturates, aromatics, resins, and asphaltenes crude oil fractionation for detailed chemical characterization of heavy crude oils by Fourier transform ion cyclotron resonance mass spectrometry equipped with atmospheric pressure photoionization[J]. Energy & Fuels, 2012, 26 (5): 2558-2565.

[82] Gaspar A, Zellermann E, Lababidi S, et al. Characterization of saturates, aromatics, resins, and asphaltenes heavy crude oil fractions by atmospheric pressure laser ionization Fourier transform ion cyclotron resonance mass spectrometry[J]. Energy & Fuels, 2012, 26 (6): 3481-3487.

[83] Cho Y, Witt M, Kim Y H, et al. Characterization of crude oils at the molecular level by use of laser desorption ionization Fourier-transform ion cyclotron resonance mass spectrometry[J]. Analytical Chemistry, 2012, 84 (20): 8587-8594.

[84] Cho Y, Jin J M, Witt M, et al. Comparing laser desorption ionization and atmospheric pressure photoionization coupled to Fourier transform ion cyclotron resonance mass

spectrometry to characterize shale oils at the molecular level[J]. Energy&Fuels, 2013, 27 (4): 1830-1837.

[85] Hsu C S, Lobodin V V, Rodgers R P, et al. Compositional boundaries for fossil hydrocarbons[J]. Energy & Fuels, 2011, 25: 2174-2178.

[86] Teraevaeinen M J, Pakarinen J M H, Wickstroem K, et al. Comparison of the composition of Russian and North Sea Crude Oils and their eight distillation fractions studied by negative-ion electrospray ionization Fourier transform ion cyclotron resonance mass spectrometry: The effect of suppression[J]. Energy & Fuels, 2007, 21: 266-273.

[87] Shi Q, Zhao S, Xu Z, et al. Distribution of acids and neutral nitrogen compounds in a Chinese Crude Oil and its fractions: Characterized by negative-ion electrospray ionization Fourier transform ion cyclotron resonance mass spectrometry [J]. Energy & Fuels, 2010, 24 (7): 4005-4011.

第三章

石油分子重构技术

如第二章所述，借助各种快速发展的仪器分析表征技术，人们已经取得了对石油及其馏分的较深层次的认识。但是，即使目前最先进的分析技术也依然存在许多问题，如高分辨质谱通过精确的质量解析能确定石油分子的分子式，得到不同分子缺氢数 Z 以及总碳数的分布，但其仍难以准确解析分子的具体结构，不能有效区分各类同分异构体，而且石油的分子组成依然很难实现准确定量 [1]；另一方面像高分辨质谱这样的仪器除了比较昂贵外，其实际样品的分析周期较长，费用也较高，通常无法或较难做成在线分析仪器，因此难以在炼油企业中实现大规模的推广和应用。

随着计算机模拟技术的发展，组成模拟方法也在石油分子的研究中发挥越来越重要的作用。由于早期分析测试技术水平不足以得到石油尤其是重油的详细分子组成，计算机模拟技术应运而生。该方法是从石油的一些有限的常规分析数据出发，利用各种数学工具经过模拟计算得到一套等效的虚拟分子来表示石油的分子组成。这种模拟方法有效地回避了烦琐昂贵的石油分子组成的分析表征过程，只根据常规的分析数据就能快速计算得到各类石油的分子组成数据，目前已经成功应用于各类馏分的分子组成模拟的研究中，并取得了较好的效果。高速发展的石油高分辨质谱技术则提供了更加充分的分析数据基础，进一步推动了石油分子组成计算机模拟技术的发展。

目前，石油分子组成计算机模拟技术发展的关键在于三个方面：一是如何选定合适方法来表示石油中大量组成复杂的分子，即石油分子库的建立，尤其是对于重油分子；二是如何准确计算各石油分子的物性，以及选取合理的混合规则确定石油的各项宏观平均物性；三是如何对石油的分子组成进行合理和准确的定量计算，实现从物性到分子组成的转变，并在此基础上准确预测各馏分的宏观物性和各项加工性能。

准确、可靠的物性数据是化工生产、工程设计、科学研究、工艺技术开发等的基础。查找、筛选、估算物性数据常常占到了化工工艺设计中三分之一的工时。应用流程模拟软件，既可省略大量装备及物料消耗，又可比在实际装置上试验更加迅速、经济和详尽。在整个模拟计算中，物性数据计算举足轻重，如在精馏塔的模拟中，物性数据计算可占整个机时的80%以上。

目前物性数据估算的研究虽然有了长足的进步，但是现状仍不能令人满意，有些物性数据可信度不高，估算模型不健全，导致模型建立、工程设计中自信度降低；很多数据精度不高或者关联不好，都会引起损害性效应[2]；虽有大量数据库和工具出版，但是很多数据都比较分散，需要进一步收集、评价和关联。因此物性数据研究需要科学界、企业和政府共同重视，而不仅仅是科学工作者单方面的行为。

石油馏分不像纯物质和定组成的混合物那样容易表征和描述。它主要是由烃类物质组成，其物性研究既有与其他化学物质物性研究相似的一面，又有其特殊性。石油馏分的性质是其中各个组分性质的综合表现，具有宏观和平均的特点。石油分子结构检测困难和对其性质的认识不够深刻，导致了许多溶液理论在石油馏分物性研究中失败。因此，石油馏分物性主要依靠大量的实验数据积累，进行各种物质之间的相互关联，用那些容易测定和测准的物性来推算、预测难测定的物性。

"结构决定性质"是化学学科中一条普遍适用的规则。化合物的物理化学性质依赖于分子结构，其结构与性质/活性的关系是化学研究中的活跃领域。但是由化合物的结构式是无法直接得到其物性/性质的，给这种关系定量就是要建立一种模型，人们可以按物质的结构参数对其性质进行预测，从而可以应用有限的实验数据，获得相关物性、性质的回归方程及相关信息。目前，石油馏分的物性计算方法很多是从烃类物质衍生来的。

近年来随着仪器分析的高速发展和分析水平的提高，石油中越来越多的化合物被鉴别、分离出来。充分获取各种化合物的相关物性，可以为油品混合物的基本物性提供依据，而纯化合物的物性数据来源有限，所以寻求化合物的结构 - 物性数据关联的方法很重要。一般低碳数的烃类分子，其物性数据可以从物性手册上查到，但高碳数的烃类分子其物性数据一般是难以查到的，筛选合适的物性估算方程就显得很有必要。就石油馏分的物性估算来说，通常采用虚拟组分法[3]、真组分法[4]以及分子模拟法[5]获得。

一、虚拟组分法

随着计算机的广泛应用，石油馏分汽液平衡和石油精馏的数值计算通常采用虚拟组分法，即将石油馏分切割成有限数目的窄馏分，每一个窄馏分都可以视为一个纯组分，这个窄馏分称为"虚拟组分"；选择适合各个石油馏分的系列关联式计算虚拟组分的物理性质，从而将复杂的石油体系转化为一个由多个虚拟组分构成的混合物体系。

虚拟组分法是被广泛应用的一种方法，它很好地应用于各种流程模拟软件当中，是处理石油及其馏分最基本的方法。但是这种方法也存在一些问题，如：

① 关联式的选择比较困难；

② 不同关联式之间性能差异比较大，系统性不强，合理搭配十分困难；

③ 对于计算结果很难判断其正确性，比较也较困难；

④ 关联式都是根据经验所得，适用范围比较窄；

⑤ 难以利用纯物质数据库及化工热力学方面现有成果，不利于方法的发展。

二、真组分法

真组分法是针对虚拟组分法的缺点而提出的。真组分法的具体计算步骤如下：

① 首先根据实验得到石油馏分的实沸点蒸馏曲线；

② 将石油馏分按照实沸点蒸馏曲线切割成多个窄馏分；

③ 参考专著或文献中石油馏分烃类化合物数据，或实验测得的各窄馏分或全馏分的族组成或结构族组成分析数据，针对每个不同的窄馏分，首先收集属于这个窄馏分的烃族化合物（包括烷烃、环烷烃、烯烃和芳香烃），这些收集到的烃族化合物作为所要选定的真组分的候选组分。

根据真组分法描述石油馏分，石油馏分的化学组成就能够更加真实地反映出来，很多物性参数就能够直接查到，也就不需要相应的关联式来估算，即使有一些不能查到的物性也可以根据设定的具体的结构，利用基团贡献法更准确、更方便地计算出来。所以，在一定程度上，利用真组分法描述石油馏分比虚拟组分法更加有优势。

真组分法在发展中不断趋于完善，也在不断地应用。如高光英等[6]用真组分法模拟了乙烯装置急冷系统，其模拟结果与实际值相符合，能够较好地描述实际情况，这说明了真组分法可以作为有效的计算方法，但目前还没有模拟软件使用这种方法。

三、分子模拟法

近年来随着计算机技术和理论化学的发展，分子模拟技术也逐步发展起来。分子模拟技术被应用于各个行业，它既可以模拟分子的静态结构，还可以模拟分子的动态行为（如氢键的缔合与解缔、吸附、扩散等）。如，VMG 公司开发的一种原油分子模拟技术，将原油表征为由不同碳原子组成的正构烷烃、异构烷烃、烯烃、环烷烃、芳烃、稠环芳烃，以及杂原子组成的混合物，其中碳原子数可以从 C_1 到 C_{500}。这项技术提升了石油馏分物性计算的准确性。

第二节 物性估算方法

  石油是由众多的烃类和非烃类组成的复杂的混合物。通过研究纯烃的物性规律，可以得到石油馏分的物性关联公式。

一、纯烃的物性相关性研究

  早期的烃类物性关联工作，通常是一些由相对分子质量（M）、中平均沸点（T_b）和相对密度指数（API）组成的关联图表。之后，陆续推出了一些关联公式，如 Riazi 和 Daubert 从分子间的作用力和状态方程出发，通过研究 $C_5 \sim C_{20}$ 的纯单体烃的热力学性质，推导出具有理论依据的性质关联计算公式[7]：

$$\theta = a\theta_1^b\theta_2^c \tag{3-1}$$

式中 a、b、c——待定系数；

    θ——单体烃分子的临界性质（T_c、p_c、V_c）、分子量（M）、沸点（T_b）、相对密度（SG，15.6℃，即 $d_{15.6}$）、碳氢比C/H以及黄氏折射率I [$I = (n^2-1)/(n^2+2)$，n为20℃的折射率]；

    θ_1——表征分子能量的参数 [T_b、M、v_{38}（38℃运动黏度）]；

    θ_2——表征分子大小的参数（SG、C/H和I）。

  表 3-1 列出了部分纯烃的 θ_1 与 θ_2 参数的典型值[8]。

表3-1 参数 θ_1 与 θ_2 的典型值

项目	θ_1			θ_2		
	T_b/K	M	v_{38}/（10^{-6}m²/s）	SG	C/H	I
同族						
正庚烷	371.6	100.2	0.5214	0.6882	5.21	0.236
正辛烷	398.8	114.2	0.6476	0.7070	5.30	0.241
性质差 /%	+7.3	+14.2	+24.2	+2.7	+1.7	+2.1
不同族						
正辛烷	398.8	114.2	0.6476	0.7070	5.30	0.241
甲苯	409.4	106.2	0.6828	0.8744	9.53	0.292
性质差 /%	+2.7	-7.0	5.4	+23.7	+79.8	+21.2

由表 3-1 可见：

① θ_1（T_b、M、v_{38}）随烃中碳原子数变化较大，性质差最多可达 24.2%；而随烃类（族）的改变变化较小，最多也只有 -7.0%；

② θ_2 随碳数变化较小，但随烃类（族）的改变变化较大。

所以在选择关联参数时，应组合分别表征碳数和烃类型的参数。这样 θ_1 与 θ_2 共有 9 种组合，即（T_b，SG）、（T_b，C/H）、（T_b，I）、（M，SG）、（M，C/H）、（M，I）、（v_{38}，SG）、（v_{38}，C/H）、（v_{38}，I），其中（T_b，SG）组合能最好地反映分子的烃类型与大小。所以关联单体烃的性质一般采用下述公式[7]：

$$\theta = aT_b^b SG^c \tag{3-2}$$

式（3-2）仅适合 $C_5 \sim C_{20}$ 的纯烃，即 $M < 300$，$T_b < 370℃$ 的烃。

为解决重烃分子的物性关联，采取的手段是将重烃分成烷烃（P）、环烷烃（N）和芳香烃（A），再分别对每个组分进行关联。重烃分子物性关联的经典公式为：

$$\ln(\theta_\infty - \theta) = a - b\theta_1^c \tag{3-3}$$

式中　θ_∞——T_b 和 M 等表征碳数的参数。

由于已经进行烃族分类，所以不能选择参数 SG、C/H 和 I。

二、蒸馏数据转化

在石油馏分性质估算中基本上都使用石油馏分的实沸点蒸馏数据，而石油加工中常用的蒸馏实验数据主要包括恩氏蒸馏（如 ASTM D86、ASTM D1160 和 ASTM D2887）和实沸点蒸馏两种，因此，如果只有恩氏蒸馏数据，此时通常采用拟合关联公式将得到的非实沸点的蒸馏数据转换为实沸点蒸馏数据。同时，在得到实沸点蒸馏数据以后，需要将这些数据拟合成连续的曲线。

1. ASTM D86 与实沸点蒸馏数据的转化

ASTM D86 与常压实沸点蒸馏数据可用以下两式进行换算，其中 α、β 为随馏出液体积变化的常数，如表 3-2 所示。

$$T_b = \alpha T_N^\beta \tag{3-4}$$

$$T_N = \alpha^{(-1/\beta)} T_b^{(1/\beta)} \tag{3-5}$$

式中　T_b——馏出液的组成（体积分数）为 0、10%、30%、50%、70%、90%、95% 时的实沸点温度，K；

　　　T_N——相应馏出体积分数时的恩氏蒸馏温度，K。

表3-2 α、β随馏出液体积的变化值

馏出液的组成 （体积分数）/%	0	10	30	50	70	90	95
常数 α	0.91772	0.55637	0.71669	0.90128	0.88214	0.95516	0.81769
常数 β	1.0019	1.0900	1.0425	1.0176	1.0226	1.0110	1.0355

2. ASTM D1160与实沸点蒸馏数据的转化

10mmHg❶绝压下恩氏蒸馏（ASTM D1160）与实沸点蒸馏数据利用图3-1进行转化。本换算方法假设10mmHg绝压下恩氏蒸馏（ASTM D1160）与实沸点蒸馏的50%的馏出点温度相等，借助图3-1由一种蒸馏的相邻馏出点温差求得另一种蒸馏的相邻馏出点温差，然后以50%馏出点温度为基准进行加减，得到所需的蒸馏数据。将图3-1进行关联，可以得到一系列回归关联式，可以参阅相关文献。

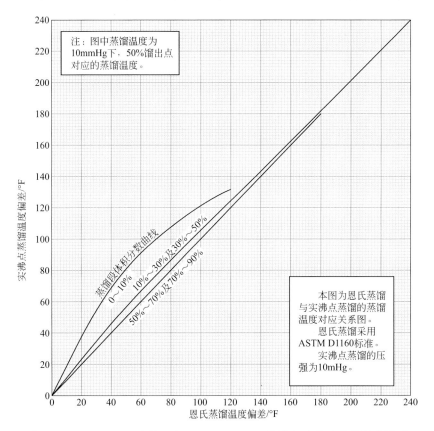

注：图中蒸馏温度为10mmHg下，50%馏出点对应的蒸馏温度。

蒸馏段体积分数曲线
0～10%
10%～30%及30%～50%
50%～70%及70%～90%

本图为恩氏蒸馏与实沸点蒸馏的蒸馏温度对应关系图。
恩氏蒸馏采用ASTM D1160标准。
实沸点蒸馏的压强为10mmHg。

▶ 图3-1 10mmHg（绝压）下ASTM D1160温度与实沸点蒸馏温度关系

---

❶ 1mmHg = 133.3224Pa。

3. ASTM D2887 与实沸点蒸馏数据的转化

ASTM D2887 与实沸点蒸馏数据的转化需要先将 ASTM D2887 转化为 ASTM D86，然后由 ASTM D86 转化为实沸点蒸馏数据。ASTM D2887 转化为 ASTM D86 可由下式转化。

$$T_{N} = \alpha T_{S}^{\beta} F^{\gamma} \qquad (3\text{-}6)$$

式中　α、β、γ——随馏出液体积分数变化的常数，具体数值见表3-3；

　　　　T_{N}——ASTM D86（馏出液体积分数分别为 0、10%、30%、50%、70%、90%、100%）数据点温度，K；

　　　　T_{S}——ASTM D2887 馏出液质量分数分别为 0、10%、30%、50%、70%、90%、100% 数据点温度，K；

　　　　F——参数，由式（3-7）计算

$$F = 0.0141126 T_{S,10}^{0.05434} T_{S,50}^{0.6147} \qquad (3\text{-}7)$$

$T_{S,10}$、$T_{S,50}$——ASTM D2887（馏出液质量分数分别为 10%，50%）数据点温度，K。

表3-3　α、β和γ随馏出液体积分数变化值

馏出液体积分数 /%	常数 α	常数 β	常数 γ
0	5.17657	0.7445	0.2879
10	3.74512	0.7944	0.2671
30	4.27485	0.7719	0.3450
50	18.44475	0.5425	0.7132
70	1.07506	0.9867	0.0486
90	1.08496	0.9834	0.0354
100	1.79916	0.9007	0.0625

4. 各类蒸馏曲线在减压条件下的转化

对于同一类蒸馏曲线（恩氏蒸馏曲线、实沸点蒸馏曲线），在低于 1atm（101325Pa）的不同压力下进行转化时，可以采用如下方法（参见 API 手册）。

当 $X > 0.0022$（$p < 2$mmHg）时：

$$\lg p = \frac{3000.538X - 6.761560}{43X - 0.987672} \qquad (3\text{-}8)$$

当 $0.0013 \leqslant X \leqslant 0.0022$（$2$mmHg $\leqslant p \leqslant 760$mmHg）时：

$$\lg p = \frac{2663.129X - 5.994296}{95.76X - 0.972546} \qquad (3\text{-}9)$$

当 $X < 0.0013$（$p > 760$mmHg）时：

$$\lg p = \frac{2770.085X - 6.412631}{36X - 0.989679} \qquad (3\text{-}10)$$

$$X = \frac{\frac{T'_b}{T} - 0.0002867\,(T'_b)}{748.1 - 0.2145\,(T'_b)}$$ （3-11）

式中　p——气相压力，mmHg；

　　　T'_b——特性因数 $K = 12$ 时的温度，°R，$t/°R = t/°F + 459.67$；

　　　T——环境温度，°R。

$$\Delta T = T_b - T'_b = 2.5 f (K - 12) \lg \frac{p}{760}$$ （3-12）

其中校正因子　　　　　　　$f = (T_b - 659.7)/200$ （3-13）

5.蒸馏数据拟合方法

得到实沸点（TBP）蒸馏数据以后，需要将这些数据拟合成连续曲线。常用的拟合方法主要有三次样条插值法、二次方程法和概率密度法三种，可参阅相关资料。

6.虚拟组分切割

得到实沸点蒸馏曲线后，就要进行虚拟组分切割。常用的切割集如表3-4所示。

表3-4　常用切割集

TBP 范围 / °F	切割数量	增值数
100 ~ 800	28	25
800 ~ 1200	8	50
1200 ~ 1600	4	100

当然，此切割集只是常用的，根据实际情况可以自己规定不同的切割集。

三、物性关联方法

有机化合物的物性和分子结构密切相关，所以寻求化合物的结构 - 物性数据关联方法有很重要的意义。常见的结构 - 物性关联方法较多，如图论与分子拓扑指数法[9]、对应状态法[10]、基团贡献法[11]、渐近趋同法[12]等，也可以用组合或其他相应方法来进行关联、计算，实际使用前也需要筛选以满足计算需要。

1.图论与分子拓扑指数法

（1）概况

利用化学图论方法进行定量结构活性 / 性质相关性（QSAR/QSPR）的研究内容见图 3-2[9]。

图论中的拓扑指数是这一研究的有用工具并有独特的优越性。分子结构图中的点、边、途径、度、回路、树与化合物结构中的原子、化学键、化学亚结构、原子价、环状化合物、非环状化合物存在一一对应关系。用拓扑方法研究结构与性能的各种关系，就是首先建立分子图，用数学方法找到分子对应的拓扑指数（即图的不变量），将拓扑指数与分子的各种理化性质相关联，建立模型，运用这种方法从理论上就可以由有限数量的物质的物性来预测预报无限数量的物质的物性。

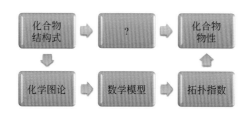

🔵 图 3-2　用图论方法进行 QSAR/QSPR 研究的主要内容

拓扑指数就是从化合物的结构图衍生出来的一种数学不变量。对一个新的拓扑指数有两个基本的要求：一是具有良好的与化合物物性的相关性，以进行化合物结构 - 活性 / 性质相关性研究；二是具有良好的唯一性（不同结构的拓扑指数数值不同），即高的选择性。建立在不变量基础之上的分子拓扑指数理论[10]，它试图将这个拓扑不变量与分子的理化性质及生物分子的活性建立某种对应关系。分子拓扑指数在一定程度上表达了分子的本性，它以键合原子和键联方式为研究对象，认为这两个方面决定了分子的结构和功能。由于这种看法抓住了分子主要的结构信息，同时，也由于拓扑指数法在数学处理上相对于量子化学具有简单性，因此，在化学、生物学、药物学、医学、物理学甚至社会科学中都具有巨大的应用价值。

多年来，化学工作者一直在寻找一种能唯一表征不同化合物的图的不变量，即发展高选择性的拓扑指数。这类研究的理论意义是试图由模型来证明所有的化合物都可以由一组数学量来识别和区分。同时该类研究有广泛的应用前景，如密码的产生、大型化学数据库的管理、结构检索及计算机信息处理等。

（2）图论法

图论法的基本原理是将物质分子的结构看作原子间的某种特定的连通图，然后通过选择能够表示连通图相应特征的拓扑指数与物质的某种性质相关联，从而达到由物质的分子结构预测某种物性的目的。

分子结构是个非数值的对象，而分子的各种可以测量的性质通常又都是用数值来表达的。为了把分子的结构与分子的各种可测量的性质联系起来，必须把隐含在分子结构中的信息转化为一种能用数值表达的量。用图论方法即能实现这种转化。在化学中，用图可以描述不同的信息，如分子、反应、晶体、聚合物、簇等。其共同特征是点及其点间的连接。点可以是原子、分子、电子、分子片段、原子团及轨道等。点间的连接可以是键、键及非键作用、反应的某些步、重排、Van der Waals

力等。

为简单起见，在分子图中用节点代表化合物结构中的原子，用边代表化合物结构中的连接键，则化合物结构就是一个拓扑图。一般将氢原子略去，此时结构图称为分子隐氢图。分子图中一般不考虑几何的、立体及手性的因素，即使如此，分子图仍可较好用于化合物物理化学性质的预测。

（3）应用

图论为简单有机化合物纯物质的物性计算与预测提供了一种简便、实用的新方法。如预测纯物质常沸点汽化热[9, 13]等。

本方法用于饱和烃类分子结构时易于表达，而表示不饱和烃类分子就有难度，特别是分子中有卤、氧、硫原子等含杂原子的化合物或基团时其表达就更有难度了，要靠"标注"或"着色"来辅助说明，而且区分能力都较差。本法估算精细化学品、医药、环境问题时有一些成果和优点，不属于主流预测方法，但仍有一定的发展前景。

2.对应状态法

对应状态原理[10]（所有物质在相同的对应状态下具有相同的对比性质）是关联实际气体及液体物性的一个重要原理，它是根据物质的临界性质所提供的信息来估算其他物性，目前已经发展出二参数法、三参数法、使用其他参数的对应状态法、对应状态法与状态方程法。

对应状态法是与对应状态原理的提出及其应用相联系。由对应状态原理的统计力学基础可知，由于使用了经典的统计力学，忽略了移动自由度的量子化效应，因此不能用于 H_2、He、Ne 等被称为量子流体的小分子。从理论上分析，可以加入与分子质量有关的量子参数，或称为第五参数，但未得到广泛使用。目前，广泛使用的是经典参数，然后按计算温度再作修正，得到有效临界参数，若温度不太低，可以不修正，即有效临界参数等于经典临界参数。

对应状态法的优点是通用和简洁，也大都有一定的可靠性，便于计算机使用。但不足之处是过分依赖于临界性质，而至今具有临界参数文献值的分子只有一千多种，若使用估算的临界性质，由于估算值未必可靠，这样对应状态处于不可靠的基础上。

更要指出，几乎所有的多基团化合物和单基团化合物中的芳香酸、芳香醛、二烯烃萘酚、过氧化合物等许多化合物，至今还没有可靠的临界性质的测定值，也难以对其进行估算，因而对应状态法也难以估算这些类型化合物的所有物性。

3.基团贡献法

基团贡献法[11]是根据分子中所包含的基团来计算化合物宏观物性的方法，是把物性分配到分子基团的方法，其基本假定是化合物的物性等于构成此化合物各种基团对于此种物性贡献的总和。运用热力学原理，推演出各种基团的贡献与物质物性之间的关联式，利用已有的大量实测数据进行拟合，得到关联式中的基团参数及其他关联常数，然后用基团参数与关联的数学模型来估算大量纯物质及混合物的物性。

基团贡献法的优点是具有最大的通用性。构成常见有机物基团仅 100 多种，因此利用已有的一些物性实验数据来确定为数不多的基团对各种物性的贡献值，就可以再去预测缺乏实验值的物性值。

基团贡献法从计算固定温度点的物性开始，发展到计算 T_b、T_m、T_c、p_c、V_c、（$\Delta_f H_{298}^\ominus$、$S_{298}^\ominus$、C_{p298}^{id}、$\Delta_f G_{298}^\ominus$、$\Delta_c H_{298}^\ominus$、$\Delta_v H_b$）等，而用对应状态法是很难或不能估算这些物性的。

4.渐近趋同法

对于石油烃类化合物进行详细的分析，发现其结构差异主要体现在主链长度、侧链类型、侧链分布、官能团和空间分布上。对侧链类型、侧链分布、官能团和空间分布相同的化合物进行分析，结构相似的化合物（同类化合物）具有相同的官能团、侧链类型、侧链分布和空间分布，即其基本骨架结构和侧链分布应相同，其结构差异仅仅体现在主链长度，即碳数的不同，据此提出采用结构相似性的方法来表示烃类分子，如图 3-3 所示。

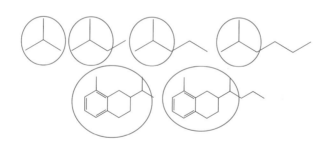

▶ 图 3-3　采用结构相似性方法表示烃类分子的示意图

渐近趋同法 [12] 建立在晶格理论基础上，是结构相似性方法的理论基础。这种物性关联方法一般对于正构烷烃的物性预测比较好，精度较高，但对于异构烷烃的物性关联性不太理想。

渐近趋同法认为同系的物理化学性质极为接近，在碳数 - 性质曲线上随着碳数的增加，性质的变化幅度比较接近，并且曲线的斜率变化越来越小。当碳数达到一定数值以后，曲线的斜率接近常数。随着 CH_2 的增加同系的性质越来越接近（CH_2）$_n$，这是因为其同系物官能团在分子结构中所占的比例越来越小。人们以碳数对同系物的性质做关联，可以准确地预测高碳数烃类物质的性质。

结构相似性分类方法认为同系物的物理化学性质极为相近，即骨架结构和侧链分布相同的化合物，其物性有一定的规律性。这样它们在经历同一类反应转化过程时，同一类化合物更可能表现出相近的反应活性。因而可以据此对同系物进行相近的管理。如果能够找出每一类化合物的此种规律，在同一个类别中，有些化合物的物性数据可以通过查阅文献或实验的方法获得，对这些数据进行关联、拟合处理、归纳出此类化合物的物性变化规律；而有些化合物的物性数据因分离提纯和 / 或合成难度太大等原因难以直接获得时，就可以根据同类化合物的物性变化规律预测或推算其物性数据。而参与化学反应时也有可能表现出相似的反应规律。另一方面，对于分子信息库中的化合物，从库中搜索出骨架结构，即能搜索出该类别所有的化合物，方便分子信息库中化合物的管理、维护。

四、物性估算与关联方程

物性的一些基本数据，如烃类分子的密度、黏度、折射率、临界温度、临界压力等大多可以查阅物性手册 [14]，但往往很不够，需要用关联公式来估算。

采用关联公式进行物性估算也是研究的热门方向，这方面有大量的文献报道，具体选择使用时应注意其适用范围并验证其误差是否在可以接受的范围之内。常用的一些物性估算关联公式可参见文献 [15]。

在结构 - 物性关联的方法中，建立在晶格理论基础上的渐近趋同法对于正构烷烃的物性预测比较好、精度较高，但对于异构烷烃的物性关联性不太理想。此时，可以采取有效碳数方法去描述异构烷烃的分子结构，从而体现异构烷烃侧链对其物性的影响，将"结构 - 物性"关联式转化为"碳数 - 物性"关联式以获得满足计算精度需要是比较合适的方法 [16]。

相对分子质量（分子量）是重要的基础数据之一，既是相平衡计算的可靠基础，对反应过程也极其重要，因此，选择适宜的相对分子质量模型是工程设计必须考虑的一个重要因素。在不具备测试条件的情况下，可以用 Riazi -Daubert 关联公式 [17] 计算：

$$M = 1.6607 \times 10^{-4} T_b^{2.1962} SG^{-1.0164} \qquad (3\text{-}14)$$

$$M = 223.56[v_{37.8}^{(-1.245+1.2288SG)}][v_{98.9}^{(3.4758-3.038SG)}][SG^{-0.6665}] \qquad (3\text{-}15)$$

式中　　　　T_b——中平均沸点，K；

　　　　　　SG——15.6℃时的相对密度；

　　　　　　$v_{37.8}$、$v_{98.9}$——37.8℃、98.9℃时的运动黏度，mm²/s。

五、烃类分子组成的数据关联

1.石油馏分的族组成数据关联

原油及其馏分油的物性关联可以参考纯烃的物性关联方法，其关联参数的选择可以"借用"纯烃的关联参数。实际上许多纯烃的物性关联公式可以直接，或者稍做修改后即可应用于原油和馏分油的数据关联。但由于石油及其馏分油为复杂的烃类混合物，为了数据关联准确，可以采用吴青[18]在研究烃族组成和结构族组成预测关联式时所采用的策略，即石油馏分的表征函数具有加和性，并满足 Kay 混合规则原理，即

$$\psi = \sum \psi_i \cdot X_i \tag{3-16}$$

式中，ψ_i 为第 i 种烃类组分的表征函数值；X_i 为第 i 种烃类的含量。表征函数与烃族组成的关系见表3-5。

表3-5　石油馏分表征函数与烃族组成的关系

表征函数	计算公式	烃族组成		
		链烷烃	环烷烃	芳香烃
K （Watson K）	$K = 1.216 T^{1/3}/S$	12.7～13.1	11.0～12.6	9.7～12.1
CI （相关指数）	$CI = 48640/T + 473.7 \times S - 756.8$	0～12	24～52	56～105 （单环芳烃）
VGC （黏重常数）	$VGC = \dfrac{S - 0.24 - 0.038 \lg v}{(0.755 - 0.01 \lg v)}$	0.73～0.75	0.85～0.98	0.95～1.13
R_i （交折点）	$R_i = n - \rho/2$	1.044～1.055	1.028～1.045	1.050～1.107
I （黄氏因子）	$I = (n^2 - 1)/(n^2 + 2)$	0.219～0.265	0.246～0.273	0.285～0.295
WN	$WN = M_W (n - 1.4750)$	-8.79	-5.41～-4.43	2.62～43.6
C/H	C/H $= w$(C)$/w$(H)	5.1～5.8	6～7	7～12
WF	$WF = M_W (\rho - 0.8510)$	-17.8	-8.39～-7.36	1.0

注：T——温度，K（在 CI 计算中为体积平均沸点，在 K 计算中为中平均沸点）；S——相对密度（15.6℃）；v——100℃时运动黏度，mm^2/s；n——折射率（n_d^{20}）；ρ——密度；$w_{(C)}$——碳质量分数，%；w(H)——氢质量分数，%；M_W——平均分子量。

之所以采用表征函数，其原因一方面是能够直接反映烃类组成的仪器分析方法如色谱、质谱等技术，通常分析过程耗时较长、设备价格昂贵、运行与维护费用很高且对操作人员的素质能力要求较高，实际上很难为生产企业所用，特别是在快速分析、在线指导与优化时。另外一方面，虽然相对密度（S）、黏度（如 v_{38}）、折射率（n）、平均分子量（M_W）等常规分析项目，相对而言耗时少、容易做、测试费用低，大多数企业均能够测试即数据特别容易获取，但单独这些指标无法直接反映组成情况。因此，希望采用表征函数关联烃族组成和结构族组成。此时，所选择的表征函数应该体现以下特点，即不同烃族之间差异明显、同一烃族内随碳数的变化只有较小的变化。图 3-4 为表 3-5 中部分表征函数表征烃族组成时的状况。

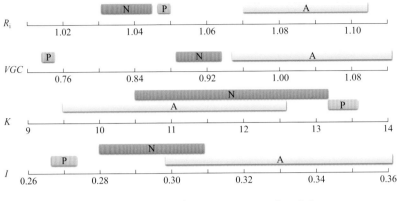

▶ 图3-4　不同烃类的 R_i、VGC、K 和 I 分布

根据上述表征函数和 Kay 混合规则原理，可以关联出烃族组成的预测公式。如，Riazi 和 Daubert[19] 用 33 个已知的链烷烃（P）、环烷烃（N）和芳烃（A）等三类纯烃含量（X_P、X_N、X_A）的混合物（标样），将组成与表征函数 R_i、VGC 进行多元线性回归的关联研究，获得了烃类族组成含量预测关系式，预测结果误差小于2%。而吴青[18] 则从大量实际油样的实验数据出发，提出了新的表征函数（表 3-2 中的 WN，C/H 和 WF 表征函数），并应用几种不同表征函数的组合对 350 ~ 520℃ 以及高于 350℃ 和高于 500℃ 的不同石油馏分较详细的烃类组成（链烷烃、环烷烃、芳烃、单环芳烃、双环芳烃、三环及以上芳烃、饱和烃、胶质和沥青质质量分数）进行表征，结果满意。

对于产品的烃类组成预测关联式，也可以直接采用宏观物性数据进行关联。如对柴油烃类组成的预测关联式[20]，采用柴油常用宏观物性如密度、折射率、十六烷值、分子量以及恩式蒸馏曲线等数据，与柴油的正构烷烃、异构烷烃、环烷烃和芳烃 4 个族的 168 个真实组分进行关联，建立了柴油各宏观物性与组成之间的关联关系。求解结果表明，计算得到的柴油饱和烃组成分布与烃组成分析结果较为吻合，误差在 5% 以下，但三环环烷烃和芳烃的误差相对较大，直接采用宏观物性数据关联有较大局限性。

2.石油馏分的结构族组成数据关联

在相对分子质量较大的高沸点馏分中，由于一个分子中同时含有芳香环、环烷环和链烷烃，按照上面的族组成来描述其化学组成难以准确表述其核心结构，不能较好地解释其有关的物理性质、化学性质及反应性能。实际上它们属于混合烃类结构，所以提出结构族组成的概念来表述石油重馏分。

按照结构族组成定义，无论石油烃分子由什么结构构成，都将整个石油馏分假设为一个"平均分子"。该"平均分子"由环烷环、芳香环和烷基侧链这几种有限的"结构单元"组成。结构族组成不考虑这些"结构单元"的结合方式，只考虑复杂分子混合物中这些"结构单元"的含量。3 种"结构单元"在分子中所占比例可以用环烷碳原子、芳环碳原子和烷基侧链碳原子占分子中总碳原子的百分数即环烷碳率 C_N（%）、芳碳率 C_A（%）和烷基碳率 C_P（%）来表示；还可以用分子中的总环数 R_T、环烷环数 R_N 及芳环数 R_A 来表示。这 6 个结构参数可以对石油重馏分的分子结构进行全面的描述。统计结果表明，不同原油的结构族组成不尽相同，且不同原油的相同馏分的结构族组成也不相同。随着沸点的升高，馏分的相对分子质量增大，"平均分子"中所含有的环烷环和芳环数也增多。

测量结构族组成的最准确的方法是"直接法"，该方法对油样进行选择性加氢（只有芳香环全部加氢饱和为环烷环，且不发生 C—C 断裂），然后根据加氢前后相对分子质量的变化，求得 R_T、R_N、R_A 以及 C_P、C_N、C_A 等。直接法有着严格的假设与推导过程，是结构族组成的标准测试方法。但是该方法耗时太长，且对实验的要求非常严格，一般的实验室很难得到重复的结果。

由于烃类分子的结构与烃类的物性常数之间存在一定的关系，所以为了避免耗时耗力且专业性很强的实际测定工作，开发了采用物性常数推算结构族组成的方法即"间接法"。如 $n\text{-}d\text{-}M$ 法、$n\text{-}d\text{-}v$ 法和 $n\text{-}d\text{-}A$ 法等，其中最常用的方法为 $n\text{-}d\text{-}M$[21] 法，表 3-6 为其计算公式。

表3-6　$n\text{-}d\text{-}M$法计算公式一览表

结构参数	20℃条件下测定参数	70℃条件下测定参数
高 C_A 值	$C_A = 3660/M + 430\ (2.51\Delta n - \Delta d) \times 100\%$	$C_A = 3660/M + 410\ (2.42\Delta n - \Delta d) \times 100\%$
低 C_A 值	$C_A = 3660/M + 670\ (2.51\Delta n - \Delta d) \times 100\%$	$C_A = 3660/M + 720\ (2.42\Delta n - \Delta d) \times 100\%$
高 C_R 值	$C_R = 10000/M + 820\ (\Delta d - 1.11\Delta n) \times 100\%$	$C_R = 11500/M + 775\ (\Delta d - 1.11\Delta n) \times 100\%$
低 C_R 值	$C_R = 10600/M + 1440\ (\Delta d - 1.11\Delta n) \times 100\%$	$C_R = 12100/M + 1400\ (\Delta d - 1.11\Delta n) \times 100\%$
高 R_A 值	$R_A = 0.44 + 0.055M\ (2.51\Delta n - \Delta d)$	$R_A = 0.41 + 0.055M\ (2.42\Delta n - \Delta d)$
低 R_A 值	$R_A = 0.44 + 0.080M\ (2.51\Delta n - \Delta d)$	$R_A = 0.41 + 0.080M\ (2.42\Delta n - \Delta d)$
高 R 值	$R = 1.33 + 0.146M\ (\Delta d - 1.11\Delta n)$	$R = 1.55 + 0.146M\ (\Delta d - 1.11\Delta n)$
低 R 值	$R = 1.33 + 0.180M\ (\Delta d - 1.11\Delta n)$	$R = 1.55 + 0.180M\ (\Delta d - 1.11\Delta n)$

吴青[18] 对 350 ～ 520℃以及温度低于 350℃和温度高于 500℃的不同石油馏分进行核磁共振结构族组成分析研究，采用类似烃类族组成的关联研究策略，选用不同的表征函数及其组合，获得了结构族组成（C_P、C_N、C_A 以及 R_T、R_N 和 R_A）的预测关联公式，结果也比较满意。

六、石油产品性质的关联公式

组成与物性关联模型主要包括两个方面：一是根据一定的混合规则，建立宏观物性与单体物性和组分含量的关联关系；二是利用前面建立的关联关系和组分表示模板，对组分含量进行预测。

有机化合物的性质，可以分为加和型、结构型和凝聚型三类。

① 加和型性质主要依靠组成分子的原子种类和数目。分子的性质是其所有原子性质的总和，与分子结构无关，分子间的相应作用的影响力也较小。对于结构相似的化合物，加和型性质是碳原子数的线性函数，碳原子数相同，加和型性质也是基本相同的。加和型性质最典型的例子就是相对分子质量，同一类化合物的相对分子质量和碳原子数之间有严格的线性关系，而任何一组同分异构体的相对分子质量毫无差别。

② 结构型性质主要受到分子基团或整体结构的影响，是分子整体或其中某一基团结构的特性，因此同一类化合物的结构型性质与碳原子数目没有函数关系，相反，碳原子数相同的化合物，结构不同，其结构型性质的差异也增大。

③ 凝聚型性质主要依靠分子间作用力，分子的主干结构和电子结构也对凝聚型性质有间接影响。由于受到分子间作用力的影响，无法明确判断凝聚型性质与分子结构和原子数之间的关系，比较典型的凝聚型性质有沸点、熔点、黏度、密度和折射率。

石油烃类的物性有很多种，也有加和型、结构型和凝聚型性质等三类，它们测定的难易程度不等，针对不同的馏分所关注的主要性质也各不相同。因此，需要考虑的宏观性质是一个关键的问题。在石油炼制领域，密度、折射率和蒸馏曲线是最常用的宏观性质，也比较容易测得和测准，且蒸馏曲线既可以反映馏分的轻重，又含有温度与馏分含量的信息。而密度与折射率也与分子组成和结构信息息息相关，通过这三个基础物性还可以关联、预测出许多其他物理化学性质。例如，对柴油馏分而言，十六烷值是柴油压燃性能的重要指标，也是由化学组成决定的。同碳数下正构烷烃的十六烷值最高，芳烃的最低。烃类含量不同的柴油馏分，其十六烷值相差较大。另外，低温流动性关系到柴油在低温下能否正常供油，也与化学组成有关。考察低温流动性的几个指标中，倾点实验的重复性以及再现性较好，所以可选择倾点作为评价低温流动性的指标。

根据选择的物性的特点状况，建立宏观物性与单体物性的关联公式。各个宏观物性与单体物性的关联关系可以是线性的，也可以是非线性的，通式可以表示如下：

$$P_{cal}^{a} = \sum k_i y_i P_i^{a} \tag{3-17}$$

$$C_j^{cal} = \sum y_{i,j} \tag{3-18}$$

$$F = \sum [(P_{msd} - P_{cal})/P_{cal}]^2 + \sum [(C_j^{msd} - C_j^{cal})/C_j^{cal}]^2 \tag{3-19}$$

式中，P_{cal}^{a}代表宏观物性计算值（预测值）；y_i表示各组分的含量（质量分数、体积分数、摩尔分数）；P_i^{a}表示各组分单体的物性；k_i为系数，表示各组分的调和因子；C_j^{cal}表示各族组成的计算值；$y_{i,j}$表示各族单体组分的含量（质量分数、体积分数、摩尔分数）；F是目标函数值；P_{msd}和C_j^{msd}是宏观物性与族组成的测定值；而P_{cal}和C_j^{cal}则是宏观物性与族组成的计算值，通过合适的计算方法使之优化，即实测值与计算值之间的差值最小，就可以获得最优的分子组成。

1.汽油性质的关联

辛烷值是衡量汽油抗爆性能的质量指标，商品汽油以其作为牌号，辛烷值的测定往往既费钱又费时。为此开发相应的快速测定或预测关联式一直是企业与研究机构研究、应用的重点之一。

汽油的辛烷值是由其正构烷烃（NP）、异构烷烃（IP）、环烷烃（N）、芳烃（A）的含量以及馏分油的轻重决定。所以对各族烃分别关联、然后按烃类组成加和可以得到较好的结果[22]，各族烃的关联公式中引入表征馏分轻重的因子（T）可得：

$$\text{RON} = a + bT + cT^2 + dT^3 + eT^4 \tag{3-20}$$

$$T = (T_b - 273.15)/100 \tag{3-21}$$

$$\text{RON} = X_{NP}(\text{RON})_{NP} + X_{IP}(\text{RON})_{IP} + X_N(\text{RON})_N + X_A(\text{RON})_A \tag{3-22}$$

式中：RON为研究法辛烷值；a、b、c、d、e为系数，其取值见表3-7；X_{NP}、X_{IP}、X_N、X_A分别为NP、IP、N、A的质量权重；（RON）$_{NP}$、（RON）$_{IP}$、（RON）$_N$、（RON）$_A$是依据式（3-20）计算得到的NP、IP、N、A的研究法辛烷值，当NP和IP没有分开时，$X_{NP} = X_{IP} = X_P/2$。

表3-7　辛烷值关联公式的系数

汽油组分	a	b	c	d	e
正构烷烃（NP）	92.809	−70.97	−53	20	10
异构烷烃（IP）	98.757	−39.883	132	−200	75
环烷烃（N）	−77.536	471.59	−418	100	0
芳烃（A）	145.668	−54.366	16.276	0	0

除了汽油抗爆性能指标——研究法或马达法辛烷值外，汽油理化性质还有很多，各烃类化合物对其影响的程度见表3-8。

表3-8　对汽油馏分理化性质有影响的烃类物质排序

序号	指标名称	烃类物质对此指标影响的排列顺序
1	辛烷值	芳香烃、异构烷烃、正构烷烃、异构烯烃、环烷烃
2	馏出液组成为10%的蒸发温度	芳香烃、异构烷烃、环状烯烃、环烷烃
3	馏出液组成为50%的蒸发温度	芳香烃、异构烷烃、正构烷烃、环状烯烃、环烷烃
4	馏出液组成为90%的蒸发温度	异构烯烃、环状烯烃、异构烷烃、环烷烃、芳香烃正构烷烃、双烯烃

序号	指标名称	烃类物质对此指标影响的排列顺序
5	洗前胶质	环状烯烃、异构烯烃、异构烷烃
6	洗后胶质	正构烯烃、异构烯烃、双烯烃
7	酸度	异构烯烃、芳香烃、环烷烃、正构烷烃
8	色度	芳香烃、正构烷烃、环状烯烃、环烷烃、双烯烃
9	诱导期	异构烯烃、正构烯烃、异构烷烃、环烷烃
10	碘值	异构烯烃、正构烯烃、双烯烃
11	密度	芳香烃、正构烷烃、环烷烃
12	饱和蒸气压	异构烯烃、正构烷烃、芳香烃、环烷烃

2. 煤油性质关联

煤油性质如无烟火焰高度（简称为烟点，SP）是航空煤油、灯用煤油的重要质量指标。烟点一般与油品的组成关系密切，并随芳烃含量的增加而降低。根据已知数据（组成数据、物性数据，如苯胺点 AP、API 和 T_b 等），可以选用不同的关联式，预测煤油的烟点 [23]，结果较为满意，如下式：

$$SP = 0.839(API) + 0.0182634T_b - 22.97 \qquad (3-23)$$

3. 柴油性质关联

柴油馏分的性质主要由组成柴油的烃类分子的性质决定，理解柴油组成与性质之间的关系，可以指导柴油的生产、储存、使用以及相关加剂研究等工作。通常，柴油主要性质包括密度、馏程、十六烷值、凝点等十几项质量指标。柴油使用性能指标主要是指其自燃性、蒸发性和低温流动性。

① 柴油的自燃性指标　十六烷值（CN）是点火性能的重要指标。十六烷值取决于柴油的化学组成。与辛烷值的测定一样，十六烷值的测定也是既费钱又费时。由其他物性计算得到的十六烷值即十六烷指数用 CCI、CI 或 CNI 表示，采用简单易得的物性如密度、馏程、苯胺点、折射率 [24] 及这些参数的不同组合来进行关联，也可以采用 GC/MS[25]、近红外（NIR）[26]、拓扑指数法 [27] 等进行关联，见相关文献 [26]。

② 柴油的蒸发性指标　柴油的燃烧性能不但与十六烷值（或十六烷指数）有关，也与其蒸发性能有关。柴油蒸发性指标用蒸馏曲线来表示。

柴油蒸馏实验包括馏程测定、实沸点蒸馏和平衡汽化。这些数据和实沸点蒸馏（TBP）数据之间涉及预测、关联，可参见相关文献 [26]。

③ 柴油的低温流动性指标　柴油的低温流动性不仅关系到柴油机低温供油状况，也影响柴油在低温下的储存、运输等作业。按照国标，柴油规格按照凝点划分

六个牌号。牌号越高，凝点越低。

柴油的低温流动性能与其化学组成有关。评价柴油低温流动性能的指标即凝点（倾点）和冷滤点的预测见相关文献 [26]。

一、分子同系物矩阵法

1999年，Peng[28] 首先提出了用分子同系物（Molecular Type Homologous Series，MTHS）矩阵来表示石油馏分的方法，依据同系物分子的思想，将石油分子按照不同的分子类型和碳数进行详细划分，如图 3-5 所示。

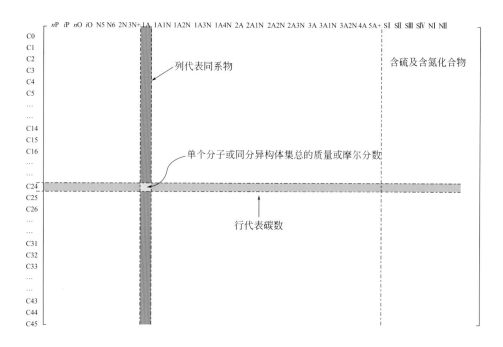

◉ 图 3-5　石油馏分组成的 MTSH 分子矩阵

MTHS 矩阵使用分子类型和碳数信息来表征石油馏分的组成。在 MTHS 矩阵中，每一行、每一列和整个矩阵代表的意思如下：

① 每一列是由分子类型相同的同系物构成的一个同系物族。nP、iP、O、N 与 A 分别表示正构链烷烃族、异构链烷烃族、烯烃族、环烷烃族与芳香烃族，N5、N6 表示环烷烃的五元环与六元环结构；结构族名称前的数字代表结构族的数目，如 2N、4A 与 1A1N 分别为双元环烷烃、四元芳烃与 1 个芳香环与 1 个环烷烃环连接的双元环结构，3N+ 与 5A+ 则表示环数超过 2 个的多环环烷烃与环数超过 4 个的多环芳烃。以单芳香环为基础结构的同系物来说明同系物的组成，如图 3-6 所示。在单芳香环为基础结构的同系物族中，同系物具有相同的基础结构苯环，但包含的碳原子数不同。

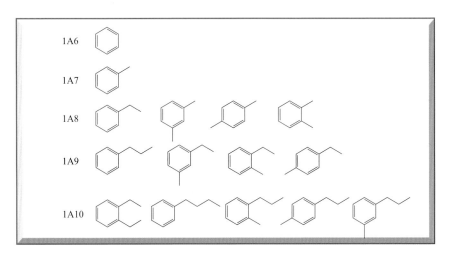

◉ 图 3-6　带有 1 个芳香环的同系物族的分子表示

② 每一行是由不同分子类型的、碳数相同的分子构成的碳数族。

③ MTHS 矩阵的元素表示单个分子或同分异构体集总的摩尔分数或质量分数。

MTHS 矩阵中属于同系物族且碳数相同的真实分子是同分异构体，由于大多数同分异构体的性质相同或相似，所以它们能够集总为 1 个等价组分。

MTHS 矩阵包括 45 个碳数族、28 种分子类型，尽管 MTHS 矩阵中真实分子的组成在理论上能够根据色谱等分析手段确定，然而由于分析技术的限制，较重的石油馏分的详细组成分析经常很难实现，这时就不能构建完整的 MTHS 矩阵。加上分析过程复杂且昂贵、费时费力，实际工业生产中还难以大面积推广。因此，很多研究者对 MTHS 矩阵法进行了补充和完善，特别是对较重的馏分油。

目前，MTHS 矩阵法进行分子重构主要包括两个步骤：一是石油分子库的构建，需要根据不同的馏分合理地确定其分子类型和碳数分布范围，包括同分异构体的分布等；二是物性数据库的计算和转换，需要计算矩阵中各分子的物性以及馏分的宏观平均物性，然后比较这些物性的计算值和实验值，通过对相应目标函数的优化计算可以确定 MTHS 矩阵的分子组成。

实际应用时，可以利用结构 - 性质关系计算分子物性，然后结合混合规则计算其宏观物性，再利用几个已知组成的馏分的 MTHS 矩阵，用插值计算方法来确定目标矩阵的分子组成[29]，图 3-7 为计算工作流程示意图[30]。当然，由于结构 - 性质的计算关联式只适用低碳数的纯烃类分子，因此采用这样的计算方法其应用范围仅局限于轻馏分。这就出现了一些改进的 MTHS 矩阵法[31-35]用于汽、煤、柴油和重油等馏分的分子重构。

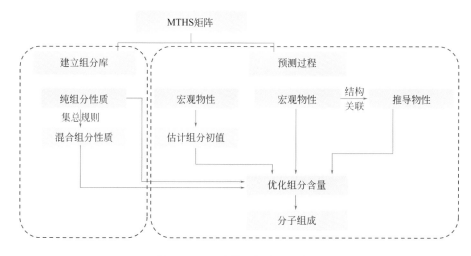

◉ 图 3-7　计算工作流程示意图

基于碳数分布的 MTHS 模型在实验室工作中效果较好，但是实际生产时，炼油企业是很难获得按照碳数分布的数据的，这就限制了模型的应用。不少研究者提出了改进方法，如以窄馏分代替碳数分布，即将石油馏分通过沸点范围进行划分，这样的方法尤其适合重馏分的预测[36, 37]。

MTHS 矩阵可以将组成复杂的石油用一个矩阵的形式直观地表示出来，并且通过有限的常规分析数据可以计算出其中具体的分子组成，这是一种有效的分子组成模拟方法。该方法是以较为完整的石油分子库和准确的物性数据作为基础，需要根据石油的分析数据确定分子库的组成，选择合理的方法计算石油的分子物性和宏观平均物性，此外，需要选择有效的数学方法和优化算法来准确计算其分子组成。

目前 MTHS 方法主要应用于石脑油、汽油、柴油等相对较轻的石油馏分的分子组成模拟，也有少量进行蜡油馏分分子组成方面的探索，但还没有应用于减压渣油的相关报道。从目前减压渣油的分子水平表征数据出发，通过采取更加合适的分类方法与替代因子并完善和扩展分子库，建立更为准确与拓展了的物性数据库，同时确定更加合理的算法，实现石油平均物性到分子组成的转变，有可能构建起表示渣油分子组成的 MTHS 改进法。

二、结构导向集总法

1.结构向量基团及其修正

集总（Lumping）法实质上是将复杂反应体系中众多的单一化合物，按其动力学特性相似的原则，归并为若干个虚拟组分。在动力学的研究中，则把每个集总作为虚拟的单一组分来考虑，然后去开发这些虚拟的集总组分的反应网络，建立简化的集总反应网络的动力学模型 [38, 39]。结构导向集总（Structure-Oriented Lumping，SOL）方法是由 Quann 和 Jaffe[40] 提出的、一种用于描述复杂烃类化合物组成、反应和性质的方法。他们构建了 22 个如图 3-8 所示的结构基团作为基本结构单元。

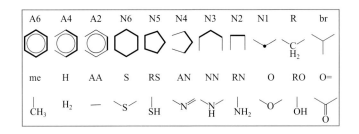

▶ 图 3-8　结构基团示意图

每一个结构向量均有特定含义，可以参见文献 [40]。各个结构向量的原子组成及其分子量贡献值见表 3-9。

表3-9　结构向量的原子组成及其分子量贡献值

元素	A6	A4	A2	N6	N5	N4	N3	N2	N1	R	H
C	6	4	2	6	5	4	3	2	1	1	0
H	6	2	0	12	10	6	4	2	0	2	2
S	0	0	0	0	0	0	0	0	0	0	0
N	0	0	0	0	0	0	0	0	0	0	0
O	0	0	0	0	0	0	0	0	0	0	0
分子量贡献值	78	50	24	84	70	54	40	26	12	14	2

元素	me	br	AA	S	NN	O=	RS	RN	RO	AN	O
C	0	0	0	-1	-1	-1	0	0	0	-1	0
H	0	0	-2	-2	-1	-2	0	1	0	-1	-2
S	0	0	0	1	0	0	-1	0	0	0	0
N	0	0	0	0	1	0	0	1	0	1	0
O	0	0	0	0	0	1	0	0	1	0	1
分子量贡献值	0	0	-2	18	1	2	32	15	16	1	14

每个石油分子都可以用这些结构基团的组合向量来表示，即这 22 个分子结构基团（结构向量）经过有机组合，原则上可以表征所有的烃类分子。因此复杂烃类中的单个分子可以用一行向量进行表征，从而用矩阵来表示一个复杂烃类分子混合物，每一行向量后面附着该分子的百分含量。向量表示分子为构建任意尺度和复杂性的反应网络，发展基于分子的性质关联，结合已有的基团贡献法以评估分子热力学性质等，提供了一个方便的框架。同一组结构基团可以表示组成相同但结构不同的异构体，而这些异构体的物性可以认为一致，从这个角度说，结构导向集总法仍是集总模型，但属于分子水平的集总模型。忽略结构异构与空间异构后描述烃类分子会出现不同分子可以用同一组结构向量描述以及同一个分子出现不同结构向量描述两种问题，举例来说：

① 不同分子可以用同一组结构向量描述情况：

	A6	N6	N5	R	H	br	me	
和 ... 都可以用	1	0	0	4	0	1	0	表示

② 同一个分子出现不同的结构向量描述情况：

既可以表示为	A6	N6	N5	R	H	br	me
	1	0	0	0	0	0	0

也可以表示为	A6	N6	N5	R	H	br	me
	0	1	0	0	-3	0	0

这两种情况或使得反应规则的制定很麻烦，或给计算机判断该类分子发生某种反应带来混乱。所以，实际使用的时候，需要根据不同的工艺过程做出一些假定。所作出的假定，尽量保证原料中具有相同结构的分子归并成一类分子集总，该类分子集总只有一种特定结构代表分子集总中的所有分子，并且可以用唯一和其对应的结构向量来表示。

另外，考虑到重油馏分特别是渣油中的重组分，例如胶质、沥青质和重金属，为了表述更加准确、全面，可以在 22 个结构向量基础上增加几个向量。

③ 对重金属，增加相应的结构向量　如对重金属 Ni 和 V：

④ 将胶质、沥青质之类的大分子分成单核、多核分子的方法　沸点小于 500℃ 的烃类分子可以采用上述 22 个结构向量的分类表示方法，但是需要在具体规定中做一些修正或约定[41]。如：

a. 忽略结构异构和空间异构　一个结构向量即代表了所有与之对应的具有相同结构的分子。

b. 关于双键位置　对于直链烷烃，不考虑双键位置导致的异构，当 H＝0 时，规定双键位置处于 α 位置；当 H＜0 时，即分子中含有多个双键，各个双键倾向于形成共轭的形态。对于环烷烃类化合物，当 H＝-1 时，双键优先加在环上，其在环上的位置也有限制；H＝-2 时，第二个双键加在环上且位于第一个双键的另一侧的 β 位上；当 H＜-2 时，由于通常认为侧链上的双键属于不稳定的结构，所以还是规定优先加在环上。

c. 环状烃类的 me 结构向量　规定环状烃上的取代基通常是由一个长烷基链和一系列甲基所组成，me 表示的是芳香环或者脂肪环上除长烷基链外的甲基数目，如 me＝1 时，代表环上有两个取代基，它们在环上形成对位；me＝2 时，环上有三个取代基，它们在环上形成间位；规定一个环上的取代基不能超过两个，也即 me ≤ 2。

d. 关于杂原子环　杂原子在环结构中的位置趋向于特定方位。如果一个结构中含有两个以上环烷环，则杂原子优先在最小的环烷环上；如果杂原子环中有双键的话，双键会优先出现在杂原子环上。

e. 关于环结构　所有苯型多环芳烃及其氢化和环烷化类似物均以"背缩结构"存在。而且，部分饱和芳烃组分的外部环优先饱和。N3 环通常是一个外部环。

f. 关于多核分子的结构向量表示法　为了表征渣油中较重馏分的分子组成，Jaffe 等[42]最早提出了多核分子的概念，并对传统的 22 个结构向量进行修正。所谓多核分子是指由若干个小的含芳环或环烷环的分子核心通过共价键或脂肪烃链连接而成的大分子，主要用于胶质、沥青质等较重组分的分子结构。具体描述时，增加 linkage、type 两个结构向量。其中，linkage 向量用于表示分子核心的连接关系，由一连串数字组成，从左往右每三位表示与序号依次增大的核心分子所连接的三个分子核心。type 向量用于表示分子核心之间的连接强度，也由一连串数字组成，从左往右每三位表示对应 linkage 连接处的连接强度。通常认为芳香环核心间碳的连接强度最大，最难断裂，强度范围在 110 ～ 120kcal/mol（1kcal=4.1868kJ），以数字 3 表示；芳香环与环烷环之间的连接强度次之，强度范围 90 ～ 100kcal/mol，以数字 2 表示；环烷环与环烷环之间的连接强度最弱，强度范围小于 82kcal/mol，以数字 1 表示。

描述较为复杂的多核分子结构同样需要简化处理，提出一些规定（如多核分子核心数目的限制；多核分子核心序号排列顺序；单核分子核心之间连接限制以及芳环数目限制等）以便能够真正实用。

2.分子集总和反应规则

结构导向集总（SOL）方法用有限个结构向量就可以模拟复杂原料，这必须将具体的分子归类到合适的结构向量中去。SOL 应用于表征复杂烃性质和具体的加工工艺时，反应过程的多样性和高度耦合性又使得从反应物结构向量到产物结构向量的变化仍然比较复杂。为解决这些问题，SOL 方法规定了分子集总和反应规则。

（1）分子集总

与传统集总方法中的虚拟组分类似，分子集总是用结构向量在分子尺度上对分子重新组装后的虚拟组分。分子集总中包括从低级烷烃、环烷烃一直到碳数高达 400 ~ 500 的复杂烃类结构，还包括非烃化合物（如含硫、含氮和含氧化合物等）以及通常作为中间产物存在的烯烃、环烯烃，对于重馏分，还考虑重金属如镍、钒化合物（如卟啉化合物）等。

完成数字化描述并满足计算机储存、识别和运算需要的各结构基团（向量），需要按照不同工艺处理的特点，确定分子集总的种类和具体每一个分子集总内的分子个数。例如，对于重油催化裂化原料，可以将烃类分子分成单核分子和多核分子两大类，即按照沸点小于 500℃的单核烃类分子以及沸点高于 500℃的多核分子。此时，汽、煤、柴油馏分以及减压蜡油馏分均可以采用单核烃分子进行表征，而渣油则采用多核分子表示方法。对于渣油，无法获得烃类分子的具体结构，但可以通过多种表征技术如质谱、核磁共振等方法获取渣油中同系物分子结构的相关信息，确定可能存在的同系物核心分子。有了同系物核心分子，采取对核心分子"添加"侧链（—CH_2—）的方式，可以得到原料油中所有的烃类分子，然后确定"添加"的侧链碳数。但"添加"侧链的程度、碳数多少，既要考虑与原料的馏程以及分子量分布相匹配，也要考虑尽量简化计算。

分子集总数目的多少与计算的复杂程度、计算精度有关。分子集总数少，计算工作量就少，参数优化会比较便捷，但分子集总数太少也会导致模型对原料表征、产物组成的预测变得"粗糙"。

划分好分子集总数目以后，很重要的工作是要确定各个分子集总的相对含量，以完成原料分子矩阵的构建。为实现这个目标，首先需要综合应用多种分析表征技术，对重质油进行烃类组成分析，获取分子组成的相关信息；然后结合性质 - 结构关系，给定所选分子集总的总含量初值。通过结构向量计算其整体性质（如分子量、密度、RON 贡献等），实现微观性质到宏观性质的转变。然后再用一些优化算法计算出满足上述侧链性质的分子集总的相对含量，从而构建出原料的分子矩阵。

（2）反应规则

原料分子矩阵中的各个分子在所选定的工艺条件下如何反应、遵循什么反应路径取决于反应规则。反应规则是对许多不同分子可能经历同一种反应的说明，它包括两大方面，即反应物选择规则和反应产物生成规则。反应物选择规则表明在具体的某步反应中，有哪些分子（分子集总）会参与其中，反应产物生成规则是指在所选定的工艺条件下，从某一个分子的结构向量会生成怎样的产物结构向量；反应规则的制定保证了单个烃类分子可以进行多种平行反应，同时单个反应规则可以适用于经历这一特定转换的所有分子。这样，仅用一定数量的反应规则，就可以建立适合混合物的大规模化学反应网络。

反应规则因所用催化剂和工艺的不同而有很大的不同。例如，催化裂化工艺的反应过程，根据原料油与分子筛催化剂接触程度的充分与否，会分别发生碳正离子反应机理和自由基反应机理的一系列化学反应。其中，碳正离子机理的基元反应主要包括：质子化反应、β 位位置断裂反应、碳正离子断裂反应、氢转移反应、甲基转移反应、环缩合反应、开环反应和去质子化反应等一系列反应。

反应规则对于整个 SOL 模型很重要，但无论如何制定，最后所选取的反应规则都不足以涵盖所有可能发生的反应，即分子集总的反应规则与基元反应有一定的区别，实际所选取的反应规则必定会有一些假设与忽略，这主要还是考虑到模型的复杂程度及其计算工作量，实际上，能否忽略次要的化学反应但保留好主反应是反应规则制定好坏的评判标准，也是反应规则制定的基本原则。例如，对催化裂化反应所涉及的烃类集总，如果考虑分成烷烃、烯烃、环烷烃、芳香烃、多环芳烃、胶质、沥青质和杂原子化合物，祝然[41] 主要归结为以下几类反应：

① 裂化反应，主要是烷烃、烷基芳烃和烷基环烷烃类发生 β 位位置断裂反应；

② 烯烃之间以及芳烃之间的氢转移反应；

③ 烷烃、芳烃侧链等的异构化反应；

④ 烯烃与芳烃等生成多环芳烃的缩合反应；

⑤ 烯烃环化反应；

⑥ 烷烃、芳烃侧链等的热裂化反应；

⑦ 烯烃、芳烃的烷基化反应；

⑧ 结焦反应；

⑨ 脱硫、脱氮的杂原子化合物反应。

这些反应具体应用到反应物选择规则和产物生成规则，其中的符号意义为：Λ—且；v—或；rand（1）—0～1内的随机数；round—取最近的整数；fix—截尾取整；ha—含硫、氮、镍、钒等杂原子的结构向量之和；mod—求余数；nc—多核分子数；E—除特殊说明以外的结构向量。仅举例烷烃 β 位位置断裂反应如下[41]：

反应物选择规则：（A6 + N6 + N5 = 0）Λ（R > = 6 + br）Λ（H = 1）Λ（RO = 0）Λ（ha = 0）

产物生成规则：产物 1：$R_1 =$ round（$3 + (R - 6)$ *rand（1））；$H_1 =$ round（rand（1））；$br_1 = (R_1 > 3)$

产物 2：$R_2 = R - R_1$；$H_2 = 1 - H_1$；$br_2 = (R_2 > 3) \times (br - 1) \times (br > 0)$

反应物选择规则：（$A6 + N5 + N3 + N2 + N1 = 0$）∧（$N6 = 1$）∧（$H > -3$）∧（$ha = 0$）

产物生成规则：$N4 > 0$ 时产物：$N4_1 = N4 - 1$；$R_1 = R + 4$；$H_1 = H - 1$；其余向量为 0

$N4 = 0$ 时产物：$N6_1 = N6 - 1$；$R_1 = R + 6$；$H_1 = H - 1$；其余向量不变

3.反应网络构建与求解

很多工艺过程，需要考虑反应器、催化剂对反应的影响。不同的工艺，反应器以及催化剂的影响因素各不相同，需要区别对待。这方面的内容在后面的章节再做介绍。

（1）反应网络构建

按照每一条反应规则，可以写成程序中相应的判断语句。对原料分子矩阵按照反应规则逐一判断，可以确定分子矩阵中各个分子的反应路径，从而构成反应网络。原料分子按照所建立的反应网络进行反应并生成产物。

有两种方法可以构建反应网络：

① 以每一个结构向量为外循环，以每一条反应规则为内循环，判断每一种分子集总会发生反应规则中的哪几条反应；

② 以每一条反应规则为外循环，以每一个结构向量为内循环，判断每一条反应规则适合分子集总中的哪几种分子。

第一种方法对于连串反应的脉络可以看得很清晰，但比较烦琐；第二种方法可以避免很多重复判断，但是反应过程显得较为混乱。由于 SOL 模型计算过程无需画出具体的反应网络，仅仅需要以矩阵形式让计算机能够识别，故常用第二种方法。判断得到的结果为"反应物 - 产物对"形式储存的反应网络。图 3-9 为环已烷裂解的反应网络示意图[43]。

（2）反应模型求解

SOL 模型是一种动力学模型，通过求解动力学方程可以计算产物分布。

对动力学微分方程组进行求解时，需要注意两点。一是微分方程看上去大多比较简单，但是由于方程组数目巨大而很难获得微分方程组的解析解。可能比较适合的是借助数值方法获取该微分方程组在离散点的数值解。由于通过原料的分子矩阵能够得到反应开始时的各个分子集总的总浓度，相当于有初值的一阶常微分方程组的初值问题，通常采用标准四阶龙格 - 库塔法来求解，其计算精度就能满足实际需要。二是微分动力学方程组涉及很多的反应速率常数，需要通过查阅文献或通过实验、理论计算获得。实验方法不是工作量太大就是根本就无法获取，所以大量采用的方法还是计算法，如基于统计热力学和过渡态理论的计算方法等[43]。

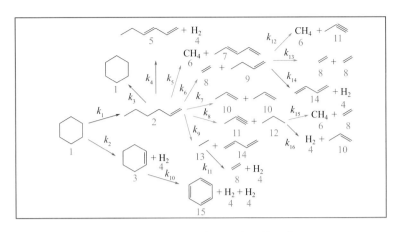

图 3-9　环己烷裂解的反应网络示意图

4.SOL 法的应用

目前，SOL 法在国内外得到了广泛的应用，已经成功地应用于汽油和石脑油、柴油、减压蜡油以及渣油分子组成的模拟以及分子动力学模型的建立，也取得了很好的经济效益。

在国外，ExxonMobil 公司采用 SOL 方法构建了其下属企业包括加氢裂化、FCC 等工艺在内的分子结构导向集总动力学模型，用于炼厂工艺装置产品产率和性质预测、原料优化配置、加工方案调优等，每年增加数亿美元的收益。采用 SOL 方法建立的分子水平模型 [44, 45] 预测汽油辛烷值和柴油十六烷值，相对误差分别只有 1%、1.25%。而用于石脑油加氢 [46]、催化裂化工艺 [47] 的分子模型能较为准确地预测不同进料的产物分布及性质，并提出加工方案的优化，因此效果较好。

在国内，主要是华东理工大学在利用 SOL 模型及其改进方法用于延迟焦化、FCC 等工艺过程方面做了较多工作 [41, 43, 48, 49]，取得较好效果。

SOL 法本质上属于一种基团贡献法，可以方便地用于石油分子的物性计算以及复杂反应过程的表示。用结构基团较好地解决了复杂烃类分子的分类、解离、组合等问题，也较好地区分了不同芳环结构的异构体，变组成复杂的石油分子为结构基团的向量，非常便于分子物性的计算、预测，也更加有利于分子反应动力学模型的构建。即 SOL 法可以直接计算各分子的元素组成和相对分子质量，从新的结构基团出发可关联计算出各分子的沸点和相对密度等物性以及其他热力学性质，结构向量的运算可以表示各分子反应过程。所以 SOL 法的基本思想就是从石油的分析数据出发，通过划分不同的同系物来构建分子库，即种子分子加侧链的形式，再以各结构基团组成的向量来表示各个石油分子，并关联计算出各分子的物性。需要注意的是，同一组结构基团可以表示组成相同但结构不同的异构体，而这些异构体的物性可以认为是一样的。

SOL 法的最大意义在于提供了一种复杂烃类分子的表示方法，并且可以区分不同的芳环结构的异构体，将组成复杂的石油分子表示为结构基团的向量以方便分子物性的计算，更有利于其反应动力学模型的构建。目前，SOL 法已经成功地应用于各类馏分以及渣油的分子组成模拟，但是该方法模型中各类种子分子的选取，如果结合最新的分子水平分析数据（信息），则分子种类的划分、结构基团的选取或许可以进一步优化、完善，从而能更加完全地反映石油分子的真实组成，使得宏观物性相似但分子组成差别较大的石油分子也能很好地重构，因而提高分子组成预测计算的重复性和准确性；另外，SOL 模型中分子含量的计算也存在变量太多但约束条件不充分等问题，导致宏观物性相似的石油分子组成差别巨大，影响分子组成计算的重复性和准确性。

三、数学统计方法

采用数学、统计学中的某些方法用于石油分子重构的方法主要包括随机重构（SR）法、概率密度函数（PDF）法和蒙特卡罗（Monte Carlo）法等，以下分别介绍。

1.随机重构（SR）法

为获取结构复杂的混合原料的分子组成与结构信息，并将各种宏观或其他信息转换成能够精确表示的虚拟分子，提出了多种方法，随机重构（Stochastic Resconstruction，SR）方法就是其中的一种。

SR 法是一种基于数学中概率密度函数（Probability Density Function，PDF）和统计学中 Monte Carlo 模拟法相结合的石油分子重构方法。石油分子可以看作由一系列的分子结构特征或者结构基团所组成，其宏观平均物性如平均相对分子质量、沸点等就是这一系列分子结构特性或结构基团的整体表现。石油中数量巨大、包含有大量分子特征或结构基团（如苯环、萘环、侧链数目与长度）的分子，可以被看成数学中的连续变量，因此可以通过引入数学中概率密度函数（PDF）的概念来表示这些结构特征或结构基团在石油中的分布。

石油的各种平均物性，如平均相对分子质量、沸点等都呈现比较明显的分布特征[50]，由于这些宏观物性都是由石油中大量的分子或结构基团整体表现出来的，所以可以认为这些结构特征或结构基团都符合一定的分布。蒙特卡罗法是一种统计模拟的方法，其基本思想是，将所求的问题与一定的概率模型相联系，通过对变量的概率分布进行大量的随机抽样来进行模拟试验，可以得到该变量的概率分布，进而计算其数学期望、标准偏差等统计特征，并将其作为所求问题的近似解。所以，以石油中的各个分子结构或结构基团的分布特点为基础，结合蒙特卡罗法对石油分子进行随机重构是合理的。

表3-10所示是 SR 法重构复杂原料分子组成与结构时通常采用的仪器分析方法及其表征内容。每个分析表征测试对复杂混合物的结构提供了直接或间接的表征信息，分析表征的准确度和精确度影响这些信息的质量。为了保证实用性，很有必要选择小部分技术对原料进行快速、经济和准确的分析。但精确的分子表达应该是在理想的精度水平上来确定详细的结构信息，合适的表征应不受时间和成本约束。图3-10 为基于上述理念，对复杂原料（石油及其馏分）采用统计分析方法重构原料分子组成与结构的流程示意图[51]。

表3-10　分析表征内容及其方法概要

表征内容	分析方法
H/C 摩尔比	元素分析
沸点	蒸馏、气相色谱（GC）、模拟蒸馏（SimDis）
混合物等级	高效液相色谱法（HPLC）、PIONA（链烷烃、异链烷烃、烯烃、环烷烃、芳烃）、SARA（饱和烃、芳烃、树脂、沥青）
分子量	蒸气压渗透法（VPO）、冰点降低测定法、凝胶渗透色谱法（GPC）、场离子化质谱法（FIMS）
原子连接方式	^{1}H-NMR、^{13}C-NMR

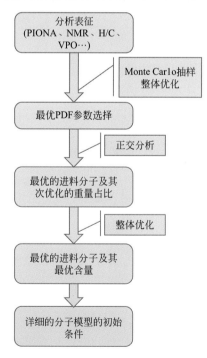

图 3-10　随机建模统计法重构复杂原料分子组成与结构的流程示意图

美国特拉华大学的 Neurock 等 [52] 于 1990 年首先提出了石油分子随机重构法，之后其所在的研究小组的同事 [53, 54] 开展了一系列的研究工作，将 SR 法应用于石脑油、重馏分以及渣油等各馏分的分子重构。其他研究者也开展了类似的 SR 重构技术研究，如 Fahard Khorasheha 等 [55] 利用 SR 法表征重质烃类混合物，Hudebine 等 [56] 则用来重构轻循环油分子，Verstraete 等 [57] 用来重构重质原油中的减压蜡油和渣油分子，赵雨霖 [58] 则用于原油的分子重构。SR 方法进行石油分子重构的流程 [59] 见图 3-11。

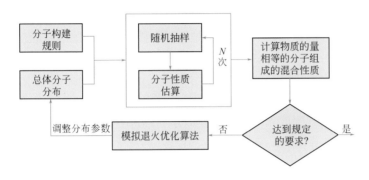

图 3-11　随机重构方法的步骤示意图

根据目标馏分的结构组成特点，通过一个结构框架来确定分子，以烷烃碳数、环烷环数、芳环数等这些结构特征来构建分子。每一个分子结构特征都符合一定的概率密度函数（PDF），按照结构框架，通过蒙特卡罗法分别对这些结构特征进行随机抽样，每次抽样得到的结构特征即可以确定一个分子，经过若干次抽样和结构特征组合就能得到一套初始的虚拟分子 [60]。以石油平均物性计算值的误差平方和作为目标函数［参见式（3-19）］，经过优化计算可以确定这些 PDF 的参数，即确定这些结构特征的分布，从而确定一套优化的虚拟分子。

华东理工大学开发了基于 SOL 法中的结构基团的抽样法 [58, 61-63]，其抽样方式没有先后顺序而是同时确定各个结构基团的分布。这种抽样方式的计算过程相对简单，抽取出一组结构基团就能确定一个分子，但这种方法缺乏相应的理论基础和分析数据支持，因为分析手段还得不到这些结构基团在石油中的具体分布形式。

SR 法是通过数学方法抽取出虚拟分子来表示石油，可以有效避免预设分子库的方法中人为设定因素对模拟结果的干扰，当抽取的分子数目足够多，就可以更真实地反映石油的组成和物性特点。如前所述，SR 方法已经可以应用于石油的全部馏分的分子组成模拟，包括从石脑油到渣油以及整个原油的分子重构。但该方法依然存在很多不足，随机抽取的方式可能会构建出石油中不存在的分子，尤其是对于结构基团的抽样方式，这样会影响模拟结果的准确性。另一方面，在计算石油的平均物性时，SR 法并没有考虑分子含量的因素，所以计算得到虚拟分子都是物质的量相等的平均分布，这和石油中分子结构特征或结构基团的分布特点相矛盾，也不符合石油中分子组成的真实状态。

为了解决这个问题，Hudebine 等 [56] 将 SR 法和另外一种分子重构技术——熵最大化分子重构（Reconstruction by Entropy Maximization，REM）法（下一小节介绍）相结合，构建了对轻循环油进行分子组成模拟（即分子重构）的 SR-REM 两步重构模型，并进一步拓展到减压蜡油和渣油的分子重构 [64-66]。实际上，这种方法是将分子库的抽取和分子组成的计算分两步进行，即先通过 SR 法确定一套等效的平均分子，再利用 REM 法计算分子组成。这就有效地解决了虚拟分子含量计算的问题。采取同样的原理，彭辉等 [67] 对裂解原料石脑油和加氢尾油进行分子组成模拟（分子重构），他们采用结构特征分布直接表示分子含量的方法，用二项分布表示各结构特征的分布形式，将抽样和分子组成计算两个步骤集成进行同时优化计算，通过优化得到的分布参数可以确定其分子组成。Zhang 等 [68] 则选取直方分布和伽玛分布进行抽样生成减压渣油的虚拟分子，利用各分布的乘积表示分子含量，再以各平均物性计算值的误差平方和作为目标函数进行优化计算，可以获得等效的减压渣油分子组成。

2.概率密度函数（PDF）法

在数学中，连续型随机变量的概率密度函数（Probability Density Function，PDF）（在不至于混淆时可以简称为密度函数）是一个描述这个随机变量的输出值，在某个确定的取值点附近的可能性的函数。而随机变量的取值落在某个区域之内的概率则为 PDF 在这个区域上的积分。当 PDF 存在的时候，累积分布函数是 PDF 的积分。

常见的离散 PDF 形式包括离散均匀分布、二项分布和泊松分布，连续分布的例子包括正态分布、伽玛分布和指数分布。常见的模拟复杂原料结构基元的 PDF 方程形式见文献 [60]。

石油及其馏分这样的混合物，其任何分子均可看成是一些结构基元（属性）的组合，如采用苯环数目、环烷数目、烷基侧链的数目、侧链长度等来描述。图 3-12 为用 PDF 方法确定分子属性的示意图。

按照图中示意，对每个分子，首先选择一个随机数确定分子类型（芳烃、环烷烃、烷烃、烯烃等），然后为每个结构基元选择一个可以用来确定分子身份的随机数。比如，对于环烷烃，可以用类似环数、侧链数、侧链长度这样的属性生成随机数。将随机数与 PDF 进行比较，以确定属性的数值。

为了构建出复杂的原料，除了需要了解 PDF 的定义外，还要考虑使用这种方法的物理意义，以及为原料建模必须考虑好的离散分布、截取分布和条件概率。当然，还要首先识别并确定好分子结构基元（属性）。

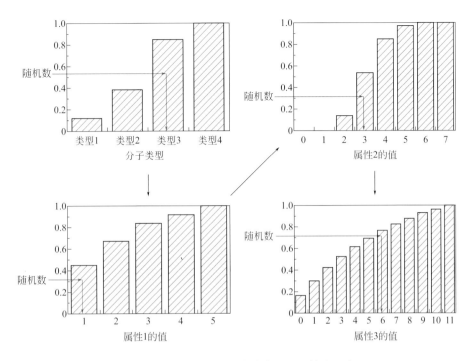

图 3-12　利用 PDF 方法确定分子属性的示意图

　　PDF 有很多形式。选择适当的形式对优化原料的表达很重要，对于建模也十分重要。应该灵活选择 PDF 分布，适当减少并优化参数设置以简化计算。

　　已有众多的实验证明 PDF 方法对石油物性、分子模拟的准确性和可行性，详见文献 [69-71]。

3. 蒙特卡罗法

　　蒙特卡罗（Monte Carlo）法又称统计模拟法、随机抽样技术以及随机模拟（Stochastic Simulation）法或统计实验法等，是一种随机模拟方法，它以概率和统计理论方法为基础，依据大数定律，利用随机数（Random Number）对模型系统（Model System）进行模拟抽样以产生概率分布而得到问题的近似解，或者可以说，它是利用计算机模拟手段来解决一些很难直接用数学运算求解或其他方法不能解决的复杂问题的一种近似计算法。

　　随机过程随处可见，概率统计理论是研究随机过程最有力的手段之一。蒙特卡罗法的基本思想是：当所求解问题是某种随机事件出现的概率，或者是某个随机变量的期望值时，通过某种"实验"的方法，以这种事件出现的频率估计这一随机事件的概率，或者得到这个随机变量的某些数字特征，并将其作为问题的解。如何使用某种方法随机抽样获取虚拟分子，是蒙特卡罗法的核心所在。

蒙特卡罗法分为直接模拟法和间接模拟法。在分子重构模拟方面主要使用的是间接模拟法。间接模拟法先建立一个概率模型或随机过程，使它的数学期望值等于问题的解，然后通过对模型或过程的观察或抽样试验来计算所求参数的统计特征，最后给出所求解的近似值，解的精确度可用估计值的标准误差来表示。例如，用蒙特卡罗法对原油进行分子重构，原油性质包括平均分子量等 7 个，则其数学期望与相对误差如表 3-11 所示 [56]。

表3-11 原油性质的数学期望和相对误差

原料性质	数学期望	相对误差
平均分子量 M_W	$E(M_{W,pred}) = M_{W,exp}$	$\dfrac{M_{W,pred} - M_{W,exp}}{M_{W,exp}}$
密度 d_{20}	$E(d_{20,pred}) = d_{20,exp}$	$\dfrac{d_{20,pred} - d_{20,exp}}{d_{20,exp}}$
胶质沥青质含量 C_{Pt}	$E(w_{C\,Pt,pred}) = w_{C\,Pt,exp}$	$\dfrac{w_{C\,Pt,pred} - w_{C\,Pt,exp}}{w_{C\,Pt,exp}}$
碳含量 w_C	$E(w_{C,pred}) = w_{C,exp}$	$\dfrac{w_{C,pred} - w_{C,exp}}{w_{C,exp}}$
氢含量 w_H	$E(w_{H,pred}) = w_{H,exp}$	$\dfrac{w_{H,pred} - w_{H,exp}}{w_{H,exp}}$
第 i 馏分的密度 d_i	$E(d_{i,pred}) = d_{i,exp}$	$\dfrac{E(d_{i,pred} - d_{i,exp})}{d_{i,exp}}$
第 i 馏分的收率 g_i	$E(g_{i,pred}) = g_{i,exp}$	$\dfrac{g_{i,pred} - g_{i,exp}}{g_{i,exp}}$

由于原油的各种综合性质都是由各个分子相对应的性质累积而成的，每一个分子的性质独立于其他分子。而且原油缺少或者增加一个分子都不会影响它本身的综合性质，因此可以认为原油的各种综合性质近似符合正态分布，即表征原油的各种特性参数都是一组服从正态分布的随机变量，它们的均方差 B_n 分别与其对应的数学期望相等，它们的相对误差均服从标准正态分布。计算、优化的目标函数形式与式（3-19）类似。

通过对分子属性 PDF 的随机抽样，可以对给定原料进行一系列的分子建模。但是，复杂原料经常包含分子的多个属性，每一个都有对应的 PDF，因此，有必要确定抽样的属性顺序和抽样的样本量。

确定分子分布类型，即要确定分子是正构烷烃、异构烷烃、环烷烃或是芳烃等类型，这是首先要做的。抽样样本数量少，计算工作量就少；但如果样本量太小，反而不好区分目标函数变化较大时不同系列的 PDF 参数。所以抽样样本数量要满足最小要求。如 Petti 等 [70] 研究了渣油分子重构中的最佳样本数，认为在平衡建模准确性和所需计算时间后，渣油分子重构的抽样样本数至少是 1000 个分子，而 Liguras 等 [72] 认为每一套虚拟分子的个数不应少于 150 个。

四、熵最大化分子重构法

熵（Entropy）本来是用来度量热力学系统能量状态的术语，1948 年美国数学家 Claude Shannon 提出用熵来衡量信息源不确定性的大小后，1957 年 Jaynes 提出了极大熵（Max Ent）原理，之后被推广应用到各种工程领域。该理论的本质是在只有部分已知信息的情况下，对未知的分布进行合理、最可能存在的推断，消除已知条件不足对计算结果的影响，使未知变量的不确定性最大化，更加符合实际的分布情况。

石油分子组成模拟（分子重构）也是从一些有限的平均物性出发，推算大量石油分子的组成与分布，所以，极大熵原理可以用来重构石油分子。

应用于石油分子组成分子重构的这种熵最大化分子重构技术简称 REM。在 REM 法中，基于信息熵的目标函数表达式如下：

$$\text{Max}S_{(x)} = -\sum_{i=1}^{n} x_i \ln x_i \tag{3-24}$$

$$\text{s.t.} \sum_{i=1}^{n} x_i = 1 \tag{3-25}$$

$$\left| f_j - \sum_{i=1}^{n} f_{i,j} x_i \right| \leq \sigma_j \, (j = 1, \cdots, J) \tag{3-26}$$

式中，$S_{(x)}$ 表示熵值；x_i 表示分子的摩尔分数；f_j 表示石油常规物性的实验值；$\sum_{i=1}^{n} f_{i,j} x_i$ 则表示物性的计算值；σ_j 表示一个很小的正数。

与 SR 方法不同，REM 法根据油品的构成预先对分子的结构、数量进行限定，然后再对所限定的分子进行优化，以保证油品的分子组成、宏观性质等模拟计算数据（结果）与真实油品的组成与性质相符合。优化之前，预先生成的分子呈现均匀分布，随着约束条件的加入，均匀分布被打乱，以实际的石油馏分性质为目标来调整各类分子的含量。REM 法工作流程（步骤）示意如图 3-13 所示。

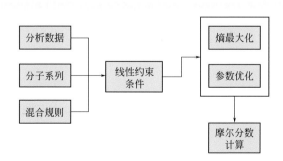

▶ 图 3–13　REM 法重构石油分子的步骤示意图

REM 的基本思想：从已经预设好的石油分子信息库出发，通过不断调整其中各分子的含量，使其计算的油品宏观物性和实验值相吻合，进而得到石油分子库中的分子组成。当没有石油宏观物性的约束条件时，计算的分子组成就是物质的量相等的平均分布，当引入约束条件时，其分子组成就会不断被调整，直至满足这些物性的约束条件，同时也尽可能地满足平均分布。REM 法提供了分子组成计算的另一种目标函数，大大减少了分子组成计算中的变量个数，充分的物性约束条件也可以保证计算结果的准确性。

作为一种有效的石油分子组成的计算方法，REM 法的应用范围基本可以覆盖石油的全馏分，只要有完整的石油分子信息库和准确的物性数据库作基础，就可以保证分子组成计算结果的准确性。如国内外文献对石脑油、FCC 汽油、原油等的 REM 重构，结果均较为满意[59, 73-75]。

REM 法从一个预设的石油分子信息库出发，以石油的平均物性作为约束条件，通过引入熵函数来计算石油的分子组成。与利用石油的平均物性计算值的误差的平方和作为目标函数的方法相比，熵函数更加合理，更能反映石油分子的真实分布状态，以充分的物性作为计算约束条件可以得到较为准确的分子组成。计算过程中，误差平方和的目标函数依然存在变量过多的问题，通过引入分子特征的分布可以减少变量个数，但也会造成计算过程过于复杂，而且各分子特征分布的选取也存在一定的不确定性，缺少相应的理论依据。REM 法则将分子组成的变量直接转换为约束条件中的各参数，大大降低了计算的复杂性，同时也能保证计算结果的准确性。除了熵函数最大化的思想外，也有研究者[76] 将吉布斯自由能函数最小化的方法引入石油分子组成的计算，这同样是一种合理有效的计算方法。

五、分子重构方法分析与对比

前面提到的六种分子重构方法各有特点和侧重，如果按照虚拟分子的生成方式可以分为两大类：一类是预设分子信息库的方法，这些方法包括结构导向集总（SOL）、分子同系物矩阵（MTHS）和熵最大化重构（REM）。这几种方法需要先确定分子库的组成，建立分子物性数据库，然后通过一个包含石油平均物性的目标函数来计算其分子组成。这几种方法基本可以应用于石油及其各类馏分的分子组成重构。本类方法需要有足够的石油及其馏分的详细组成分析数据来支持，需要根据目标馏分建立相应的、尽可能完整和准确的分子库和物性数据库。第二类方法是一些数学统计方法，如随机重构（SR）的分子重构方法。其中，SR 法以概率密度函数（PDF）和蒙特卡罗抽样法为基础，需要通过随机抽样的方式来确定分子库中的虚拟分子，这类方法减少了人为设定因素的干扰，借助于分子结构特征或结构基团（属性）的 PDF 的引入，可以大大减少模拟计算中的变量，但每一次模拟过程都会生成不同的分子库，而且可能会抽取出石油及其馏分中可能并不存在的分子，模拟计算过程也比较复杂。

SOL 法的核心思想是通过"种子分子"增加侧链（数目、长度）的形式来构建虚拟分子。用结构基团来表示石油分子既便于石油分子物性的计算，又为石油分子的反应过程的表示提供了一种有效的方法，目前已经有应用于各类馏分和渣油的 SOL 模型，但其分子库还不够准确，种子分子的划分和选取可能还不完整。其中异构体的分布以及侧链的形式还不确定，需要结合石油最新的分子水平表征手段进一步补充和完善，此外，石油分子组成的计算依然存在着变量过多而约束不足等问题，需要结合其他分子含量的计算方法来进一步优化。

MTHS 矩阵法的核心思想是用分子类型和碳数分布相组合的矩阵来表示石油的分子组成，其实 MTHS 与 SOL 法同系物构建虚拟分子的思想有相通之处。MTHS 法对石油分子的表示更加直观化和具体化，它通过预设分子库可以减少由随机抽取分子产生的不确定性，也降低了模拟过程的计算难度。另一方面，在确定了一个石油的分子库和分子物性数据库后，就可以快速地应用于不同来源和种类的石油分子组成模拟。因此，MTHS 具有很好的实用性。但目前 MTHS 方法还只是用于馏分油的分子组成模拟，尚没有对渣油分子重构的报道。此外，MTHS 法还有些不足，例如，由于不同种类的石油肯定会在分子类型和碳数分布上存在差别，所以必须选取足够数量的石油样品进行详细的分子水平表征，通过对样品分子水平数据的统计分析来确定尽可能完整和普适的分子库才能满足要求，而预设的分子库会受到人为因素的干扰；还有，对于一个矩阵分子中不同异构体的分布和组成还需要进一步明晰其分析数据，也需要选取合适的物性计算方法和混合规则来保证石油的平均物性计算的准确性。这说明 MTHS 矩阵法需要以前期大量的分析表征、统计分析和优化计算的工作基础作为支持。

REM 法提供了石油分子组成计算的一种新方法，引入信息熵能更合理地反映石油中各分子的真实分布状态，将石油及其馏分的平均物性计算值的误差以及平均相对分子质量分布等各项分析数据作为函数的约束条件，能保证计算结果的准确性。这种计算方法能够将大量的分子组成方面的变量，转变为一定数量的约束条件（参数），与传统的、直接以石油的平均物性计算值的误差平方和作为目标函数的方法相比，这种方法的计算逻辑更加清晰，变量个数和计算过程的复杂性也都大大减少了，所以是一种比较合理的分子重构法。REM 法的应用范围较广，只要有完整的和准确的石油分子信息库和物性数据库作为基础，就可以保证石油分子组成计算结果的准确性，可以应用于原油以及各类馏分和渣油的分子重构。

数学统计方法（如 SR 法等）利用随机抽样方法来确定分子库，能最大程度减少人为设定因素的干扰。每次数学统计方法模拟过程都会产生一个不同的分子库，这就保证了不同来源和种类的石油分子组成的独立性。用 PDF 描述石油及其馏分的分子结构特性和结构基团（属性）的分布，能大大降低模拟体系的复杂性，大大减少变量个数，非常有利于石油分子组成的计算。目前数学统计方法的应用范围也可以覆盖石油的全馏分甚至整个原油，是一种普适和有效的模拟方法。但数学统计方法的计算过程相对复杂，需要借助计算机程序自动选取各分子结构特性或结构基团，然后经重组生成分子，而且石油分子的物性以及石油的平均物性也要实现自动计算；另外，抽样过程中可能会生成石油中不存在的分子，尤其是对于以 SOL 结构基团进行抽样的数学统计方法，这些都会影响模拟计算结果的准确性和可重复性。

上述分子重构法各有特点和侧重，因此，若合理组合利用可能效果会更好[77-79]，如将 SOL 结构基团进行抽样重构的数学统计方法的 SR 模型、将数学统计方法的 SR 法和 REM 法相结合的 SR-REM 两步法模型以及将数学统计方法如 SR 法中 PDF 的思想引入 MTHS 矩阵的分子组成计算，进一步提高了分子重构的准确性和实用性。

从分子水平认识石油，探究石油的基本物性和加工性能和分子组成的关系，是石油分子工程的基础。依靠分析仪器对石油及其馏分进行深入表征是提高认识水平的根本，但是如果要使石油分子工程推向企业应用，物性关联、分子重构技术应该担当重任。按照本章的介绍，为了推进石油分子重构技术的发展，应该站在产业或学科层面，开展相应的科学与基础研究，做好顶层设计。着重考虑：

① 关于基础性的石油分子信息库的建设工作。这个石油分子信息库与现有的原油数据库不是一个概念。石油分子信息库的第一层含义、内容是要有石油分子的物性数据库。石油分子物性数据库包括密度、沸点、折射率、黏度等物理性质以及生成焓、熵和自由能等热力学性质。以石油分子物性数据库为基础，研究各物理性质和分子组成的结构 - 性质的关系（关联公式）。研究内容包括如何利用合适的方法（如基团贡献法等）计算单个石油分子的性质，如何选用合理的混合规则和关联公式计算石油的宏观平均物性，如何通过特定物性的计算区分不同类型分子的贡献值等。

石油分子信息库的第二层含义、内容是要有相对完整的石油分子组成、结构方面的分子库。这是目前最薄弱的，所以要利用最先进的分子水平表征技术，对大量的不同来源和种类的石油及其馏分的分子组成数据进行分析、加工，整理归纳出对应于不同馏分（石脑油、常减压蜡油以及渣油）的分子信息库。其中就需要结合分子模拟计算（分子重构技术）等手段确定细分信息，如同分异构体的分布情况、芳核的具体结构以及侧链的结构和分布等。

② 开展计算化学方面的理论研究。如何选取合理的分子重构技术来重构石油及其馏分的分子组成；如何结合目前先进的数学工具和优化算法来解决多变量计算等问题，从而保证定量计算结果的准确性和可重复性，是十分重要的研究课题。

③ 建设包含物性数据库和分子组成库的石油分子信息库，必须考虑实际应用。如何从石油分子信息库和物性数据库出发，结合不同炼油工艺的特点，进一步探究不同馏分中各类分子的加工性能和其分子组成的本质关系，研究每个石油分子的最佳利用路径、最需要与之匹配的催化剂与操作条件，或者根据产品结构与性能要

求，反过来寻求最适宜的原料进行加工，以实现石油资源每个分子价值和资产价值的最大化，达到"资源高效转化、能源高效利用、过程绿色低碳"的目的。

参考文献

[1] 史权，张亚和，徐春明等. 石油馏分高分辨质谱分析进展与展望 [J]. 中国科学：化学，2014, 44 (5): 694-700.

[2] Zudkevitch D. Imprecise data impacts plant design and operation [J]. Hydrocarbon Processing, 1975, 54 (3): 97-103.

[3] 石何武，白跃华等. 石油虚拟组分划分方法浅析 [J]. 炼油技术与工程，2009, 39 (9): 61-64.

[4] 郑陵，杜英生，佘国宗. 燃料型减压塔模拟计算的研究 I. 高沸点石油馏分物性计算的真组分法 [J]. 石油学报 (石油加工), 1994, 10 (4): 64-68.

[5] 李旦杰，王健红，方刚等. 常减压蒸馏过程实时动态模拟 [J]. 北京化工大学学报，2001, 28 (1): 82-86.

[6] 高光英，全先亮，姜斌等. 真组分法模拟乙烯装置急冷系统 [J]. 化学工程，2008, 36 (8): 66-69.

[7] Riazi M R, Daubert T E. Simplify property predictions[J]. Hydrocarbon Process, 1980, 59 (3): 115-116.

[8] Riazi M R, Daubert T E. Characterization parameters for petroleum fraction[J]. Ind Eng Chem Process Research, 1987, 26 (2): 755-759.

[9] 方兴. 用拓扑指数 T 研究有机化合物定量构性的关系 [D]. 重庆：重庆大学，2005.

[10] 马沛生，常贺英，夏淑倩等. 化工热力学 (通用型) [M]. 北京：化学工业出版社，2005: 253-268.

[11] Jorge M, Rafiqul G. Group-contribution based estimation of pure component properties[J]. Fluid Phase Equilibria, 2001, 183: 183-208.

[12] Qiang X. Organic chemistry[M]. Beijing: Chemistry Industry Press, 2006.

[13] 蒋登高，李九菊. 图论法预测纯物质常沸点汽化热 - 饱和烷烃和链烯烃汽化热的预测 [J]. 高校化学工程学报，1993, 2 (7): 169-173.

[14] （美）J A 迪安，兰氏化学手册 (原书第 15 版) [M]. 第 2 版. 魏俊发等译. 北京：科学出版社，2003.

[15] （美）B E 波林. 气液物性估算手册 (原著第五版) [M]. 赵红铃，王凤坤，陈胜坤等译. 北京：化学工业出版社，2005.

[16] 孟繁磊，周祥，郭锦标等. 异构烷烃的有效碳数与物性关联研究 [J]. 计算机与应用化学，2010, 27 (2): 1638-1642.

[17] Riazi M R. Characterization and properties of petroleum fractions[M]. Philadelphia, PA:

ASTM, West Conshohocken, 2005.

[18] 陈俊武, 曹汉昌主编. 催化裂化工艺与工程 [M]. 北京 : 中国石化出版社 , 1995.

[19] Riazi M R, Daubert T E. Prediction of petroleum fraction [J]. Ind Eng Chem Process Des & Dev, 1980, 19 (2): 289-294.

[20] 王佳 , 焦国凤 , 孟繁磊等 . 柴油烃类分子组成预测研究 [J]. 计算机与应用化学 , 2015, 32 (6): 707-711.

[21] Van Nes K, Van Westen H A. Aspects of the constitution of mineral oils[M]. New York: Elsevier Publishing Company, 1951.

[22] Albahri T, Riazi M R, Qattan A O. Division of fuel chemistry[C]. 224 ACS National Meeting, 2002, 8: 18-22.

[23] Albahri T A, Riazi M R, Alqattan A A. Analysis of quality of the petroleum fuels[J]. Journal of Energy and Fuels, 2003, 17 (3): 689-693.

[24] 戴咏川 , 戴承远 . 由折射率预测柴油的十六烷值 [J]. 石油与天然气化工 , 2000, 29 (1): 23-25.

[25] 凌文 , 吕大伟 . 用柴油的烃族组成预测十六烷值和密度 [J]. 石化技术与应用 , 2004, 22 (3): 215-217.

[26] 张金生 , 李丽华 . 柴油十六烷值的预测 [J]. 抚顺石油学院学报 , 1999, 19 (1): 1-2.

[27] 张在龙 , 朱子明 , 劳永新等 . 用拓扑指数法预测柴油总烃类的十六烷值 [J]. 石油大学学报 , 1999, 23 (3): 80-82.

[28] Peng B. Molecular modelling of petroleum processes[D]. Mancherster: University of Manchester,1999.

[29] Zhang Y.A molecular approach for characterization and property predicitions of petroleum mixtures with applications to refinery modeling[D]. Mancherster: University of Manchester, 1999.

[30] Aye M M S, Zhang N. A novel methodology in transforming bulk properties of refining streams into molecular information[J]. Chemical Engineering Science, 2005, 60 (23): 6702-6717.

[31] Wu Y, Zhang N. Molecular characterization of gasoline and diesel streams[J]. Industrial & Engineering Chemistry Research, 2010, 49 (24): 12773-12782.

[32] Wu Y, Zhang N. Molecular management of gasoline stream [J]. Chemical Engineering, 2009, 18: 749-754.

[33] Ahmad M I, Zhang N, Jobson M. Molecular components-based representation of petroleum fractions[J]. Chemical Engineering Research and Design, 2011, 89 (4): 410-420.

[34] Pyl S P, Hou Z, Van Geem K M, et al. Modeling the composition of crude oil fractions using constrained homologous series[J]. Industrial & Engineering Chemistry Research, 2011, 50 (18): 10850-10858.

[35] 阎龙，王子军，张锁江等.基于分子矩阵的馏分油组成的分子建模[J].石油学报（石油加工），2012, 28 (2): 329-337.

[36] 侯栓弟，龙军，张楠.减压蜡油分子重构模型：Ⅰ模型建立[J].石油学报（石油加工），2012, 28 (6): 889-894.

[37] 李洋，龙军，侯栓弟等.减压蜡油分子重构模型：Ⅱ烃类组成模拟[J].石油学报（石油加工），2013, 29 (1): 1-5.

[38] 吴青.石油分子工程及其管理的研究与应用（Ⅱ）[J].炼油技术与工程，2017, 47 (2): 1-14.

[39] 吴青.催化裂化汽油清洁化反应的热力学、动力学模型与新反应过程的探索[D].北京：石油化工科学研究院，2004.

[40] Quann R J, Jaffe S B. Structure-oriented lumping: Describing the chemistry of complex hydrocarbon mixtures [J]. Industrial & Engineering Chemical Research, 1992, 31 (11): 2483-2497.

[41] 祝然.结构导向集总新方法构建催化裂化动力学模型及其应用研究[D].上海：华东理工大学，2013.

[42] Jaffe S B, Freund H, Olmstead W N. Extension of structure-oriented lumping to vacuum residua[J]. Industrial & Engineering Chemistry Research, 2005, 44 (26): 9840-9852.

[43] 田立达.结构导向集总新方法构建延迟焦化动力学模型及其应用研究[D].上海：华东理工大学，2012.

[44] Ghosh P, Hickey K J, Jaffe S B. Development of a detailed gasoline composition-based octane model [J]. Industrial & Engineering Chemistry Research, 2006, 45 (1): 337-345.

[45] Ghosh P, Jaffe S B. Detailed composition-based model for predicting the cetane number of diesel fuels[J]. Industrial & Engineering Chemistry Research, 2006, 45 (1): 346-351.

[46] Ghosh P, Andrews A T, Quann R J, et al. Detailed kinetic model for the hydro-desulfurization of FCC naphtha[J]. Energy&Fuels, 2009, 23 (12): 5743-5759.

[47] Christensen G, Apelian M R, Hickey K J, et al. Future directions in modeling the FCC process: An emphasis on product quality[J]. Chemical Engineering Science, 1999, 54 (13): 2753-2764.

[48] 祝然，沈本贤，刘纪昌.减压蜡油催化裂化结构导向集总动力学模型研究[J].石油炼制与化工，2013, 44 (2): 37-42.

[49] 倪腾亚，刘纪昌，沈本贤等.基于结构导向集总的渣油分子组成矩阵构建模型[J].石油炼制与化工，2015, 46 (7): 15-22.

[50] Behrenbruch P, Dedigama T. Classification and characterisation of crude oils based on distillation properties[J]. Journal of Petroleum Science & Engineering, 2007, 57 (1): 166-180.

[51] Campbell D M. Stochastic modeling of structure and reaction in hydrocarbon conversion, doctoral dissertation[D]. Newark: University of Delaware, 1998.

[52] Neurock M, Libanati C, Nigam A, et al. Monte Carlo simulation of complex reaction

systems: Molecular structure and reactivity in modelling heavy oils[J]. Chemical Engineering Science, 1990, 45 (90): 2083-2088.

[53] Neurock M, Nigam A, Trauth D M, et al. Molecular representation of complex hydrocarbon feedstocks through efficient characterization and stochastic algorithms[J]. Chemical Engineering Science, 1994, 49 (24): 4153-4177.

[54] Wei W, Bennett C A, Tanaka R, et al. Computer aided kinetic modeling with KMT and KME[J]. Fuel Processing Technology, 2008, 89 (4): 350-363.

[55] Khorasheha F, Khaledi R, Gray M R. Computer generation of representative molecules for heavy hydrocarbon mixtures[J]. Fuel, 1998, 77 (4): 241-253.

[56] Hudebine D, Verstraete J J. Molecular reconstruction of LCO gasoils from overall petroleum analyses [J]. Chemical Engineering Science, 2004, 59 (22-23): 4755-4763.

[57] Verstraete J J, Schnongs, P, Dulot H, et al. Molecular reconstruction of heavy petroleum residue fractions [J]. Chemical Engineering Science, 2009 (33): 1016-1047.

[58] 赵雨霖. 原油分子重构[D]. 上海：华东理工大学, 2011.

[59] 牛莉丽. 原油的熵最大化分子重构[D]. 上海：华东理工大学, 2011.

[60] Klein M T, Hou G, Bertolacini R J, et al. Molecular modeling in heavy hydrocarbon conversions[M], New York: Taylor & Francis, USA, 2006.

[61] 马法书, 袁志涛, 翁惠新. 分子尺度的复杂反应体系动力学模拟：Ⅰ原料分子的 Monte Carlo 模拟 [J]. 化工学报, 2004, 54 (11): 1539-1545.

[62] 沈荣民, 蔡军杰, 江红波等. 延迟焦化原料油分子的蒙特卡罗模拟 [J]. 华东理工大学学报 (自然科学版), 2005, 36 (1): 56-61.

[63] 欧阳福生, 王磊, 王胜等. 催化裂解过程分子尺度反应动力学模型研究 [J]. 高校化学工程学报, 2008, 22 (6): 927-934.

[64] Verstraete J J, Schnongs, P, Dulot H, et al. Molecular reconstruction of heavy petroleum residue fractions[J]. Chemical Engineering Science, 2010, 65 (1): 304-312.

[65] Oliveira L P D, Vazquez A T, Verstraete J J, et al. Molecular reconstruction of petroleum fractions: Application to vacuum residues from different origins[J]. Energy & Fuels, 2013, 27 (7): 3622-3641.

[66] Alvarea-Majmutov A, Gieleciak R, Chen J. Deriving the molecular composition of vacuum distillates by integrating statistical modeling and detailed hydrocarbon characterization[J]. J. Energy & Fuels, 2015, 29 (12): 7931-7940.

[67] 彭辉, 张磊, 邱彤等. 乙烯裂解原料等效分子组成的预测方法 [J]. 化工学报, 2011, 62 (12): 3447-3451.

[68] Zhang L, Hou X, Chen C, et al. Molecular representation of petroleum vacuum resid[J]. Energy & Fuels, 2014, 28 (3): 1736-1749.

[69] Pederson K S, Blilie A L, et al. PVT calculations on petroleum reservoir fluids using

measured and estimated compositional data for the plus fraction[J]. Ind Eng Chem Res, 1992, 31, 1378-1384.

[70] Petti T F, Trauth D M, Stark S M, et al. CPU issues in the representation of the molecular structure of petroleum resid through characterization, reaction, and Monte Carlo modeling[J]. Energy & Fuels, 1994, 8 (3): 570-575.

[71] Trauth DM. Structure of complex mixtures through characterization, reaction, and modeling[D]. Newark: University of Delaware, 1990.

[72] Liguras D K, Allen D T. Comparison of lumped and molecular modeling of hydropyrolysis [J]. Industrial & Engineering Chemistry Research, 1992, 31(1): 45-53.

[73] Hudebine D, Reconstruction moleculaire de coupes petrolieres [D]. Lyon: Ecole Normale Supe rieure de Lyon, 2003.

[74] Van Geem K M, Hudebine D, Reyniers M F, et al. Molecular reconstruction of naphtha steam cracking feedstocks based on commercial indices[J]. Computers & Chemical Engineering, 2007, 31 (9): 1020-1034.

[75] Hudebine D, Verstraete J J. Chapus T. Statistical reconstruction of gas oil cuts [J]. Oil & Gas Science and Technology, 2011, 66 (3): 437-460.

[76] Ha Z, Liu S. Derivation of molecular representations of middle distillates[J]. Energy & Fuels, 2005, 19 (6): 2378-2393.

[77] 孙忠超, 山红红, 刘熠斌等. 基于结构导向集总的 FCC 汽油催化裂解分子尺度动力学模型 [J]. 化工学报, 2012, 63 (2): 486-492.

[78] Yang B, Zhou X, Chen C, et al. Molecule simulation for the secondary reactions of fluid catalytic cracking gasoline by the method of structure oriented lumping combined with Monte Carlo[J]. Industrial & Engineering Chemistry Research, 2008, 47 (14): 4648-1657.

[79] Pan Y, Yang B, Zhou X. Feedstock molecular reconstruction for secondary reactions of fluid catalytic cracking gasoline by maximum information entropy method[J]. Chemical Engineering Journal, 2015, 281: 945-952.

第四章

石油分子信息库

在石油炼制过程中，烃类、非烃类（硫、氮、氧等化合物）会发生极其复杂的化学反应，不同的加工工艺、催化剂以及操作参数的变化都对化学反应具有较大影响，从而影响目标产品的组成和性质（质量）。因此，只有在分子水平上深入认识石油[1]，才能深入、全面地科学认识加工过程中的各种化学问题，才能有针对性地通过设计一系列化学反应和选择合理的反应条件，实现复杂化学反应网络调变，使每一个石油分子的价值最大化，达到石油分子工程与分子管理的目的，促进技术创新发展。

石油及其馏分的分子组成从根本上决定了其化学和物理性质及反应性能，它们的分子信息，加上物性估算与组成结构关联信息，结合其反应性与转化规律等信息，辅以数字化、计算机信息化技术，就可以发挥巨大作用[2]。而要能够被计算机所应用，必须对石油及其馏分的分子信息进行处理，也即要将石油分子信息按照一定规则进行命名、编码、性质关联、分子重构、信息集成，从而形成石油分子信息库，并在此基础上，与化学反应规则库、分子动力学模型库或一些算法库等结合，这样就可以形成石油及其馏分分子水平加工与优化的综合集成信息化平台，因此，石油分子信息库是石油分子工程与分子管理的基础，也是核心之一。

采用数据库技术对石油分子信息进行管理是目前最有效的方式，所形成的石油分子信息库包含了石油及其馏分的化合物（分子）信息，如名称、分子结构、分子物性等。受仪器分析技术、纯化合物实验数据等的限制，不可能获得石油及其馏分的所有化合物的基础物性，因此，石油分子信息库也提供分子重构以及预测的物性数据。

为方便使用，石油分子信息库除了要高效体现石油分子信息之间的对应关系外，石油分子信息数据库与配套使用的其他系统如化学反应库等之间，其相关的接口程序应方便数据的批量提取、修改及动态展示、可视等。

第一节 石油及其馏分化合物的命名规则

石油及其馏分的化合物众多，每一种化合物有其自己的特定分子结构、物性参数、反应特性（性能）。因此，为了在石油分子信息库中能区分并高效地存储、管理与使用这些化合物，制定各种化合物的命名规则是非常必要的。

一、有机化合物的国际命名规则（IUPAC法）

科学技术名词是科学技术得以描述、记录传播和交流的基础和载体。化学学科中的化合物已有数千万之众，面对数量如此众多的化合物，其各自的名称应该具有一些特征或特点，使得名称与化合物结构之间有清晰或含蓄的关系，所以对化合物建立科学、系统的命名规则十分重要。

化合物的命名规则较多，其中，由国际纯粹和应用化学联合会（International Union of Pure and Applied Chemistry，IUPAC）设立的专门委员会所提出的《有机化学命名法》（IUPAC Nomenclature of Organic Chemistry）中的系统命名规则（简称 IUPAC 法），最为系统、全面和科学，且这个规则还在不断地修订和补充，也形成了一个长期处理命名问题的运行机制，因而为各国所普遍采用[3]。其他的系统命名方法，如美国化学会因《化学文摘》索引需要而建立的 CAS 命名系统以及德国因 Beilstein 大全而建立、发展起来的命名法，其系统的基本框架与 IUPAC 法基本类似。中文的系统命名方法[4]是在英文 IUPAC 命名法基础上，由中国化学会依照汉字特点而制定的。有机化合物的中文系统命名方法采用了与 IUPAC 法相同的命名原则，最主要的特点是将结构与名称联系起来[5]，具体可以参见相应的资料。

二、石油及其馏分化合物的计算机结构编码方法

早期人们为了便于打印机打印化学结构、化学反应等的需要，试图用数字、字母组成的直线形式来表示结构式[6]，这是最早的计算机编码雏形，之后提出了不少其他表示方法[7]。最近几十年来，随着计算机化学的蓬勃发展，化学结构的计算机处理无论是理论还是实际技术均得到了深入研究与发展，各种化合物结构计算机编码都得到了开发与应用，如拓扑码、连接表、线性码、碎片码等，各种方法"百花齐放"，它们各有特点，各有应用，当然也各有一定的局限性。

拓扑编码系统即拓扑码的理论基础是图论，它基于假设所取的碎片总是小于任何可能的检索子结构，因此可以方便地实现子结构的检索。最著名的拓扑码是美国化学会为《化学文摘》文献索引而建立的 CAS 码和 Registry 与 Dubois 创立的

DARC 码。CAS 码和 DARC 码的区别在于 CAS 码中原子的序号是用 Morgan 算法获得的，而 DARC 码中的原子序号是对结构图不断应用优化规则而确定的。

将化学结构先分解或分割成结构片段（即碎片化），然后再加以表述的方法称为碎片码方法或系统。

线性码[8]又称线性标记，它最早是因希望用打字机符号来描述化学结构而出现的。由于打字机只能逐行排列各种数字和符号，为了使结构描述适合于打字机处理，就必须将代表化合物的结构先拆成用符号来代表的分子结构的一部分，再将它们按照顺序排列成一长串称为描述化学结构的线性码，因此线性码可以看成是碎片码的一种拓展形式。

目前，国际通用的线性编码方法主要是 InCHI 码和 SMILES 线性编码两种。其中，SMILES 线性编码的一般原则和部分实例见表 4-1。

表4-1　SMILES线性编码的一般原则和部分实例

编码原则	分子结构	SMILES 编码
原子由各自的元素符号表示，简单的饱和氢连接省略表示，相邻的原子表示彼此相连		CCO
双键和叁键分别用 "=" 和 "#" 表示		C=CCO C#CCO
分支用括号表示		C=C(C)CO
结构中有环要打开。断开处的两个原子用同一数字标记，表示两个"连接"的环原子		C1CCCCC1 CC1CCCC(O)C1
用小写字母表示共轭结构		C1CCCCC1 C2CCC2CNCCC2(C1)

化合物的系统命名法以及拓扑码、碎片码和线性码等，都是表示化合物分子结构的方法，原则上均可以用于计算机处理。但是真正适合计算机处理，并能够在其上建立化学结构信息化系统并实现各种结构检索功能的还是连接表[9]。

连接表本质上是分子中所有原子性质及其拓扑的一个列表。在连接表中原子的性质包括原子种类、原子的化合价、原子间的拓扑关系及键与键之间的关系、原子的坐标以及可能的原子电荷、同位素等。

表 4-2 所示为化学分子结构用上述几种不同方法表示的效果对比。

表4-2　化学分子结构用不同方法表示的效果比较

指标	InChI	InChI Key	SMILES	Molfile	CML
线性（无需换行）	是	是	是	否	否
唯一性	是	是	可能	否	否
可读性	难	不行	容易	难	难
定义原子几何位置	否	否	否	是	是
长度（每原子字符数）	～2	～1	1～2	～50	～50

第二节　石油及其馏分化合物的分子分类与信息化表述

一、石油及其馏分化合物的分子分类

对于石油及其重馏分，往往难以做到单体化合物的表征，为了实现其分子表征，通常使用族组成、结构族组成等方式表示。本书第三章介绍了分子重构方法，其中涉及石油及其馏分的分子分类。采用的方法不同，分类也不同。例如，MTHS矩阵法使用分子类型和碳数信息来表征石油馏分的组成，在每一列中，均采用分子类型相同的同系物构成的一个同系物族来表示；而在每一行中，则根据碳数（或沸程）再分成数十类别。这些分子的分类，会根据应用的需要以及分析表征获取信息的可能性而有修正、优化[10]。

又如，结构导向集总（SOL）法的基础结构基团共22个。这22个结构基团作为分子结构组成计算的基础即结构增量。结构增量由 C、H、S、N 和 O 原子构成，包括 3 种芳环（即 A6、A4 和 A2）、6 种环烷环（即 N6、N5、N4、N3、N2和 N1）、1 种亚甲基（—CH_2—，即 R）、环间桥键连接（即 AA）、碳链分支度（即 br）、环上甲基取代数目（即 me）、补充氢（即 H）和 8 种包含 S、N 和 O 的杂原子（即 NS、RS、NO、RO、NN、RN、AN 和 KO）[11]。同样为了适应分子重构以及动力学计算的需要，结合分析表征所能获得的分子信息以及工艺特点，分子的结构基团可以增加、减少并优化完善，如增加重金属（镍和钒）以及对胶质、沥青质类大分子的处理等[12]。

二、石油及其馏分化合物的分子信息表示方法

石油及其馏分化合物的分子信息表示方法随所采用的分子重构技术的不同而有所不同，如结构导向集总（SOL）法对某些典型分子的信息化描述[11]如图4-1所示。

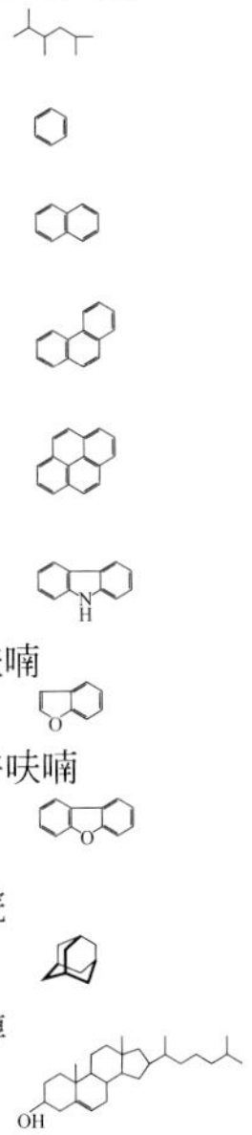

	A6	A4	A2	N6	N5	N4	N3	N2	N1	R	br	me	H	AA	S	RS	AN	NN	RN	O	RO	O=
2,3,5-三甲基己烷	0	0	0	0	0	0	0	0	0	9	3	0	1	0	0	0	0	0	0	0	0	0
苯	1	0	0	0	0	0	0	0	0	0	0	0	0	0	0	0	0	0	0	0	0	0
萘	1	1	0	0	0	0	0	0	0	0	0	0	0	0	0	0	0	0	0	0	0	0
菲	1	2	0	0	0	0	0	0	0	0	0	0	0	0	0	0	0	0	0	0	0	0
芘	1	2	1	0	0	0	0	0	0	0	0	0	0	0	0	0	0	0	0	0	0	0
咔唑	2	0	0	0	0	0	0	0	1	0	0	0	0	1	0	0	0	1	0	0	0	0
苯并呋喃	1	0	0	0	0	0	1	0	0	0	0	0	-1	0	0	0	0	0	0	1	0	0
二苯并呋喃	2	0	0	0	0	0	0	0	0	0	0	0	1	0	0	0	0	0	0	0	0	1
金刚烷	0	0	0	1	0	0	1	0	1	0	0	0	0	0	0	0	0	0	0	0	0	0
胆固醇	0	0	0	1	0	2	0	0	0	10	2	2	-1	0	0	0	0	0	0	0	1	0
水 H₂O	0	0	0	0	0	0	0	0	0	0	0	0	1	0	0	0	0	0	0	1	0	0

▶ 图4-1 SOL法对某些典型分子的信息化描述

SOL方法将所有的烃分子看作由22种结构增量构成，采用一个22维的向量进行信息化表示，向量中的元素代表特定结构增量的数目。该方法的基本思想不是以单个分子作为反应物和产物组分的基础，而是以22种分子中共有的机构基团作为组成的基础，这样处理的结果是大大降低了石油馏分组成的复杂性，如利用本方法，可以将石油产品分子划分、归纳为150余类。

除了SOL、MTHS等方法外，有关石油及其馏分化合物分子信息的其他表示方法简要介绍如下。

1. Boolean 邻接矩阵法

邻接矩阵（Adjacency Matrix）是表示顶点之间相邻关系的矩阵[13]。图4-2是2-甲基-3-戊烷碳正离子用Boolean邻接矩阵法表示的示意，这方面的研究示例见文献[14-19]。其中，单事件模型（Single-Event）[18, 19]通过对分子的Boolean邻接矩

阵的信息化描述，再结合反应机理，能实现催化剂金属活性中心和酸活性中心上各类基本反应的分子水平信息化表示。根据反应流程图即可生成整个反应网络，分别计算反应物全局对称数与过渡态活化络合物全局对称数，最终实现将所需估计的动力学参数控制在可处理范围内的目的。

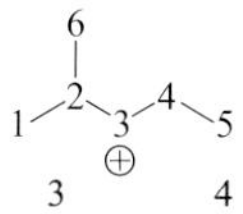

	1	2	3	4	5	6
1	0	1	0	0	0	0
2	1	0	1	0	0	1
3	0	1	1	1	0	0
4	0	0	1	0	1	0
5	0	0	0	1	0	0
6	0	1	0	0	0	0

▶ 图 4-2　2-甲基-3-戊烷碳正离子的 Boolean 邻接矩阵法表示

2. BE 矩阵法

从本质上看，分子结构是个非数值的对象，而分子的各种可以测量的性质通常又都是用数值来表达的。为了把分子的结构与分子的各种可测量的性质联系起来，必须把在隐含在分子结构中的信息转化为一种能用数值表达的量。用图论方法即能实现这种转化。在化学中，用图可以描述不同的信息，如分子、反应、晶体、聚合物、簇等，其共同特征是点与点间的连接。点可以是原子、分子、电子、分子片段、原子团及轨道等。点间的连接可以是键、键及非键作用、反应的某些步、重排、Van der Waals 力等。

Ugi 等 [20] 最早提出了用键 - 电子矩阵（Bond-Electron Matrix，BE 矩阵）方法来描述化合物分子及其反应规则以适应计算机辅助有机合成路线设计的研究需要。BE 矩阵中包含了分子的价键、自由电子、分子结构与反应性等信息，Broadbelt 等人将 BE 矩阵用于描述分子的化学结构和反应规则，并用计算机进行编码。BE 矩阵表示反应与产物分子结构的原理如下：矩阵每一行与每一列代表一个原子，一个具有 n 个原子的分子，可以用 $n \times n$ 的方阵来描述。矩阵中的元素不能为负，第 i 行第 i 列的元素 b_{ii} 表示原子 A_i 上的自由价电子，非主对角元素 b_{ij} 表示原子 A_i 和邻近原子 A_j 之间的共价键，即对角元素代表不成对电子数目，非对角元素记述两原子之间的成键数目。

例如，戊烷分子采用键 - 电子的图论（GRAPH-THEORY）矩阵法 [21] 表达，如图 4-3 所示。

	C1	C2	C3	C4	C5	H1	H2	H3	H4	H5	H6	H7	H8	H9	H10	H11	H12
C1	0	1	0	0	0	1	1	1	0	0	0	0	0	0	0	0	0
C2	1	0	1	0	0	0	0	0	1	1	0	0	0	0	0	0	0
C3	0	1	0	1	0	0	0	0	0	0	1	1	0	0	0	0	0
C4	0	0	1	0	1	0	0	0	0	0	0	0	1	1	0	0	0
C5	0	0	0	1	0	0	0	0	0	0	0	0	0	0	1	1	1
H1	1	0	0	0	0	0	0	0	0	0	0	0	0	0	0	0	0
H2	1	0	0	0	0	0	0	0	0	0	0	0	0	0	0	0	0
H3	1	0	0	0	0	0	0	0	0	0	0	0	0	0	0	0	0
H4	0	1	0	0	0	0	0	0	0	0	0	0	0	0	0	0	0
H5	0	1	0	0	0	0	0	0	0	0	0	0	0	0	0	0	0
H6	0	0	1	0	0	0	0	0	0	0	0	0	0	0	0	0	0
H7	0	0	1	0	0	0	0	0	0	0	0	0	0	0	0	0	0
H8	0	0	0	1	0	0	0	0	0	0	0	0	0	0	0	0	0
H9	0	0	0	1	0	0	0	0	0	0	0	0	0	0	0	0	0
H10	0	0	0	0	1	0	0	0	0	0	0	0	0	0	0	0	0
H11	0	0	0	0	1	0	0	0	0	0	0	0	0	0	0	0	0
H12	0	0	0	0	1	0	0	0	0	0	0	0	0	0	0	0	0

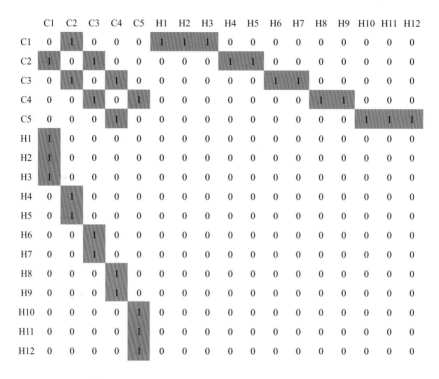

◉ 图 4-3　戊烷分子的键－电子的图论矩阵表达 [21]

化学反应引起的分子结构变化可以用反应物的 BE 矩阵与反应矩阵（R）通过矩阵运算来描述 [22]。在此基础上，应用量子化学来确定最优的分子结构与性质，应用线性自由能关系（LFER）求解反应速率常数。针对复杂反应体系中参与反应组分众多而难以用常规方法分析处理的问题，Klein 等 [23] 提出了采用 Monte Carlo 方法生成大量的虚拟分子，并针对不同反应体系进行了一系列研究。按照 Monte Carlo 思想，通过分析表征技术获得的原料油性质，可以采用 Monte Carol 方法产生一套能反映其结构组成特性的虚拟分子，其目的是将原料油分子的间接信息变换为分子结构，要求既能够得到结构特性，又能够求出这些分子的质量分数，最终要确保所构造的分子集合的统计结构如基团浓度、结构参数、沸点等与实测值一致，即重油系综（Ensemble）与重油混合物具有等效性。之后，开展了一系列研究，其中涉及的分子重构、化学反应规则等信息化描述均为 BE 图论矩阵表达法 [24-27]。

3. PMID方法

PMID（Petroleum Molecular Information Database，石油分子信息数据库）[28] 是石科院提出的一种命名方法。该方法能满足分子信息库化合物命名规则中至少应该具备的如下几个方面的主要特点：

①要能够体现分子的结构特性；

②能够表示分子中原子的相对位置关系；

③在分子信息库中与分子结构具有唯一的映射关系；

④能够采用逻辑关系式的形式来描述反应规则；

⑤能有效降低计算的复杂性。

PMID 方法采用结构相似性分类 [29] 作为基础，采用向量的形式对分子信息库中的石油烃类分子进行信息化描述。石科院通过对 3500 多种石油中常见的化合物采用结构相似性进行分类，总结出 168 类分子骨架结构。在对 29 类烷烃、烯烃的骨架进行分析、对比基础上，借鉴、学习 SOL 采用 22 个结构增量表征的方法与原理，选择 8 个基团作为结构组成计算的基础，同样也称为结构增量。在这 8 个结构增量基础上，再添加相关的结构增量进一步用于环烷烃、芳烃、含杂原子化合物，直至实现对 168 类分子骨架完整表示，也正好提出了 22 种结构增量。这 22 种结构增量的不同组合，可以表示出分子信息库中的全部烃类分子，每一个烃分子的分子结构均可以表示为 22 维的向量形式。

如同 SOL 方法一样，PMID 方法也对 22 种结构增量的选取、定义做出了详细的规定与说明。

在石科院的分子信息库中，共有 10 种烷烃骨架，这些烷烃骨架均通过碳碳 σ 单键相连且碳数小于 7。通过这些骨架结构与不同延长碳链碳数组合，并规定结构增量的优先级关系（季碳原子 QC ＞叔碳原子 TC ＞仲碳原子 SC），主要采用 SC、TC、QC 和 ECN（延长碳链碳数）四个结构增量，就可以将 10 种烷烃骨架完全区别开来，也就能够描述出全部的烷烃分子了。

分子信息库中还有 19 类烯烃骨架以及描述环烷烃、芳烃的骨架，即 13 类简单骨架、12 类联结骨架、17 种背缩骨架和 9 种团簇骨架。对于杂原子环是分子信息库中最多的类别，增加了 5 个增量即—S—、—N—、BN、OH 以及 C＝O 增量。

4. 小结

上述 SOL、BE 矩阵、Boolean 邻接矩阵、PMID 等几种分子水平的化合物结构信息化描述方法均可以一定程度上实现对石油原料和产品的分子水平的划分和表达，相应的分子动力学模型也能对石油炼制的化学反应本质实现更加精确的描述，这对过程模拟与优化、提高产物分布与产物性质预测的准确性作用巨大。这些方法在构建虚拟分子时都应用了大量的数学方法，且所采用的数学工具基本一致，例如，采用图论的方法将各种分子以矩阵形式表示、用概率论的方法来求解非线性问题、用数理统计的方法进行大量抽样以尽可能反映对象的特征。这些手段、方法均需要借助计算机程序和数据库技术来实现，而计算机技术的迅猛发展为这些数学手段在计算机中的应用提供了有力的保障。

① SOL 和 PMID 均定义了 22 种结构增量（不少含义接近，但部分结构增量含义还是有区别的）作为分子结构的组成基础，并以 22 维向量来描述整个烃分子。而 BE 矩阵和 Boolean 邻接矩阵均采用矩阵表示的方法，所不同的是，BE 矩阵是对分子中所有原子进行编号，矩阵规模较大，矩阵中的元素记录的是分子中共价键和自由价电子的信息，矩阵中元素可能为 0 和 1 之外的数字；Boolean 邻接矩阵则只对分子中碳原子进行随机编号，矩阵的规模相对较小，矩阵中的元素代表碳原子间成键情况的 Boolean 量，所以只能是 0 或 1。

② 单事件模型是属于机理层面的模型，其中，SOL 和 PMID 可能主要基于反应路径层面，而 KMT（动力学模型集成工具箱）工具可能既体现机理层面同时也结合了反应路径层面。在描述反应规则和构建反应网络时，单事件模型和 KMT 工具均采用了反应矩阵的形式，而 SOL、PMID 则可以使用更加直观的逻辑表达形式分别表述反应物选择规则和产物的生成规则，进而生成反应网络。

单事件模型有较好的理论背景支持，模型保留了每个进料组分和中间产物反应历程的全部细节，所以动力学参数与进料组成无关，可通过简单的模型化合物的反应来估计单事件速率常数，在酸催化复杂反应体系中有较好的应用，但是信息化计算单事件数的计算工作量比较大，需要解决程序化自动计算各反应物及反应过渡态全局对称数的问题。KMT 工具得益于 BE 矩阵携带的分子信息相对全面，能够最大限度地接近真实反应体系，但是，由于难以找到反应中所有参与反应的物质，而且矩阵规模庞大，将给计算带来较大困难。SOL 方法采用基团贡献法的思想和向量表示分子结构的方式，使得其实用性很强，已经在重油馏分反应体系方面得到了很好的实际应用。不过 SOL 方法需要更多的分析与实验数据，且 SOL 向量实际上并不反映各结构增量的内在连接关系，虽给计算分子物性带来了方便，但也同时导致了数据库中无法实现分子的唯一指定，在使用上受到限制。

③ 石油分子信息库中的不同化合物之间的结构差异，主要体现在主链长度、侧链类型、侧链分布、官能团的区别以及空间异构体方面。SOL 方法以及 BE 矩阵、Boolean 邻接矩阵等方法虽均可以一定程度上实现对石油原料和产品的分子水平的划分和表达，但应该说，它们还不能完全满足分子信息库的结构特点。结构相似性分类方法得到的同系物（同类化合物），其基本骨架和侧链分布情况相同，结构的差异主要体现在碳数即延长碳链长度的不同。这与 SOL 选择不同分子中共有的结构基团作为物质组成的基础实质上是相同或类似的。

由于炼厂进料组成变化比较频繁，原油炼制过程催化剂等操作条件和馏分切割情况常常需要根据生产要求变化而不断调整，导致时刻面临原料变化等条件变化时的优化控制问题。而优化控制的核心是反应动力学模型，也就是这个模型必须能够适应不同的进料组成和操作条件。显然，传统的模型如集总动力学模型无法胜任，需要具有良好外推性的分子水平的动力学模型并据此进行更加精细的调整、预测才能满足要求。在分子水平的动力学模型中，由于组分没有集总模型直观，也没有在传统意义上的反应速率方程组，某种反应的发生主要是通过概率模型和反应规则来确定，因此，分子的重构、反应规则的制定和数学求解方法的选择是建立分子动力学模型的关键。

分子水平的石油组成结构的信息化描述顺应了"资源高效转化、能源高效利用、过程绿色低碳"的发展趋势，也给开发外推性好，且对产品的产率、组成及其性质有准确预测能力的分子水平动力学模型奠定了坚实的基础。虽然目前还没有统一的、普遍适用于各种石油炼制过程的分子水平化合物信息化表达方式，但可以预见，随着分析表征、信息化技术等的快速进步，高效的石油分子信息化表述方法将对分子重构、反应规则的制定和反应网络的生成起决定性的重大作用，进而为优化指导石油炼制、催化剂研发和反应机理研究、新工艺开发指明方向。

第三节 石油分子信息库的建立

一、石油分子信息库的顶层设计

1.数据编排分类

石油及其馏分的分子信息主要包括结构与组成信息以及与之相匹配的基础物性数据信息、反应信息等。可以采用关系型数据库技术来实现对这些信息的有效管理，并保证数据及数据之间的一致性、完整性和安全性。

石油及其馏分的分子信息可以分成三种类型：第一类是石油及其馏分的分子水平的结构与组成信息，第二类是化合物的基础物性等数据信息，第三类是其反应性数据信息。其中石油及其馏分的分子水平的结构与组成信息主要是烃类和非烃类化合物的数据，该类数据来源于现代仪器分析表征技术，第二类数据即化合物的基础数据信息则主要包括物理性质和热力学性质，该类数据来源包括直接从文献数据导入，或者通过相应的一些物性关联方法（数据关联、分子重构等）估算、预测而获得。第三类数据来自实验或文献。

本书第二章、第三章分别就上述数据如何从不同途径特别是实验方法（即通过分析仪器及其组合表征结果）和计算方法（即通过数据关联、分子重构技术等方法）来获取石油及其馏分的组成、结构以及某些物性数据进行了介绍。石油是复杂的混合物，不同馏分化合物分子结构差异较大。现代仪器分析表征技术对不同馏分段的分离、鉴别能力也有较大的差异。对于石脑油（汽油）馏分，已能分离、鉴定全部几百种单体化合物。对于柴油、VGO及重油中的化合物，采取现代先进的仪器分析表征技术也基本获得了主要化合物 Z 值 - 碳数分布情况。对相关化合物不断进行数据筛选、挖掘、积累，就可以得到尽可能多的化合物，如某研究单位报道已经收集积累超过 1 万多种化合物，甚至据说化合物有 20 万种之巨。

石油及油品的物性是评定其加工和使用性能的重要指标，同时也是炼油技术研发的重要依据。例如，有文献认为石油是由 1 万多种化合物组成的混合物[30]，其物性是各组分物性的综合体现，所以通过对化合物沸点、密度、折射率、临界温度、焓值等基础数据的管理，可为油品混合物的宏观物性计算以及炼油过程的分子水平模拟提供必要的数据支持。利用数据库及相应的物性关联方法，如何实现 1 万多种化合物、10 多种基础数据 10 万多个数据之间的关联，是石油分子信息库建设的主要目的。对于石油分子信息库，可以采用 C/S 体系结构，Client（客户端）负责提供表达逻辑、显示用户界面信息、访问数据库服务器，Server（服务器端）则用于提供数据服务。图 4-4 所示为石油分子信息库的顶层设计，图 4-5 所示为石油分子信息库的主要模块。

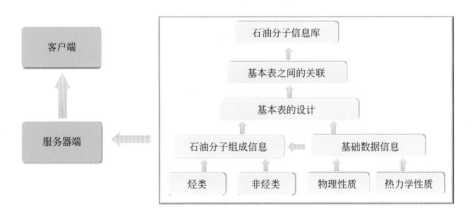

图 4-4　石油分子信息库的顶层设计

2.各数据表的设计

石油分子信息包括烃类和非烃类信息，因此，石油分子信息库应包括烃类分子信息库和非烃类分子信息库，反映到数据库层面是存储石油分子信息各个表的构建及关联。烃类分子信息库和非烃类分子信息库主要包括以下两个方面的内容，即石油分子组成信息和基础数据信息。其中每个数据库至少对应了 3 个基本表。表 4-3 为石油分子组成表，该表中主要包括系统命名、IUPAC 命名、分子式、分子量、CAS 号、SMILES 码、芳香碳数、环烷碳数等；石油分子组成物性表包括 SMILES 码、沸点、密度、折射率、熔点等基本物性信息；热力学性质表包括 SMILES 码、焓、熵、吉布斯自由能和热容等；其中 SMILES 码是简化分子线性输入规范，是一种用 ASCII 字符串明确描述分子结构的规范。

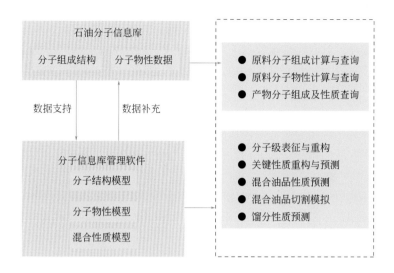

图4-5 石油分子信息库的主要模块示意图

表4-3 石油分子组成表的构建方式

项目	数据类型
系统命名	varchar2（4000）
IUPAC 命名	varchar2（4000）
分子式	varchar2（4000）
分子量	number
CAS 号	varchar2（4000）
SMILES	varchar2（4000）
芳香碳数	number
环烷环碳数	numbe

通过分析表征，将结果数据转化成为分子信息库中分子组成与结构信息的过程，以某分子信息库建设为例，简要说明如下：

① 基于每种原油的实沸点曲线和关键性质数据，将原油划分为汽油、柴油、VGO、渣油等多个沸程组分；对每个组分进行化学类别的表征，包括含硫杂环、含氮杂环、含氧杂环，以及含有多个杂环元素的分子种类，以及含 4N 的卟啉，以及卟啉耦合的含镍、含钒分子。

② 在确定了化学类别后，还需要对每个化学类别里的分子进行缺氢度的区分，每个特定缺氢度即形成了一个同系物，针对每个同系物进行侧链长度分布的确定。

③ 将分子表征数据转化为分子式、分子类别、缺氢度、分子浓度格式等。

④ 对一些分析手段未能区分的同分异构体进行经验模型的拟合：

• 异构烷烃，对取代基碳数在 $1 \sim (n/2 - 1)$ 范围内的含量分布进行经验分配；

• C_6 以上的一环环烷烃（$Z = 0$），核心结构为环己烷与环戊烷的含量分配；

• C_{10} 以上的二环环烷烃（$Z = -2$），核心结构为二环己烷与环己烷 / 环戊烷的含量分配；

• 对环烷烃、芳烃的侧链取代基进行正构、各种异构的含量分配；

• 对不同的活性硫结构、非活性硫结构、碱性氮结构、非碱性氮结构进行含量分配。

⑤ 对不同结构在每个分子中出现的概率分布进行建模，在可能的分子结构库内筛选出概率最大的分子结构，使用结构构建算法将上述数据转化为原油馏分的分子列表，如图 4-6 所示。

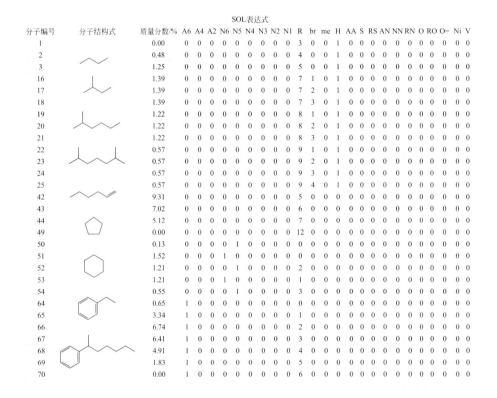

图 4-6　分子列表示意图

3.各种表之间的相互关系

为实现分子信息的查询、计算和筛选等功能，需建立各基本数据表之间的关联关系。表间关联关系是以主表 - 从表的形式体现的，而主表和从表的连接是通过定义主键和外键来实现的。各基本数据表均包含主键，主键是表中一个或多个字段，其值用于唯一标识表中的一条记录（即一种石油分子），主键列不能包含任何重复值。在多个表进行关联时，主表的主键成为关联表的主键，而从表中与主表、主键相关联的列成为关联表的外键，外键列中的数据必须在主键列中存在。

在石油分子信息库中，石油分子组成表包含了石油分子的组成信息，在查询和筛选等操作中可与其他数据表关联，均采用 SMILES 列作为主键和外键与石油分子组成表关联。各表之间的相互关系如图 4-7 所示。

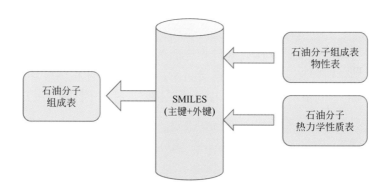

图 4-7　各表之间的相互关系示意图

二、石油分子信息库的命名表示方法

正如前文所介绍的那样，石油分子信息库中化合物的组成、结构、物性等的命名、表示方法有多种，如 MTHS 法、SOL 法、PMID 法、BE 矩阵法和 Boolean 邻接矩阵法等，且各种表示方法各有特点。此处再以 PMID 方法 [28] 为例，说明如何表示化合物组成和反应规则。

1.化合物分子组成与结构的表示方法

为能够按照 PMID 方法中设定的 22 种结构增量描述化合物的分子组成与结构，先对各增量的选取与定义作一个说明。

（1）PMID 中的结构增量

PMID 中的结构增量包括两类，一类为骨架实体元素，另外一类为位置连接条件。通过设置这两种不同类型的结构增量，可以达到在尽可能减少结构增量的使用数量情况下，更好地区分异构体目的。骨架实体元素是指该结构增量可以单独存在，用以表示某种分子结构；而位置连接条件则不能单独存在，必须依附于骨架实体元素，具有非独立性，它只能通过与骨架实体元素结合来表示分子结构中的连接情况。位置条件共有六个，分别为 NN、N-N、BB、B-B、NB、N-B 等，其余结构增量均为骨架实体元素。例如：

① B = 1，其余为 0 的 PMID 向量是正确的，它表示苯，即 ；

② BB = 1，其余为 0 的 PMID 向量是错误的，因为 BB 是位置连接条件，不能单独存在，它需要依附于两个 B 存在，即 BB=1、B=2，其余是 0 的话是准确的，这时候表示的是 ⬡⬡。

（2）关于环连接的问题

根据有机化学中多环结构的定义，多环结构中环间连接部分为两个相邻碳原子结构的为稠环烃类，以碳碳 σ 键相连的为联苯类烃类。在表示多环结构的连接情况时，分别定义了 6 个位置连接关系，以涵盖芳环和环烷环组合成为稠环、联环结构的不同情况，并且在考虑环间连接情况时，不区分五元环和六元环。例如：

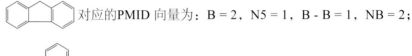 对应的PMID 向量为：B = 2，N5 = 1，B - B = 1，NB = 2；

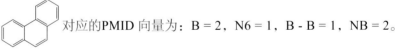 对应的PMID 向量为：B = 2，N6 = 1，B - B = 1，NB = 2。

（3）空间异构

空间异构的存在可能会引起使用 PMID 向量描述烃类分子时出现以下两种混乱情况：

① 不同分子可以用同一组 PMID 向量描述；

② 同一种分子可以用不同的 PMID 向量描述。

这两种情况都会对反应规则的制定和分子信息的引用带来很大的麻烦。能够保证石油分子信息库中烃分子唯一性的理想情况是：将石油分子信息库中的烃分子按照结构相似性方法分类，把具有机构相似性的分子归为一类，通过相同骨架结构＋不同延长碳链碳数的方式加以区分。任何分子只可能具有某一特定的结构骨架，并且可以用唯一和其相对应的结构向量来表示。为保证 PMID 向量能够作为区分分子信息库中不同化合物的标志，分析结构相似性方法得出的 168 类骨架结构自带的结构特性，并对此作出进一步的规定和说明：

① 石油分子信息库中的 3500 多种石油烃类化合物都是由 168 类骨架结构经过

碳链扩展得到的。

② 骨架具有方向性，以连接延长碳链的一端为末尾，另一端为起始；分子骨架不连接延长碳链时，默认以左端为起始端。

③ 结构增量存在优先级关系，多个结构增量相连时，以优先级最高的一端为起始端，另一端为末尾，末尾端连接延长碳链。结构增量的优先级由小到大的顺序与表中结构增量出现的顺序一致：直链碳原子＜双键＜芳环＜环烷环＜杂原子。

④ 多环结构中的侧链位置的优先级为：外部环优于内部环，环烷环优于芳香环，无杂原子的环优于含杂原子环，六元环优于五元环。

⑤ 根据结构分类和物性关联的已有结论，支链对物性的贡献或影响较小，可将同碳数的直链异构体归为一类。在此基础上，分子信息库中的所有烃类分子延长碳链扩展的方式均为无支链的单链延长。

⑥ 链烃中，双键优先位于端位，存在两个双键时，两个双键成共轭排布；对于环烃，双键优先加在环上，位于主链的 α 位，存在两个双键时，第二个双键也加在环上，位于第一个双键另一侧的 β 位。

⑦ 芳环、环烷环桥键连接点位于 α 位。

⑧ 根据文献报道，重油中芳烃的芳香结构主要分为渺位缩合、迫位缩合以及联苯型三种结构。渺位缩合是指共轭芳环呈线性背缩式排列，并可作为芳香结构的优势排列方式。所以规定多环芳烃分子优先以"背缩结构"存在，多环芳烃或其部分加氢产物以及多环环烷烃分子也遵循此规则。

⑨ 环内杂原子位置：杂原子优先位于环烷烃，同时存在多个不同元数的环烷环时，优先存在于环数较小的环内，并且双键优先出现在杂原子环内。

根据上述 22 种结构增量的定义、规定或假定，可以写出对 168 类骨架的命名即 PMID 向量，例如对某实测的 FCC 汽油组分碳数分布和 PMID 简化结构增量的描述，见表 4-4[28]。

2.反应规则的表示方法

以催化裂化中涉及的反应为例。其中，催化反应包括裂化反应、异构化反应、氢转移反应、烷基化反应、歧化反应、环化反应、缩合反应和叠合反应、脱氢环化反应等众多反应，且其反应机理遵循碳正离子机理学说。而非催化反应主要是指在无催化剂作用下的热反应，如烷烃脱氢生成烯烃的反应、烷烃环化脱氢生成芳烃、焦炭反应以及烃类分解成为甲烷、氢气的热裂化反应等，热裂化反应遵循自由基机理。以不同烃族的催化反应路径来说，各族的催化反应如图 4-8 所示。

表4-4 FCC汽油组分碳数分布和PMID简化结构增量描述

骨架结构	名称	碳数范围	质量分数/%	PMID向量										
				SC	TC	QC	FD	SD	TD	Y	B	N6	N5	ECN
（结构式）	2-甲基烷烃类	4~10	14.52	0	1	0	0	0	0	0	0	0	0	0~6
（结构式）	正构烷烃类	4~14	7.00	2	0	0	0	0	0	0	0	0	0	0~10
（结构式）	3-甲基烷烃类	6~10	5.91	2	1	0	0	0	0	0	0	0	0	0~4
（结构式）	2,3-二甲基烷烃类	6~10	3.11	0	2	0	0	0	0	0	0	0	0	0~4
（结构式）	2-甲基-2-烯烃类	5~9	11.79	0	0	0	0	1	0	1	0	0	0	0~4
（结构式）	2-烯烃类	4~9	13.48	0	0	0	0	1	0	0	0	0	0	0~5
（结构式）	2-甲基-1-烯烃类	5~9	5.95	0	0	0	1	0	0	1	0	0	0	1~6
（结构式）	3-烯烃类	6~9	1.28	0	0	0	0	0	1	0	0	0	0	0~3
（结构式）	1-烯烃类	4~10	3.23	0	0	0	1	0	0	0	0	0	0	0~6
（结构式）	正烷基环戊烷类	5~9	1.77	0	0	0	0	0	0	0	0	0	1	0~4
（结构式）	正烷基环己烷类	6~8	2.71	0	0	0	0	0	0	0	0	1	0	0~2
（结构式）	正烷基苯类	6~12	7.05	0	0	0	0	0	0	0	1	0	0	0~6
（结构式）	1-甲基-2烷基苯类	8~11	8.07	0	0	0	0	0	0	1	1	0	0	1~4

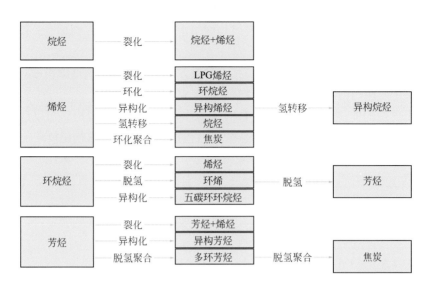

图 4-8　不同烃族的催化反应路径

如果以正十二烷为原料来研究催化裂化反应规则、产物生成规则的编写，则可以得到如下信息。

（1）关于原料的 PMID 向量描述

催化裂化原料的 PMID 描述见表 4-5。

表 4-5　催化裂化原料的PMID描述

组分总数	组分分类	PMID 向量							
		SC	TC	SD	Y	B	N6	N5	ECN
8	正构烷烃类	1	0	0	0	0	0	0	0～6，9
7	2-甲基烷烃类	0	1	0	0	0	0	0	0～5，8
8	2-烯烃类	0	0	1	0	0	0	0	-1～5，8
7	2-甲基-2-烯烃类	0	2	0	0	0	0	0	-1～4，7
5	环己烷类	0	0	1	1	0	0	0	0～3，6
3	环戊烷类	0	0	1	0	0	0	0	0～3
3	苯类	0	0	0	1	0	0	0	0～3

（2）反应规则的描述

反应规则是判断原料分子向产物分子转变的依据，也是建立分子反应动力学模型的基础。反应规则包括反应物选择规则和产物生成规则两部分。反应规则的制定十分重要，尤其是对整个反应网络而言。因为无论如何制定，所选取的反应规则都不足以涵盖所有可能发生的化学反应，一定会做出一些必要的假设与忽略。能否将次要反应忽略而保留主要的反应是反应规则制定的好坏的主要评判标准，也是制定规则的基本原则之一。

反应物选择规则决定反应物分子是否具有发生该反应的结构增量组成；产物生成规则决定反应物结构增量发生何种变化以生成产物分子。

以十二烷的催化裂化为例，有 41 个组分参与不同的催化反应，可以经过筛选后制定出 137 条具体的反应规则，这些规则包括裂化反应、异构化反应、环化反应、开环反应、氢转移反应等 13 类反应。为了便于计算机识别，采用如下逻辑符号："Λ" 表示 "并且"；"v" 表示 "或者"；"=" 表示 "等于"；"$\neq$" 表示 "不等于"；"rand" 表示随机取值。

仅以异构烯烃 β 位裂化反应为例，其反应规则、产物生成规则如下：

反应物选择规则：

$SD = 1 \Lambda Y = 1 \Lambda (B + N6 + N5) = 0 \Lambda ECN = 1 \sim 4，7$

产物生成规则：

产物 1：$Y_1 = Y - 1$，$ECN_1 = -1 \sim 2$

产物 2：$Y_2 = Y - Y_1$，$ECN_2 = ECN - ECN_1$

三、石油分子信息库的配套系统

1.数据库远程访问技术

例如，孟繁磊等 [29] 开发的石油分子信息库，实现了石油分子信息库在服务器上的设计及数据的录入，在数据库远程连接，客户端根据链接的地址、用户名和口令自动登录到远程数据库进行数据处理等功能。数据库联网的基础是 SQL*NET。它是一个在 TCP/IP 等标准网络协议顶层运行的软件层，这种通信主要是通过 3 个配置文件即 TNSNAMES.ORA、LISTENER.ORA 和 SQLNET.ORA 来实现的。

TNSNAMES.ORA 配置示例：

  LOC=/* 服务名 LOC*/

  （DESCRIPTION =

  （ADDRESS =（PROTOCOL = TCP）/* 通信协议

  为 TCP*/

  （HOST= HQ）/* 服务器名为 HQ 或其 IP 地址 */

  （PORT = 1521））/* 通信端口为 1 521*/

  （CONNECT_DATA =

  （SID = LOC））/* 数据库实例名为 LOC */

TNSNAMES.ORA 配置文件主要包括服务名和地址 / 连接。

2.接口程序

石油分子信息库中数据的查询、修改及删除可采用 SQL 结构化查询语言实现，但一般的科研工作者不具备数据库的专业背景，很难采用 SQL 结构化查询语言实现数据的维护。同时，石油分子信息库中数据的查询结果大部分是通过报表或统计图展示的。可视化软件是世界上领先的科学数据分析平台，所以采用该软件可将大量有用数据进行深层次分析、综合、提炼、挖掘，对数据进行可视化展示。编制石油分子信息库与其接口程序，可以为深层次的数据挖掘提供技术保障。

石油分子信息库与可视化软件接口程序的开发，易于实现对数据库中数据的批量查询、修改及删除，容易实现数据的筛选，对于不具备 SQL 结构化查询语言基础的科研工作者，采用此接口程序，也能实现对数据库中数据的维护。如，孟繁磊等[30]采用接口程序实现了对石油分子信息库中数据的批量查询，且可提供可视化的选择窗口，包括化合物热力学性质可视化展示。

第四节 石油分子信息库的应用

石油分子信息库的构建主要是为基于分子组成预测混合物的宏观物性计算和分子反应动力学建模服务的。以下以文献 [30] 和中海油的实践结果予以简要说明。

一、蒸馏（沸点）性质

将汽油样品的单体烃分析结果导入可视化软件，通过接口程序，导出对应单体化合物石油分子信息库的数据，形成化合物与基础数据一一对应，基础数据包括沸点、密度、折射率和辛烷值等。以体积馏出率为横坐标，沸点为纵坐标得到汽油馏分的模拟实沸点蒸馏曲线，如图 4-9 所示。

对 20 个汽油样品的 ASTM D86 馏程进行模拟值和实验值比对，参见表 4-6。初馏点的计算误差最大，为 4.9℃，计算误差在实验测量馏程的过程中可以接受，与实验测量时的误差分布规律也较相似。

表4-6　馏程模拟值和实验值比对

馏程	IBP	10%	30%	50%	70%	90%	FBP
计算误差 /℃	4.9	3.2	2.6	2.5	2.1	2	2.3

注：IBP—初馏点；FBP—终馏点。

模拟恩氏蒸馏馏程，还可以用于计算体积平均沸点 t_v、实平均沸点 t_m、立方平均沸点 t_{cu}、中平均沸点 t_{Me}，利用这些特征平均沸点和密度，进而推算特性因数 K

和相关因子 BMCI。

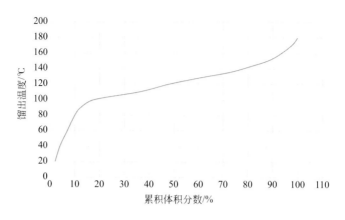

▶ 图 4-9　汽油馏分的模拟实沸点蒸馏曲线

二、物性与产品性质计算

将石脑油样品的单体烃分析结果导入可视化软件，通过接口程序，导出对应单体化合物石油分子信息库中的数据，形成化合物与基础物性数据之间的一一对应关系，基础物性数据包括沸点、密度、折射率和汽油辛烷值等。

图 4-10 所示为 20 个汽油样品密度模拟计算值与实验值对比。由图可见，20 个汽油样品密度模拟值和实验值相比，最大相对误差为 3.4%，平均相对误差为 1.9%。

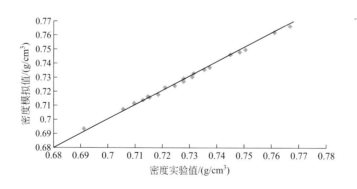

▶ 图 4-10　密度的模拟计算值和实验值对比

图 4-11 所示为 20 个汽油样品辛烷值的模拟值和实测值对比。可以看出，模拟值和实测值的绝对误差＜ 1。

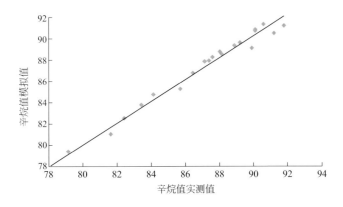

◉ 图 4-11　汽油辛烷值模拟值和实测值对比

　　由以上分析可以看出，石油分子信息库实现了分子组成信息与宏观性质的关联，由分子组成预测的汽油密度、馏程和辛烷值的误差在可接受范围内。为进一步验证石油分子信息库模型的准确性，对混合后的三种汽油物性进行模拟，参见表 4-7。

表4-7　三种混合汽油性质模拟值与实验值的对比

分析项目		XQ1		XQ2		XQ3	
		实验值	模拟值	实验值	模拟值	实验值	模拟值
密度（20℃）/（g/cm³）		0.6912	0.6927	0.7107	0.7121	0.7778	0.7789
API		71.7	71.3	66.2	65.8	49.3	49.1
BMCI		4.73	4.83	7.57	7.57	31.37	31.18
酸度 /（mgKOH/100mL）		0.58	0.57	1.29	1.25	23.33	23.19
馏程 /℃	IBP	36.5	37.5	34.2	35.2	84.5	87.0
	10%	64.4	65.8	69.3	70.6	113.9	116.1
	30%	82.3	83.9	95.8	97.3	129.5	131.6
	50%	96.9	98.5	117.6	119.4	141	143.1
	70%	110.7	112.4	137.2	139.3	152.3	154.6
	90%	127.9	130.2	155.8	159.4	167.9	171.8
	95%	136.9	135.7	161.8	163.5	174.5	176.8
	FBP	143.1	142.4	178.8	181.2	185.7	188.1
辛烷值		68.8	69.2	64.3	64.9	62.1	62.8

　　由表 4-7 数据可知，三种混合汽油的密度、馏程和辛烷值模拟数据和实验数据

的误差均在上述测试误差范围内，API、BMCI（芳烃指数）、酸度等性质模拟值和实验值差别较小，验证了数据库中数据及接口程序的准确性，也验证了石油分子信息库设计的合理性。

三、其他应用

　　石油分子信息库可以较准确地预测混合油品的物性，它与其他软件结合可以实现更多的功能，如，与原油评价软件结合，更加准确地预测任意温度切割馏分的收率、初馏点、干点等性质及对多种原油的混合原油进行切割模拟、组成与馏分性质预测；可以与分子反应动力学模型及模拟等软件结合，实现反应转化率、产物分子组成、产品收率、关键组分产率以及产品性质等的精确预测；可以与原油及产品的优化调和软件相结合，进行分子精准调和与优化，帮助企业采购、计划、调度人员制定更优的采购与混炼方案，实现资源敏捷优化和全产业链的协同优化、QHSE（质量、健康、安全、环境）的监控与溯源等[31]。

―――― 参考文献 ――――

[1] 吴青，黄少凯，吴晶晶等 . 石油及其馏分分子水平表征技术的研究进展与展望 [C]. 2017年中国石油炼制科技大会 . 北京，2017.

[2] Simon C C. Managing the molecule-refining in the next millennium[M]. India: Foster Wheeler Technical Papers, 2001.

[3] 中国化学会有机化合物命名审定委员会 . 有机化合物命名原则 2017[M]. 北京：科学出版社，2018.

[4] 张欣，孙莉群 . 有机化合物系统命名若干问题的讨论 [J]，大庆师范学院学报，2010, 30 (6): 87-89.

[5] 王学兵 . CA 化学物质索引名的识别与分析方法研究 [D]. 上海：华东师范大学，2005.

[6] Dyson G M. A new notation and enumeration system for organic compounds [J]. Journal of Chemical Education, 1950, 27 (10): 581.

[7] 李创业 . 化合物结构的网络检索 [D]. 天津：河北工业大学，2007.

[8] 李航，陈维明，王源等 . 族性化学结构的计算机处理 - 族性结构文字描述部分的分析与存储 [J]. 计算机与应用化学，1996, 13 (4): 257-262.

[9] 李创业，章文军，许禄 . 高选择性拓扑指数和网络上化学结构的检索系统 [J]. 计算机与应用化学，2006, 10: 947-951.

[10] 阎龙，王子军，张锁江等 . 基于分子矩阵的馏分油组成的分子建模 [J]. 石油学报（石油加工）. 2012, 28 (2): 329-337.

[11] 吴青 . 石油分子工程及其管理的研究与应用（Ⅱ）[J]. 炼油技术与工程，2017, 47 (2): 1-14.

[12] Jaffe S B, Freund H, Olmstead W N. Extension of Structure-Oriented Lumping to Vacuum Residua[J]. Industrial & Engineering Chemistry Research, 2005, 44 (26): 9840-9852.

[13] 严蔚敏, 李东梅, 吴伟民. 数据结构 [M]. 第 2 版. 北京: 人民邮电出版社, 2015.

[14] Baltanas M A, Froment D F. Computer generation of reaction networks and calculation of product distributions in the hydroisomerization and hydrocracking of paraffins on Pt-containing bifunctional catalysts[J]. Computer and Chemical Engineering, 1985, 9 (1): 71-81.

[15] 石铭亮. 复杂反应系统分子尺度反应动力学研究——催化重整单事件反应动力学模型的建立 [D]. 上海: 华东理工大学, 2011.

[16] Golender V E, Drboglav V V, Rosenblit A B. Graph petentials method and its application for chemical information processing[J]. Journal of Chemical Information and Computer Sciences, 1981, 21 (4): 196-204.

[17] 石铭亮, 翁惠新, 江洪波. 催化重整单事件反应动力学模型（Ⅰ）反应网络的建立及单事件数的计算 [J]. 华东理工大学学报（自然科学版）, 2011, 37 (4): 396-403.

[18] 王胜, 欧阳福生, 翁惠新等. 石油加工过程的分子级反应动力学模型进展 [J]. 石油与天然气化工, 2007, 36 (3): 206-212.

[19] 江洪波, 牛杰, 李焕哲等. 催化重整六碳分子反应网络及其单事件数的计算 [J]. 高校化学工程学报, 2010, 24 (4): 596-601.

[20] Ugi I, Bauer J, Brandt J, et al. New applications of computers in chemistry[J]. Angewandte Chemie International Edition in English, 1979, 18 (2): 111-123.

[21] 吴青. 石油分子工程及其管理的研究与应用（Ⅰ）[J]. 炼油技术与工程, 2017, 47 (1): 1-9.

[22] 洪汇孝, 忻新泉, 张海燕等. 计算机辅助有机合成设计中的 BE 矩阵理论 [J]. 上饶师专学报（自然科学版）, 1988, 5 (05): 11.

[23] Broadbelt L J, Stark S M, Klein M T. Computer generated pyrolysis modeling: on-the-fly generation of species, reactions, and rates[J]. Industrial & Engineering Chemistry Research, 1994, 33 (4): 790-799.

[24] Hou G, Mizan T I, Klein M T. Computer-assisted kinetic modeling of hydroprocessing[J]. Preprints- American Chemical Society, Division of Petroleum Chemistry, 1997, 42 (3): 670-673.

[25] Klein M T, Hou G, Quann R J, et al. BioMOL: a computer-assisted biological modeling tool for complex chemical mixtures and biological processes at the molecular level [J]. Environmental Health Perspectives, 2002, 110 (Suppl6): 1025.

[26] Wei W, Bennett C A, Tanka R, et al. Computer aided kinetic modeling with KMT and KME[J]. Fuel Processing Technology, 2008, 89 (4): 350-363.

[27] Hou Z, Bennett C A, Klein M T, et al. Approaches and software tools for modeling lignin pyrolysis[J]. Energy & Fuels, 2009, 24 (1): 58-67.

[28] 于博 . 石油化合物的分子信息库命名规则研究 [M]. 北京 : 石油化工科学研究院 , 2013.

[29] 孟繁磊 , 周祥 , 郭锦标等 . 异构烷烃的有效碳数与物性关联研究 [J]. 计算机与应用化学 , 2010, 27 (2): 1638-1642.

[30] 孟繁磊 , 于博 , 焦国风等 . 石油分子信息库的设计及应用研究 [J]. 计算机与应用化学 , 2016, 33 (6): 675-680.

[31] 吴青编著 . 智能炼化建设——从数字化迈向智慧化 [M]. 北京 : 中国石化出版社 , 2018.

第五章

石油分子反应性与动力学模型

　　随着原油的重质化、劣质化以及环保要求的日益严格，对现有加工工艺的改进和优化组合、新工艺和新催化剂的开发以及高品质石油产品的生产等均提出了更高的要求。深入研究石油分子组成及其在各种加工过程（如催化裂化、加氢裂化及热转化）中的转化规律，对于加工工艺的改进、产品质量的提高以及满足严格的环保法规要求等均具有十分重要的作用。

　　研究石油中烃类、非烃类化合物分子的反应性，除了可以大大减少研究开发的难度外，依据纯化合物分子反应性研究所获的规律性认识，对于石油混合物的反应性认识及其炼制过程反应规律摸索、新催化剂与新工艺开发等工作均有很大的帮助与促进作用。但毕竟只是纯化合物的反应结果。对于石油这个复杂的混合物，特别是对于重质、劣质原料来说，仅仅依靠纯化合物反应机理的研究成果，是无法摸清石油混合物加工过程反应规律、反应机理的，必须以实际石油馏分为研究对象，开展相应的研究。

　　在对纯化合物、石油混合物分子反应性即反应规律、机理认识基础上，进行化学反应机理、化学反应规则信息化描述，从而构建石油分子的复杂化学反应网络，以方便分子动力学模型建立与计算。

第一节　纯化合物分子的反应性

　　石油炼制是石油分子在不同工艺条件下发生不同化学反应的行为，即旧键的断裂和新键的形成。由于石油是一个极其复杂的烃类和非烃类的混合物，为降低研究难度，可以先从石油中拥有的典型的纯化合物分子的反应性研究开始，力求寻得一些规律性的认识，以指导石油炼制过程催化剂筛选、混合物加工工艺优化和新工艺开发等过程。

对于石油炼制过程中烃类、非烃类分子的反应性研究，已有大量理论和实验研究基础，以下进行简要介绍。

一、烃类化合物分子的反应性

烃类化合物分子包括链烷烃、环烷烃、芳烃等三大类分子，其中，链烷烃可分为正构烷烃、异构烷烃两小类；环烷烃可以分为单环环烷烃、多环环烷烃、带长侧链或短侧链的单环/多环环烷烃等小类；芳烃可以分为单环芳烃、多环芳烃、带长侧链或短侧链的单环/多环芳烃及环烷基芳烃等。

例如，正构烷烃反应性研究中，以正辛烷为模型化合物，探讨了正构烷烃分子的结构特征及其在催化裂化、催化重整及热作用等条件下的反应性能，详细探讨了化学键性能、不同条件下的反应机理等科学问题[1-5]，其中，正辛烷分子在热作用（热裂解）下的反应路径[4, 6]见图5-1所示。

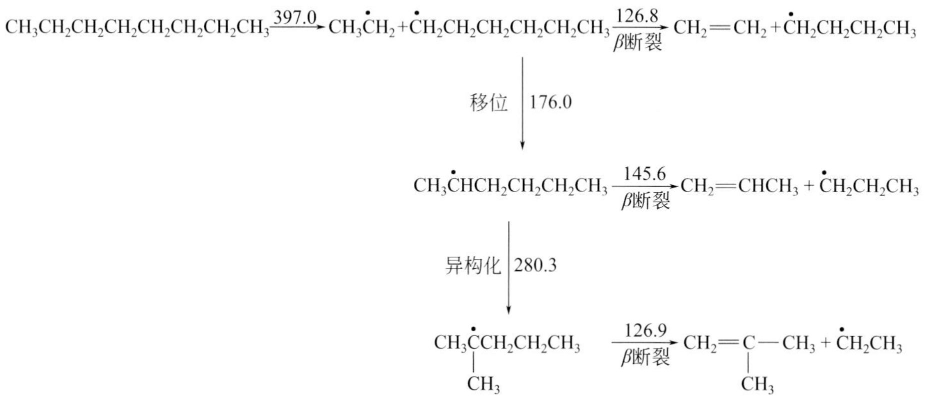

◐ 图5-1 正辛烷分子热裂解反应路径（能垒单位：kJ/mol）

异构烷烃分子结构与正构烷烃相类似，同样是由C—C键和C—H键组成，最主要的区别在于异构烷烃分子中含有叔C原子，使其反应性能有所不同。以2-甲基庚烷为例，研究了异构烷烃分子的结构特征及其在催化裂化、催化重整及热作用等条件下的反应性能。图5-2所示为2-甲基庚烷分子催化裂化条件下生成碳正离子的反应能垒[7]。

对环烷烃来说，以单环环烷烃为例，研究其结构及反应性能。研究表明不同链长的单环环烷烃分子具有相似的结构特征，且键长的改变对化学键键能影响不大。如，以环己烷、丁基环己烷分子为模型化合物，阐述单环环烷烃的结构特征及其在催化裂化、催化重整及热作用等条件下的反应性能。其中，图5-3所示为环己烷分子在催化重整条件下的反应路径，即在催化重整条件下，环己烷分子只需在金属Pt活性中心上脱氢即可生成相应的芳烃。环己烷分子脱去第1个H的反应能垒为77.2kJ/mol，生成环烯烃后，脱去第3个H的反应能垒为41.4kJ/mol，比脱去第1个H的反应能垒低很多，生成环二烯烃后，再脱去1个H的反应能垒只有14.4kJ/mol。说明环烷烃分子在金属Pt活性中心的脱氢反应很容易进行且是一个不断加速的过程。这是因为，生成的分子中含有的双键越多，电子离域效应越强，吸电子能力越强，烯丙位C—H键上的电子云向双键偏移越多，C—H键越弱，并越容易断裂。因此，环烷烃分子脱氢生成芳烃的反应很容易进行，可作为催化重整的理想原料。

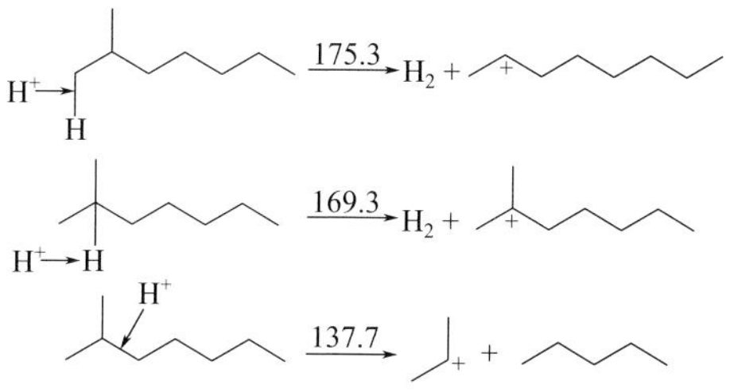

▶ 图5-2　2-甲基庚烷分子生成碳正离子的反应能垒（单位：kJ/mol）

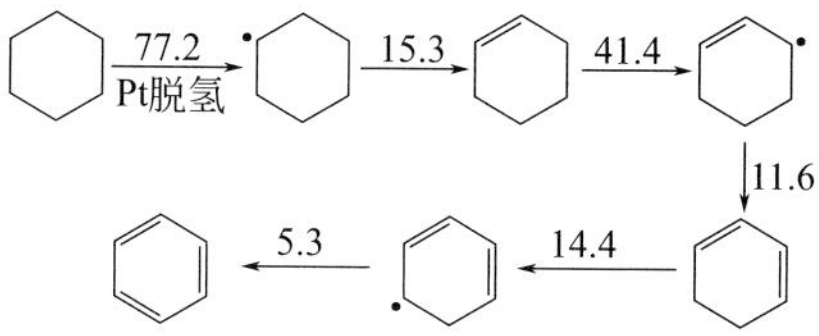

▶ 图5-3　环己烷分子芳构化反应路径（能垒单位：kJ/mol）

就芳烃而言，以多环芳烃的反应为例。选取丁基萘分子为模型化合物，探讨其结构特征及在催化裂化、催化加氢及热作用等加工条件下的反应性能。图5-4所示为催化临氢条件下的反应路径。如图所示，当H自由基进攻芳环不同位置时，较容易发生α断裂反应。

在临氢条件下，多环芳烃分子还可能发生加氢饱和反应。以不带侧链的多环芳烃分子萘为模型化合物，研究了萘分子加氢饱和反应路径，见图5-5。由于加氢饱和程度的不同，可能生成环烷基四氢萘分子为中间物，或者全部加氢饱和生成双环环烷烃十氢萘分子。这些中间物由于结构不同而具有不同的性质。例如，四氢萘等环烷基芳烃分子供氢能力较强，可以使多环芳烃分子选择性加氢饱和生成环烷基芳烃分子，作为供氢剂使用。

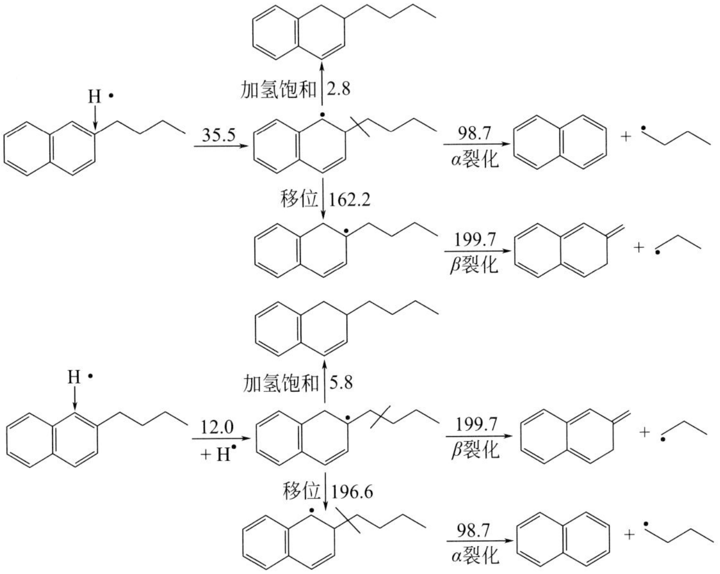

图 5-4 H 自由基进攻丁基萘芳环上不同位置 C 原子的反应路径（能垒单位：kJ/mol）

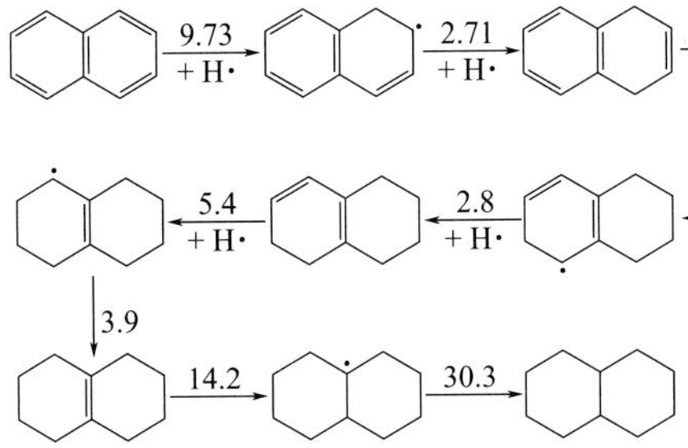

图 5-5 萘分子加氢饱和反应路径（能垒单位：kJ/mol）

二、非烃类化合物分子的反应性

石油中的非烃类化合物主要包括含硫、含氮、含氧化合物以及胶状、沥青状物质。从元素组成来说，石油中硫、氮、氧等杂元素的总量一般为 1% ~ 5%，但石油中硫、氮、氧主要不是以单质形态存在，而是以化合物的形态存在，见表 5-1。

因此，从化合物组成的角度看，非烃类化合物在石油中的含量是相当可观的，尤其是在石油重质馏分和减压渣油中，非烃类化合物的含量将更高。

表5-1　石油馏分中典型的杂原子化合物

杂原子类别	杂原子化合物
含硫化合物	硫醇类、硫醚类、环状硫醚类、噻吩类、苯并噻吩类、二苯并噻吩类、萘并噻吩类等
含氮化合物	碱性类：吡啶类、喹啉类、二氢吲哚类、苯并喹啉类、吖啶类等 非碱性类：吡咯类、吲哚类、咔唑类、苯并咔唑类等
含氧化合物	苯酚类、环烷酸类、醇类、醚类、羧酸类、酮类、呋喃类等
卟啉类	卟吩类、叶绿素类、初卟啉类、苯并卟啉类、钒八乙基卟啉类、钒四苯基卟啉类等

非烃类化合物对石油加工工艺以及石油产品的使用性能等都有很大影响。例如，催化剂中毒、环境污染，石油产品的贮存和使用等许多问题都与非烃类化合物密切相关。因此，认识和掌握石油非烃化合物的反应性极其重要。但鉴于其在石油特别是重油中存在形式与数量的极其复杂性，对非烃类化合物分子的反应性研究，采用纯化合物进行模拟研究显得十分必要和十分重要。

1.含氧化合物分子反应性

石油中的含氧化合物分为酸性和中性两大类，其中酸性含氧化合物统称为石油酸。石油酸在炼制过程中不仅容易对设备产生腐蚀，还会影响石油产品的质量和性能，而几乎80%以上的石油酸都是环烷酸，因此重点关注环烷酸分子的结构特征及其反应性能。

石油中的环烷酸主要为一元羧酸，有羧基直接与环烷环相连的，也有羧基和环烷环通过若干个亚甲基相连的，且后者含量较多[8]。以侧链含有9个碳原子的环烷酸（9-环己基壬酸）为模型化合物，研究环烷酸的分子结构及其反应性。

根据环烷酸的结构特点，从分子工程角度看新催化剂和新工艺开发的话，就是要寻找选择性的脱羧途径，即让与羧基直接相连的C—C键优先发生断裂，使羧基转化为CO_2气体，因为这不仅能够彻底解决酸腐蚀问题，同时又能充分利用石油酸中的C、H组分。

图5-6为9-环己基壬酸分子的HOMO轨道示意图。由图可知，9-环己基壬酸分子的HOMO轨道分布在O原子和与羧基相连的α、β、γ位C—C键上，其中羧基O原子上分布最集中，说明羧基O原子与亲电试剂反应的活性相对较高。

图5-7所示为9-环己基壬酸分子的电荷分布。从图中可以看出，形成α位C—C键的两个C原子中，一个带正电荷，一个带负电荷，使得羧基α位C—C键成为极性共价键，较难发生均裂。

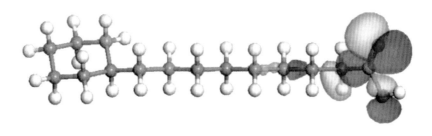

▶ 图5-6　9-环己基壬酸分子的HOMO轨道示意图

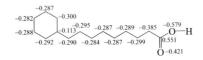

▶ 图5-7　9-环己基壬酸分子的电荷分布

因此，根据图5-6和图5-7可知，环烷酸分子中的羧基O原子较容易受到亲电试剂的进攻，通过引入能够接受羧基HOMO电子的催化剂，就能够加快其C—C键的异裂。催化裂化催化剂的酸性中心存在空轨道，具有接受电子的能力，可选择性地与羧基产生较强的相互作用，从而促使羧基选择性脱除。

以AlCl₃作为L酸模型，9-环己基壬酸分子在L酸作用下，羧基O原子优先与带有空轨道的Al原子作用发生吸附，吸附后的稳定构象如图5-8所示，吸附能为232.8kJ/mol。

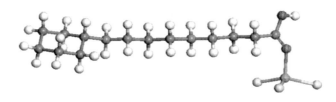

▶ 图5-8　9-环己基壬酸与L酸作用后的稳定构象

环烷酸分子在L酸上吸附后，计算羧基α位C—C键发生异裂直接脱羧的反应能垒，反应路径如图5-9（a）所示。在L酸作用下，9-环己基壬酸分子发生羧基α位C—C键断裂，实现脱羧的反应能垒为282.3kJ/mol。根据环烷酸结构特征可知，侧链C—C键中，羧基β位C—C键键能最低，也可能在L酸作用下发生异裂生成小分子的石油酸，进一步计算羧基β位C—C键发生异裂的能垒［如图5-9（b）

为 313.5kJ/mol，而除了羧基 α、β 位的其他 C—C 键发生异裂的能垒均要高于 313.5kJ/mol。因此，在酸催化下，羧基 α 位 C—C 键会优先发生异裂，实现高选择性脱羧。

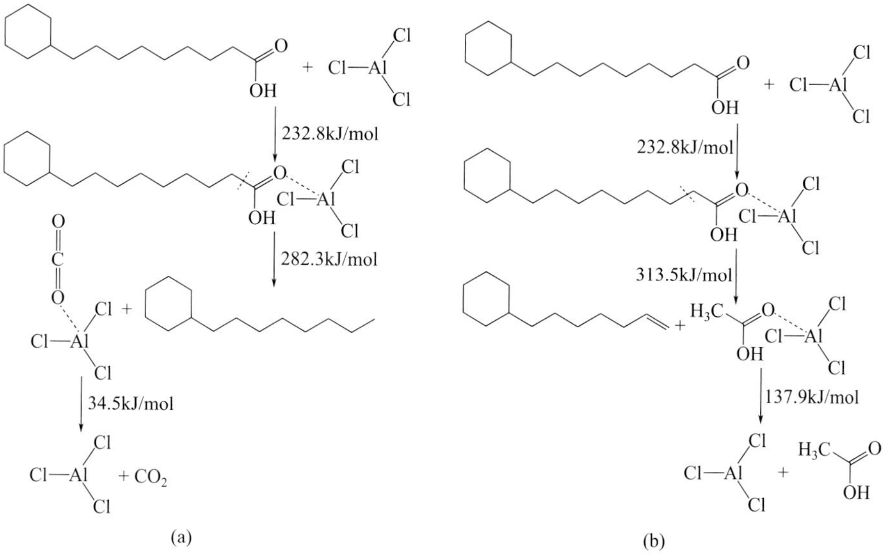

图 5-9 9-环己基壬酸与 L 酸作用的反应路径

根据上述研究，可以提出相应的含酸原油、高酸原油加工中的催化脱酸工艺和催化剂。

2. 含硫化合物分子反应性

硫以多种不同的形式存在于石油和石油产品中，如元素硫、硫化氢、硫醇、硫醚、二硫化物、噻吩类、亚砜、砜、硫酸酯等。轻质馏分（< 250℃）中含硫化合物的组成结构相对比较简单，一般可通过高分辨率的色谱柱进行分离，利用高选择性、高灵敏度的检测器直接进行分析测定。250℃ 以下轻质馏分中的含硫化合物主要有：烷基（及二烷基）、环烷基硫醇，单环、多环硫醚，烷基、环烷基噻吩，苯并二氢噻吩，噻吩并噻吩，噻吩硫醚，苯并噻吩等。重质馏分（> 250℃）中含硫化合物的分析则困难，这是因为：

① 重质馏分中含硫化合物主要是含硫多环芳烃，其结构和极性与多环芳烃类似，含量较高的多环芳烃会对含硫多环芳烃的分离和鉴定产生明显影响；

② 高沸点馏分中的含硫化合物对低沸点馏分中的含硫化合物来说要复杂得多；

③ 和多环芳烃相比，含硫多环芳烃的异构体相当多，如四环、五环的含硫多环

芳烃的异构体数量分别是 17 和 70，而相应的多环芳烃的异构体数量则是 5 和 12。

硫化物对炼油装置投资、工艺选择以及设备腐蚀、催化剂中毒、产品质量等有很大的影响。含硫化合物分子的反应性如何，对催化剂筛选、新工艺开发、炼油工艺优化、设备防腐等十分重要。

对含硫化合物分子反应性能的研究选择过很多模型化合物。例如，对于石油中代表性非噻吩类含硫化合物，可以选择丁硫醚、叔丁硫醚、乙苯硫醚、四氢噻吩等，然后研究它们在热作用下以及催化裂化、加氢条件下的反应性能。以四氢噻吩为例，在催化裂化条件下，四氢噻吩主要转化为硫化氢，以及少量的噻吩及其烷基化产物。如果催化活性较高（如新鲜剂），四氢噻吩可大部分（＞97%）或全部发生转化，见表 5-2。

表5-2　不同反应条件下四氢噻吩在新鲜剂上的催化裂化产物中的硫分布

| 反应条件 | | | 转化率/% | 硫分布/% | | | | |
溶剂	温度/℃	空速/h⁻¹		硫化氢中硫	噻吩硫	四氢噻吩硫	取代噻吩硫	催化剂上硫
苯	450	10	97.5	89.4	0.8	2.4	0.2	7.2
	475	10	100	91.4	2.1	0	1.4	5.1
	500	10	100	92.8	1.4	0	2.3	3.5
十六烷	450	10	98.0	83.3	4.7	2.0	3.1	6.9
	475	10	98.8	87.5	4.4	1.2	3.3	3.6
	500	10	99.1	91.1	3.6	0.9	4.1	0.3
四氢萘	450	10	92.0	92.0	0.4	1.6	0	5.9
	475	10	95.3	95.3	0.6	0.7	0	3.4
	500	10	98.8	98.8	0.7	0.4	0	0.1

四氢噻吩在催化裂化条件下主要发生两个互相竞争的平行反应，一是四氢噻吩开环生成硫化氢和烃类；二是一个连串反应，首先是四氢噻吩脱氢生成噻吩，部分生成的噻吩再发生烷基化反应，其中第一个反应为主要反应。

当催化剂活性低时（如平衡剂），四氢噻吩转化率明显下降，一般低于 70%，转化为硫化氢的比例为 50% 左右。同时，在反应产物中噻吩的含量明显升高，显示在只有弱酸中心的催化剂上，四氢噻吩开环生成硫化氢的程度下降，而脱氢生成噻吩的比例增加，如表 5-3 所示。这可能是由以下原因造成的：

①强酸性中心更有利于四氢噻吩的开环反应；

②由于催化剂上只有弱酸性中心，溶剂的供氢能力下降；

③平衡剂上的金属对四氢噻吩的脱氢具有促进作用。

另外，催化剂上没有检测出硫，表明含硫化合物的缩合反应主要在催化剂的强酸性中心上进行。

表5-3 四氢噻吩在平衡剂1上的催化裂化产物中的硫分布

反应条件			转化率/%	硫分布/%				
溶剂	温度/℃	空速/h^{-1}		硫化氢中硫	噻吩硫	四氢噻吩硫	取代噻吩硫	催化剂上硫
苯	475	10	62.2	33.1	27.6	37.8	1.6	0
十六烷	475	10	67.0	32.6	25.0	33.0	9.4	0
四氢萘	475	10	48.3	33.5	12.3	51.7	2.5	0

对于噻吩类化合物来说，由于其具有芳香结构，难以转化，因此在催化裂化过程中降低轻质催化产物中的硫含量关键在于提高噻吩类化合物的转化程度。噻吩类化合物的转化程度与其本身结构密切相关，同时原料的性质、催化剂活性以及反应条件等也影响噻吩类化合物的转化。表 5-4 所示为不同反应条件下噻吩催化裂化产物中的硫分布情况。据此提出噻吩的催化裂化反应机理。

表5-4 不同反应条件下噻吩催化裂化产物中的硫分布

反应条件				噻吩转化率/%	硫分布/%				
催化剂	溶剂	T/℃	空速/h^{-1}		噻吩硫	取代噻吩硫	四氢噻吩硫	硫化氢中硫	催化剂上硫
新鲜剂	苯	475	10	76.7	23.3	1.1	0.4	45.3	29.8
	十六烷	475	10	91.8	8.2	3.4	0.9	63.7	23.9
	四氢萘	475	10	96.3	3.7	0	6.2	85.2	4.9
平衡剂1	苯	475	10	1.9	98.1	0	0.1	1.8	0
	十六烷	475	10	43.4	56.6	11.8	12.0	19.6	0
	四氢萘	475	10	74.2	25.8	0	31.9	42.3	0
平衡剂2	苯	475	10	1.8	98.2	0	0	1.8	0
	十六烷	475	10	45.7	54.3	13.2	10.2	22.3	0
	四氢萘	475	10	70.6	29.4	0	32.1	38.5	0
中性氧化铝	苯	475	10	0	100	0	0	0	0
	十六烷	475	10	0.8	99.2	0	0.8	0	0
	四氢萘	475	10	1.6	98.4	0	1.6	0	0

对于噻吩类化合物在加氢条件下的反应性而言，因其硫原子参与芳香体系共轭效应，形成稳定的大 π 键体系，硫原子上电子云密度低，与催化剂相互作用而活化的程度低，从而增加了直接氢解的难度[9]。图 5-10 所示为噻吩分子在 Ni 催化剂上的脱硫反应路径。

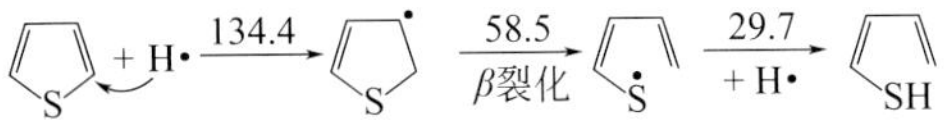

图 5-10　噻吩分子的脱硫反应路径（能垒单位：kJ/mol）

　　苯并噻吩、二苯并噻吩（包括 4,6- 二甲基二苯并噻吩，即 4,6-DMDBT）和萘苯并噻吩（即 BNT）在催化裂化、催化加氢条件下的反应性研究非常多。其中，BNT 是目前所研究的最重的有机硫化物。BNT 以及更复杂的含稠环的含硫化合物，不仅脱硫反应活性很低而且极难脱除，其反应机理也很难确定。图 5-11 所示为 BNT 的加氢脱硫反应路径。

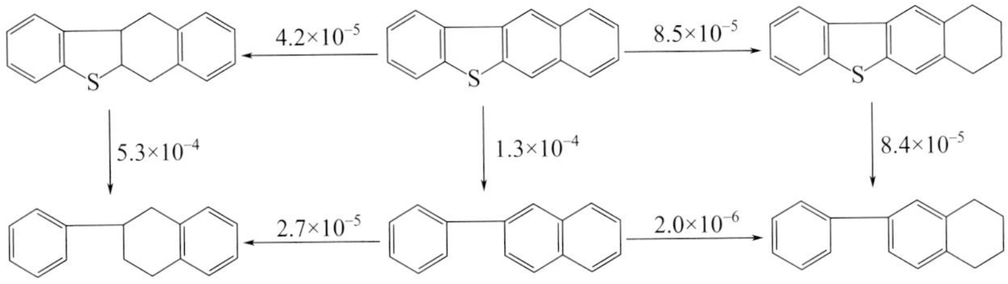

(a) 箭头边的数为300℃时伪一级速率常数，单位为L/(g·s)

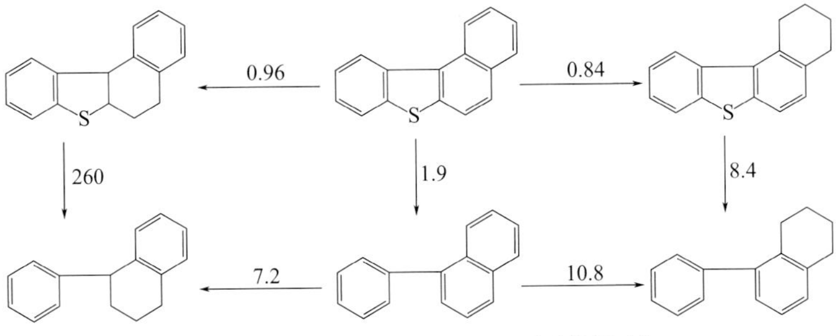

(b) 箭头边的数为250℃时伪一级速率常数的相对值

图 5-11　萘苯并噻吩（BNT）的加氢脱硫反应路径

　　从图中可以看出，含硫化合物加氢的速率和氢解速率基本相当。对苯并 [b] 萘并 [2,3-d] 噻吩来说，有一个饱和环直接与硫原子相邻的硫化物的氢解速率是苯并 [b] 萘并 [2,3-d] 噻吩氢解速率的 4 倍，但对苯并 [b] 萘并 [1,a-d] 噻吩来说，两者速率的差别在两个数量级以上，这种差别的原因尚难以确定，有可能与两者之间不同的反应条件有关。

3. 含氮化合物分子反应性

　　石油中的含氮化合物按其酸碱性通常分为两大类：碱（性）氮（化合物）和非

碱（性）氮（化合物）。Richter 等 [10] 最早提出采用高氯酸非水滴定的方法可以把石油及其产品中的含氮化合物分为碱氮化合物和非碱氮化合物两类。碱氮化合物是指样品在冰醋酸 - 苯溶液中能够被高氯酸 - 冰醋酸滴定的那部分含氮化合物，而不能被高氯酸 - 冰醋酸滴定的那部分含氮化合物则是非碱氮化合物。以碱氮化合物形式存在的氮的含量称为碱氮含量，而以非碱氮化合物形式存在的氮的含量称为非碱氮含量。Richter 采用该方法对一些原油、馏分油和渣油进行了测定，发现碱氮含量与总氮含量的比值都在 0.30 ± 0.05 范围内。

目前已检测到的石油中的含氮化合物，不论碱氮和非碱氮化合物，一般氮原子均处于环结构中，为氮杂环化合物，脂肪族含氮化合物在石油中较少发现。石油及其馏分中的碱氮化合物主要有吡啶类、喹啉类、异喹啉类和吖啶类，在石油加工产品中还发现存在苯胺类。随着馏分沸点的升高，其碱氮化合物的环数也相应增多。石油及其馏分中的弱碱氮和非碱氮化合物主要有吡咯类、吲哚类和咔唑类。随着馏分沸点的升高，非碱氮含量增加，非碱氮化合物更集中在石油较重的馏分以及渣油中。石油中的非碱氮化合物（如吡咯、吲哚等衍生物）性质不稳定，易被氧化和聚合，这是导致石油二次加工油品颜色变深和产生沉淀的主要原因之一。

从海洋石油和非海洋石油中鉴定了含氮和碱性氮化物 [11]，其中表 5-5 为鉴定出的碱性氮化物情况。

表5-5 原油中鉴定出的碱性氮化物

样品	分子式	碳数（n）分布	母体分子		相对丰度/%
			分子式	可能的结构	
Yabase 海洋石油	$C_nH_{2n-11}N$	15～17	C_9H_7N	氮杂萘	2.9
	$C_nH_{2n-15}N$	17～19	$C_{12}H_9N$	氮杂芴	18.5
	$C_nH_{2n-17}N$	14～20	$C_{13}H_9N$	氮杂菲	58.1
	$C_nH_{2n-19}N$	16～19	$C_{15}H_{11}N$	氮杂菲嵌戊烷	10.3
	$C_nH_{2n-21}N$	17～20	$C_{15}H_9N$	氮杂芘	3.8
	$C_nH_{2n-23}N$	17～21	$C_{17}H_{11}N$	氮杂䓛	8.9
	$C_nH_{2n-27}N$	20～22	$C_{19}H_{11}N$	氮杂苯并芘	1.5
	$C_nH_{2n-15}NS$	13～14	$C_{11}H_7NS$	氮杂二苯并噻吩	2.0
Talang Jimar 非海洋石油	$C_nH_{2n-11}N$	14～17	C_9H_7N	氮杂萘	11.4
	$C_nH_{2n-15}N$	14～19	$C_{12}H_9N$	氮杂芴	25.2
	$C_nH_{2n-17}N$	14～18	$C_{13}H_9N$	氮杂菲	37.5
	$C_nH_{2n-19}N$	16～19	$C_{15}H_{11}N$	氮杂菲嵌戊烷	13.8
	$C_nH_{2n-21}N$	17～19	$C_{15}H_9N$	氮杂芘	6.6
	$C_nH_{2n-23}N$	18～20	$C_{17}H_{11}N$	氮杂䓛	检测限以下
	$C_nH_{2n-15}NS$	12～13	$C_{11}H_7NS$	氮杂二苯并噻吩	4.5

原油中的非碱氮化合物主要是氮杂芳环化合物，在二次加工的石油产品中也存在一些酰胺类。减压馏分油中的非碱氮化合物组成比较复杂，主要是三或四个以上的芳环缩合而成的含氮化合物，而且馏分越重，非碱氮化合物的环数越多。非碱氮化合物的模型化合物如吡咯、吲哚、苯胺、咔唑等，研究其在热、催化裂化、加氢条件下的反应性。其中，咔唑甲苯溶液的催化裂化反应行为见表5-6。由表可见，咔唑甲苯溶液催化裂化液体产物中含氮化合物主要是咔唑类，占总氮80%以上，苯胺氮、吲哚氮含量较少，只有百分之几。

表5-6　咔唑甲苯溶液催化裂化反应行为

催化裂化实验条件			氮平衡 /%			液体产物氮分布 /%			
反应温度 /℃	剂油比[①]	空速 /h⁻¹	氨氮	催化剂氮	液体产物氮	苯胺氮	吲哚氮	咔唑氮	烷基咔唑氮
460	3.2	8	3.47	64.94	31.59	—	2.26	63.05	34.69
480	3.2	8	4.01	61.49	34.50	—	9.17	59.62	31.21
500	3.2	8	4.04	38.84	57.12	3.10	6.23	53.29	37.38
520	3.2	8	5.03	30.12	64.85	—	3.21	64.45	32.34
500	3.2	1	4.61	57.41	37.98	7.04	6.53	44.32	42.11
500	3.2	4	4.13	54.59	41.28	5.26	5.17	49.36	40.21
500	3.2	8	4.04	38.84	57.12	3.10	4.23	55.29	37.38
500	3.2	16	3.80	38.09	58.11	—	2.25	65.25	32.50
500	3.2	32	3.33	32.50	64.17	—	—	67.95	32.05
500	4.8	8	5.06	47.32	47.60	—	2.91	64.92	32.17
500	6.4	8	8.79	50.95	40.26	—	—	72.40	27.60

① 剂油比是指催化剂与油的质量比。

为此，推测咔唑可能的催化裂化反应路径如图5-12所示。

① 咔唑吸附于催化剂表面，或缩合生焦；

② 咔唑烷基化；

③ 咔唑加氢生成四氢咔唑，四氢咔唑裂化生成吲哚，或进一步加氢为六氢咔唑；

④ 吲哚或六氢咔唑进一步裂化转化为氨。

减压馏分油中的碱氮化合物组成较复杂，主要是三或四个以上芳环缩合的含氮化合物，而且馏分越重，碱氮化合物环数越多。如果直接采用减压馏分油进行催化裂化反应，由于减压馏分油中含有大量的非碱氮化合物，很难研究碱氮化合物的催化裂化转化行为。因此，选用模型化合物是很合适的。碱氮化合物的模型化合物主要包括喹啉、吖啶等，其中，喹啉的催化裂化转化过程，溶剂的供氢能力对其转化有较大的影响。表 5-7 所示为溶剂对喹啉转化的影响情况。由表可见，溶剂供氢越强，氨氮率（即转化率）越高。由此推测，喹啉氮杂环的加氢饱和可能是喹啉裂化开环的前提条件。

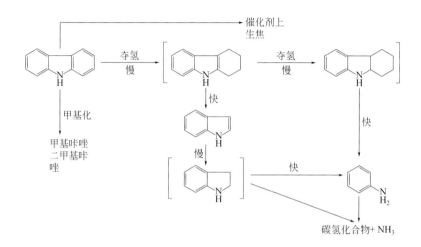

▶ 图 5-12　咔唑催化裂化反应路径示意图

表5-7　溶剂供氢能力与喹啉氨氮率的关系

催化裂化原料	HTC	氨氮率 /%	
		500℃	520℃
喹啉甲苯溶液	0.43	0	0
喹啉十六烷溶液	0.90	0	0.35
喹啉四氢萘溶液	2.17	1.11	3.24

注：溶剂供氢能力测定条件为：纯溶剂，温度500℃，剂油比 3.2，空速 8h^{-1}；HTC $= (C_3^0 + C_4^0) / (C_3^- + C_4^-)$。

据此，推测喹啉催化裂化可能的反应路径，如图 5-13 所示：

① 喹啉吸附于催化剂表面，或缩合生焦；

② 喹啉加氢生成 5,6,7,8- 四氢喹啉，5,6,7,8- 四氢喹啉进一步裂化转化为吡啶类；

③ 喹啉烷基化；

④ 喹啉加氢生成 1,2,3,4- 四氢喹啉，1,2,3,4- 四氢喹啉 C（sp^2）—N 键断裂生成氨，C（sp^3）—N 键断裂生成苯胺，苯胺进一步裂化转化为氨。

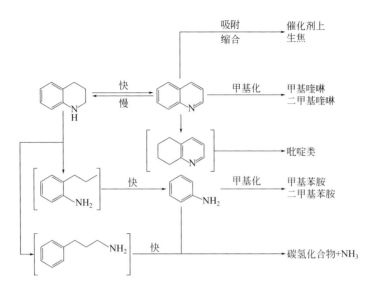

◉ 图5-13 喹啉催化裂化反应路径示意图

第二节	**石油混合物分子的反应性**

纯化合物分子的反应性结果对于认识石油及其馏分的分子反应性有很大的帮助，但如果能够直接获得石油及其馏分分子的反应性，寻找出反应规律，对于制定合理的加工流程、优化加工工艺条件以及开发新催化剂、新工艺，实现原油资源价值最大化十分重要。本小节再介绍石油实际原料的分子组成对反应性能的影响。

一、石脑油馏分分子组成及其对加工性能的影响

石脑油馏分通常是指原油常压蒸馏时的终馏点温度小于180℃的馏分，其中，轻石脑油通常用来调和汽油以及作为乙烯裂解的原料，而重石脑油通常作为催化重整的原料，生产高辛烷值汽油组分或作为芳烃（苯、甲苯、二甲苯即BTX）装置原料。

1.轻石脑油组成对乙烯裂解性能的影响

对于乙烯裂解企业来说，原料成本一般占其总成本的70%～75%以上。乙烯原料包括乙烷以及富含乙烯的轻烃、液化气、重整的拔头油以及重整芳烃抽余油、

石脑油、柴油、加氢裂化尾油等多种。根据理论研究与工业实践结果，轻石脑油组成对乙烯裂解性能即"三烯"（C_2、C_3和C_4烯烃）、"三苯"（苯、甲苯和二甲苯）收率的影响[12]见表5-8和表5-9。

表5-8　轻石脑油组成与"三烯"收率的关系

烷烃质量分数/%	55	65	75	55	65	75	55	65	75
相对密度	0.68								
BMCI	7	7	7	10	10	10	13	13	13
裂解温度：837℃	42.77	43.8	45.81	41.12	42.79	43.89	39.06	41.50	42.73
843℃	44.83	46.56	48.21	42.37	44.29	45.87	40.41	42.40	44.46
855℃	44.56	46.23	47.45	42.88	44.75	46.47	40.79	43.62	45.35
平均值	44.05	45.53	47.16	42.12	43.94	45.41	40.09	42.50	44.18
相对密度	0.71								
裂解温度：822℃	47.83	49.33	51.05	45.88	47.65	48.62	43.34	45.50	47.01
833℃	48.21	49.37	51.15	47.46	47.98	49.90	43.34	45.49	47.45
850℃	47.61	49.03	50.08	46.81	47.86	49.79	43.24	45.79	47.14
平均值	47.88	49.24	51.00	46.72	47.83	49.44	43.31	45.59	47.20
相对密度	0.73								
裂解温度：815℃	49.35	50.86	52.36	48.92	50.46	51.69	46.60	49.36	50.71
825℃	49.18	51.06	53.15	48.68	50.63	52.53	46.45	48.99	50.42
840℃	48.57	50.44	51.96	47.90	49.82	51.56	46.85	48.42	49.88
平均值	49.03	50.79	52.49	48.50	50.30	51.93	46.63	48.92	50.34

表5-9　轻石脑油组成与"三苯"收率的关系

烷烃质量分数/%	55	65	75	55	65	75	55	65	75
相对密度	0.68								
BMCI	7	7	7	10	10	10	13	13	13
裂解温度：837℃	10.78	10.47	10.14	11.26	11.26	11.26	12.67	12.38	12.09
843℃	10.51	10.41	10.21	11.42	11.22	10.95	12.06	11.87	11.61
855℃	10.82	10.61	10.44	11.64	11.32	11.15	11.97	12.02	12.13
相对密度	0.71								
裂解温度：822℃	10.30	10.01	9.72	11.01	10.73	10.44	11.73	11.44	11.15
833℃	10.49	10.34	10.27	11.22	11.01	10.88	12.11	11.97	11.83
850℃	11.25	11.08	10.90	11.97	11.79	11.62	12.68	12.51	12.33
相对密度	0.73								

続表

烷烃质量分数 /%	55	65	75	55	65	75	55	65	75
裂解温度: 815℃	9.09	8.81	8.52	9.84	9.55	9.26	10.58	10.29	10.00
825℃	10.06	9.77	9.48	10.35	10.51	10.67	10.63	11.05	10.63
840℃	10.70	10.41	10.12	11.30	10.96	10.65	11.83	11.50	11.18

2.重石脑油组成对催化重整性能的影响

催化重整技术既是炼厂清洁汽油的最重要手段，也是联结炼油与石化工业乙烯和芳烃产业的最重要桥梁。催化重整的原料既可以是常、减压装置的直馏石脑油，也可以是二次加工装置如焦化、催化裂化以及催化裂解和乙烯裂解的裂解汽油。由于组成不同，发生的反应和生成的产物分布也会很不同。

重整原料的组成与产品的收率和重整操作条件等密切相关。例如，原料中各类环烷烃的转化率如表5-10所示。

表5-10 各类环烷烃的转化率

环烷烃	C$_5$环烷烃	C$_6$环烷烃	C$_7$环烷烃	C$_8$环烷烃	C$_9$环烷烃
转化率 /%	0	93.16	98.09	98.70	99.63

因此，对于芳烃生产来说，良好的重整原料不仅要求环烷烃含量高，而且其中的甲基环戊烷含量不要太高。环烷烃高的原料不仅在重整时可以得到较高的芳烃产率，而且可以采用较大的空速，减少催化剂的积炭，运转周期也较长。

在催化重整条件下，主要发生的反应包括：环烷烃和链烷烃的转化反应，包括六元环烷烃的脱氢、五元环烷烃异构、链烷烃脱氢环化等有利于生成芳烃的反应，也包括饱和烃氢解和加氢裂化等生成轻烃产物的副反应；芳烃发生脱烷基和烷基转移反应以及缩合生焦反应。各烃类发生催化重整反应的热力学和动力学比较[13]见表5-11。

表5-11 各烃类发生催化重整反应的热力学和动力学比较

反应	反应速率	热效应	是否达到热力学平衡	热力学		动力学		H$_2$
				压力	温度	压力	温度	
六元环烷烃脱氢	很快	强吸热	是	−	+	−	+	产氢
五元环烷烃脱氢异构	快	强吸热	是	−	+	−	+	产氢
烷烃异构化	快	轻度放热	是	无	--	+	+	不产氢
烷烃脱氢环化	慢	强吸热	否	−	+	−	+	产氢
加氢裂化、氢解	很慢	放热	否	无	++	++	++	耗氢

注："+"表示压力或温度增加时平衡转化率或反应速率增加；"++"表示增加很多；"-"表示减少。

催化重整条件下烷烃脱氢反应的机理[14, 15]见图 5-14。图中，沿横坐标方向进行的是在酸性中心上发生的反应，而沿纵坐标方向进行的是在金属中心发生的反应。

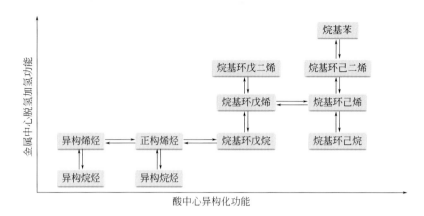

● 图 5-14　烃类重整反应机理示意图

3.催化汽油质量升级技术

就汽油而言，中国正在加快推进国Ⅵ汽油的进程。表 5-12 所示为国Ⅴ、国Ⅵ汽油标准主要参数对比。从表中看出，面向更加清洁的国Ⅵ汽油生产，在降低汽油硫含量、烯烃含量的同时，还需要降低苯含量，并最大限度减少辛烷值损失，即，要解决好汽油改质过程烯烃、芳烃下降与辛烷值保持或提升之间的矛盾。

表5-12　国Ⅴ与国Ⅵ（征求意见稿）汽油标准主要参数对比

指标	国Ⅴ	国Ⅵ A	国Ⅵ B	欧Ⅵ
硫 /（μg/g）	10	10	10	10
烯烃（体积分数）/%	24	18	15	18
芳烃（体积分数）/%	40	35	35	35
苯（体积分数）/%	1	0.8	0.8	1
$T50/℃$	120	110	110	46 ～ 71（E100）
辛烷值	89/92/95	89/92/95	89/92/95	
氧（质量分数）/%	≤ 2.7	≤ 2.7	≤ 2.7	≤ 2.7

从分子工程角度来看催化汽油质量升级的技术开发策略，见本书第六章应用部分。

二、柴油馏分分子组成及其对加工性能的影响

通常将沸点范围为 180 ～ 350℃ 的石油馏分称为柴油馏分。柴油馏分的分子组

成与其使用性能密切相关。表 5-13 所示是几种典型工艺所产柴油馏分的主要性质，而表 5-14 所示为某柴油馏分中芳烃按照芳环和碳数分布的数据。

表5-13　几种典型工艺柴油馏分主要性质

项目	原油蒸馏	延迟焦化	催化裂化	加氢裂化
密度（20℃）/（g/cm³）	0.82～0.86	0.84～0.87	0.87～0.95	0.82～0.86
硫质量分数 /%	0.06～1.5	0.2～3.0	0.1～2.0	＜10μg/g
碳数	40～56	36～46	15～35	50～65
总芳烃质量分数 /%	15～30	30～50	45～90	1～20
多环芳烃质量分数 /%	5～15	15～25	30～65	0.5～5

表5-14　某柴油馏分中芳烃按照芳环和碳数分布的数据

沸点范围 /℃	单环芳烃		双环芳烃		三环芳烃		总芳烃质量分数 /%
	碳数	质量分数 /%	碳数	质量分数 /%	碳数	质量分数 /%	
＜220	9～12	44.1	10	19.4	—	—	63.5
220～240	11～13	29.7	11	31.3			61.0
240～280	12～16	23.0	11～16	39.4	14～18	2.5	64.9
280～300	15～18	15.5	13～18	41.8	16～18	5.0	62.3
300～320	16～20	10.4	14～19	39.3	15～18	9.6	59.3
＞320	17～22	6.7	15～21	13.0	16～18	20.3	40.0

由表 5-14 可见，催化裂化轻循环油（简称催化柴油或 LCO）质量升级的加工难点在于其密度大、芳烃含量高（45%～90%）、十六烷值低（＜30），单纯依靠加氢工艺很难达到国 V、国Ⅵ标准[16]。

通过将柴油分子信息与宏观物性、反应性相关联，即利用石油分子信息、石油分子工程提升柴油的质量和产品价值，这部分内容请参见本书第六章。

三、减压蜡油馏分分子组成及其对加工性能的影响

减压蜡油馏分通常是指常压沸程为 350～500℃的石油馏分，由于不同原油的分子组成各不相同，因此不同来源的减压蜡油其分子组成差异较大。减压蜡油的燃料加工方式主要是催化裂化、加氢裂化，以下分别简要介绍。

1.减压蜡油分子组成及其对催化裂化性能的影响

有大量的文献（特别是很多学位论文）涉及各种单体烃、杂原子化合物的催化裂化行为，也因此获得了链烷烃、环烷烃、烯烃、芳烃的催化裂化反应机理，同时也指导了减压蜡油不同组成混合物催化裂化反应性的认识。但是，各种纯烃类的催

化裂化转化规律研究所用模型化合物（烃指纹化合物）大多属于柴油甚至是汽油馏分段范围内的烃类，而催化裂化原料的蜡油馏分段的烃类的结构组成远比这些模型化合物复杂；另外，模型化合物的催化裂化规律只能反映个别化合物本身的转化规律，没有考虑不同烃类之间的相互影响，不能准确反映烃类在重质原料这一复杂混合体系中的转化规律。

尽管如此，单体烃的催化裂化行为对于预测减压蜡油馏分中各个分子对催化裂化产品收率和性质的影响还是很有用的。至于烃类分子在催化裂化条件下相互之间的作用问题，例如分子量较大的芳烃会优先吸附在催化剂的活性中心上从而阻止其他分子的吸附，影响其他分子的正常反应，可以通过研究不同单体烃在同一个催化裂化条件下发生催化裂化反应的行为（即对产物分布和性质的影响），以便更好地关联减压蜡油馏分的分子组成与催化裂化反应性。

原料中不同化合物分子在物化性质、化学结构和组成上的区别，导致不同类型化合物分子的催化裂化性能差异较大[17-19]。根据研究结果，不同烃族组分的催化裂化转化率与其基本性质和烃类组成密切相关，通过分离过程将不同的烃族富集后单独加工，可以在一定程度上增强原料的催化转化能力并改善其产品分布，有利于提高加工过程的灵活性，或有针对性地提高某一产物的选择性。VGO中富含多环芳烃和胶质的组分，如果经过单独的加氢处理，则从其原料加氢前后的催化裂化性能可以发现，经过加氢处理后可以显著改善原料的催化裂化性能。据此，从石油分子工程、反应强化理念出发，基于重油分离、加氢处理和催化裂化实验结果，可以提出多套组合加工工艺以解决传统催化裂化工艺中不同烃类相互影响的问题，提高了重油的利用率。当然，如何提高效率或开发新的催化剂，也可以按照不同烃类的催化裂化行为来定制。

催化裂化原料中杂原子化合物的催化裂化反应性研究中，硫化物（主要是噻吩类硫化物）的研究最多。一般来说，在催化裂化过程中，约有45%～55%的硫转化成硫化氢，35%～45%的硫进入液体产品，只有5%～15%的硫进入焦炭；如果催化原料是加过氢的，则其重油和焦炭中的硫比例提高，这主要是二次油品中难裂化的噻吩类化合物含量增加的原因[20, 21]。

硫化物的结构特点也会影响其转化的难度和方向。在催化裂化过程中，活性硫化物如硫醇、硫醚、二硫化物很容易分解成硫化氢被脱除，而噻吩类硫化物具有稳定的芳环结构，很难发生裂化脱硫。取代基对噻吩的转化和反应选择性有着重要的影响。带有侧链的噻吩类和苯并噻吩类化合物转化活性较高，并且侧链碳数越多，侧链环化反应越容易进行，烷基噻吩的转化率也会明显提高，这主要是因为长侧链的噻吩容易形成碳正离子；带有长侧链的噻吩主要发生侧链裂化和环化反应，短侧链的噻吩主要发生异构化和脱烷基反应，此外，侧链的数目增加可以提高噻吩类的转化率，但对反应类型的影响较小。

原油中的氮含量比硫约低一个数量级，大约为0.05%～0.5%，氮在原油中的分布一般也随着馏程的增大而增加，如减压蜡油含氮量约占原油中总氮量的25%～30%，而约有70%～75%的氮存在于减压渣油中[22]。随着催化裂化加工原料的不断重质化、劣质化，渣油以不同比例掺入FCC原料中去，FCC原料中的含氮量也显著增加。

含氮化合物的催化裂化研究大多是用纯化合物为模型进行研究的，这在前面已经有过介绍，而研究氮化合物在FCC过程中与烃类的相互作用也具有较为实际的指导意义。

不同的氮化合物对烃类在FCC过程中的转化会产生不同的影响。一般认为，由于含氮化合物特别是碱性氮化合物其酸碱性比FCC原料中其他烃类的酸碱性更强，故氮化合物在FCC过程可通过两种途径与酸性催化剂相互作用，即接受B酸中心释放的氢质子和提供一个未成对电子给L酸中心[23]，减少催化剂活性表面上的酸中心数量，降低其他烃类与催化剂表面活性位接触的可能性。

催化原料中的含氮化合物大多以多环芳烃的形式存在，故氮化合物一般具有芳香性，且与催化原料中烷烃、烯烃、环烷烃以及低碳数芳烃相比，在催化剂表面活性中心具有较强的吸附能力[24]。

催化裂化过程中的氮化合物对催化剂有不同的作用机理。按照氮化物的诱导机理，一个氮化合物分子通过诱导效应可以使不止一个活性中心失活且每个氮化合物使不同活性中心失活的数目取决于该氮化合物分子的质子亲和力。当氮化合物吸附在催化剂表面活性中心时，与其直接作用的质子的正电荷量显著降低，碱性氮化合物其余的部分电子密度会转移到活性表面其他活性中心上，降低其他酸中心强度使之不能有效引发催化裂化反应。

所以，氮化合物特别是碱性氮化物在催化裂化过程中对烃类转化的影响是较大的，可以归结为氮化物对催化裂化催化剂的作用过程，从而影响烃类在FCC中的转化，如：

① 氮化合物由于具有较强的碱性，可与催化剂活性中心直接作用降低催化剂有效酸中心数量，烃类分子接触活性中心的可能性降低，副反应增加；

② 氮化合物一般具有芳香性，根据竞争吸附机理，其一般会优先吸附在催化剂表面中心并且不易脱附，呈强吸附态的氮化合物会发生缩合生焦反应，堵塞催化剂微孔孔道，对催化原料中的烃类形成屏蔽效应，进一步降低催化剂活性；

③ 氮化合物特别是碱性氮化合物的诱导效应可能会使不止一个活性中心失活，导致不能有效引发其他烃类化合物的催化裂化反应。

胶质和沥青质是原油中结构最为复杂、平均分子量最大、杂原子含量最多的非烃化合物，胶质绝大部分存在于减压渣油中，沥青质几乎全部存在于减压渣油中。减压渣油以不同比例掺入FCC原料中，受其结构和性质的影响，胶质和沥青质的存在势必会影响原料中其他烃类化合物的转化。

胶质具有一定的裂化能力，但由于其不能有效地接触催化剂中心和具有稳定的芳核结构的特点，胶质会发生明显的缩合反应，因此它对焦炭产率的贡献最明显 [25]。

胶质和沥青质在催化裂化过程中对烃类的转化产生重要影响，具体表现在：

① 由于较大的平均分子直径和较为稳定的芳环结构，胶质和沥青质在催化裂化过程中生焦倾向明显，对其他烃类进入分子筛孔道产生屏蔽效应；

② 胶质和沥青质由于较低的蒸气压和较差的雾化能力，其在反应器中多以液相形式存在并呈现强吸附，扩散速度远低于气相存在的其他烃类，影响其他烃类分子在孔道内的扩散；

③ 胶质和沥青质中的杂原子如金属原子同样对催化裂化过程中的烃类转化产生影响。

催化原料中的金属杂原子包括镍、钒、钠、钙、铁、铜等，其中镍和钒对催化裂化过程影响最为显著，所以研究的文献也就特别多。镍和钒存在时对烃类催化裂化的影响包括：

① 镍和钒具有脱氢性能，能使原料中的烃类发生脱氢反应生成相应的烯烃和芳烃；

② 钒对分子筛骨架具有破坏作用，能减少催化剂的比表面并降低活性；

③ 原料中的镍和钒存在于大分子化合物中，会促进生焦，并对其他烃类接触催化剂酸性中心产生屏蔽效应。

其他金属的影响就不一一介绍了。

2.减压蜡油分子组成及其对加氢裂化性能的影响

由于无法将蜡油中的单体烃一一加以分析鉴别，也没有办法分离出来，所以对加氢裂化反应机理的研究也只好采用模型化合物。田松柏等 [26] 综述了利用典型模型化合物，探讨不同烃类化合物加氢裂化反应规律的研究进展。

从反应化学的角度来说，加氢裂化反应的基本机理是碳正离子机理，遵循 β 断裂法则。按照烃族类型进行归类，链烷烃、环烷烃及芳烃的反应是加氢裂化过程中最主要的反应，其化学反应类型可大致归纳为以下几种类型，详细的内容参见相关文献 [27-30]。

① 链烷烃发生 C—C 键的断裂和异构化反应；

② 环烷烃发生开环、异构化或脱烷基侧链反应；

③ 烯烃的加氢饱和反应；

④ 芳烃发生加氢饱和或侧链断裂、脱除反应；

⑤ 非烃类化合物加氢脱除杂原子（硫、氮、氧及金属等），生成烃类化合物。

采用实际的重油原料进行加氢裂化时，反应过程会受到多种因素的影响和制约，直接对每种化合物的反应规律进行深入分析存在很大困难。所以，如果不用模型化合物则大多采取通过分析反应后产物收率、烃族组成变化并结合反应动力学假设，来探讨加氢裂化过程中烃类的转化规律 [31, 32]。如，对比反应前后烃类的变化，通常单环环烷烃较多发生断侧链反应；多环芳烃虽然是原料中难发生裂化的部分，但在精制段时会较多发生加氢饱和反应，进入裂化段后则容易发生开环反应。所以，在对 VGO 的加氢裂化行为进行研究时，应该尽可能将原料和产物中的烃类组成分析细化，即分子信息要越多越好。

在任何以化学反应为基础的工艺过程中，反应条件是影响反应历程、反应方向及反应速率的重要因素。条件的改变会对烃类的不同反应产生一定的促进和抑制作用[33]。如，对于强放热的加氢饱和反应来说，提高温度使反应平衡向不利于加氢反应的方向移动，在一定程度上抑制了加氢反应，促进了裂化反应。而反应压力越高对加氢裂化过程中的化学反应越有利。其主要原因是加氢裂化过程是一个体积缩小的反应，所以压力的提高对反应具有促进作用。若增加氢分压，会提高加氢裂化过程中的脱氮、脱硫及芳烃饱和的反应速率，同时还可以减少叠合和缩合反应的发生。

VGO 中硫化物占原油中硫化物的份额一般为 20% ~ 40% 左右，硫含量范围大致为 0.6% ~ 3.3%，其硫化物的类型主要是硫醇、硫醚、噻吩类化合物、多硫化合物和亚砜类化合物，它们的种类和含量随馏分沸点的增加而增加[34]。

蜡油催化加氢脱硫反应的实质是在高氢分压和高温条件下把有机硫化物转化为硫化氢和烃类。加氢脱硫的反应性能包括脱硫深度、活性和选择性，受所用催化剂的性质（活性物质的浓度、载体的性质、合成路线）、反应条件（硫化方案、温度、H_2 和 H_2S 的分压）、进料中硫化物性质和含量以及反应器和工艺设计等因素影响[35-37]，其中，表 5-15 和表 5-16 所示分别为二苯噻吩/二苯并噻吩（BTs/DBTs）加氢脱硫的相对反应活性比较和蜡油中主要含硫化合物的相对反应活性。

表5-15 BTs/DBTs加氢脱硫的相对反应活性

硫化物	相对反应活性
二苯并噻吩	1.00
1-甲基二苯并噻吩	0.52
2-甲基二苯并噻吩	1.47
4-甲基二苯并噻吩	0.30
所有二苯并噻吩	0.37
所有苯并噻吩	4.00

表5-16 蜡油中主要含硫化合物的相对反应活性（按照母体结构分类）

硫化物类型	二苯并噻吩	菲苯并噻吩	萘苯并噻吩
相对活性范围	0.09 ~ 1.14	0.27 ~ 0.70	0.41 ~ 1.02

蜡油中硫化物的加氢脱硫反应一方面由自身性质决定，另一方面也受蜡油分子组成的影响，如原料中多环芳烃和其他杂原子的影响[38]；由于三环以上芳香化合物更易吸附在加氢催化剂的表面上，因此会与硫化物竞争催化剂的活性中心而严重影响脱硫效果，特别是对 4,6-DMDBT 比对 DBT 的抑制作用更强、更显著。

含氮化合物由于对催化剂表面的活性中心有很强的吸附作用因而对加氢脱硫也有很强的吸附作用。如，即使原料中喹啉或咔唑的含量只有5μg/g，这些含氮化合物对加氢脱硫的抑制作用也非常强[39]。含氮化合物的加氢裂化反应性研究很多[40]，通常含氮化合物的脱氮活性从高到低依次为：吲哚＞甲基苯胺＞单甲基吲哚＞喹啉＞咔唑＞甲基咔唑。

蜡油加氢后，其中的含氮化合物将近一半最终转化为氨，混杂于气体，或溶于污水，其余的大部分氮分配到柴油产品中。由于催化剂和氢气的作用，加氢过程中含氮化合物的缩合与裂化作用都得到了抑制，但对缩合生焦反应的抑制作用更强，即更有利于裂化作用，生成相应的裂化产物。加氢裂化过程有助于柴油中含氮化合物向汽油馏分转移，且温度升高，有利于非碱性含氮化合物加氢裂化为碱性含氮化合物，非碱性含氮杂环化合物加氢后饱和，变为碱性含氮化合物。如吡咯加氢后转化为二氢吡咯和吡咯烷；吲哚加氢后生成二氢吲哚；咔唑加氢转化为四氢咔唑。

加氢裂化过程中，碱性含氮化合物吸附于催化剂上，抑制其活性，含氮化合物本身缩合生焦，非碱性含氮化合物的裂化比碱性含氮化合物更容易些，氮以杂环芳香系的结构形式存在，经加氢裂化后，裂解为较小的芳香结构分子，没能裂解的氮会大量富集并以沥青质形式残留在重油中。

四、减压渣油馏分分子组成及其对加工性能的影响

渣油是指原油经过非破坏性蒸馏除去挥发性物质后得到的残余物，是一种黑色黏稠的物质，通常经过原油的常压或减压蒸馏而获得。通过常压蒸馏和减压蒸馏所得的渣油被分别称为常压渣油（常压沸点＞350℃）和减压渣油（常压沸点＞540℃）。渣油的加工通常采用渣油加氢、延迟焦化等方法，本节主要介绍加氢反应，涉及的化学反应主要包括加氢脱氮反应、加氢脱硫反应、加氢脱金属反应和加氢脱残炭反应和加氢裂化反应。

1. 渣油加氢脱氮、脱硫和脱金属反应

石油中的氮大部分集中在高沸点组分中，而且其中的绝大部分集中在杂环芳香结构中。根据含氮化合物碱性的强弱，将其分成碱性氮化物（吡啶类）和非碱性氮化物（吡咯类）。沥青质中吡啶类氮占37%，吡咯类氮占63%，渣油中不存在胺类氮化物[41]。石油中碱性氮化物主要是嘧啶、喹啉、吖啶以及它们的衍生物。

杂环芳香化合物中，C—N键的直接断裂是不可能实现的，加氢反应是加氢脱氮的主要反应路径。当芳香环被加氢形成脂肪C—N单键时，C—N键才会断裂[42]。烷基胺类含氮化合物的脱除规律如下：只有与季碳原子相连的氮是通过消去反应脱除的，其他烷基胺的氮原子都是通过与H_2S的亲和取代反应脱除。

渣油中胶质和沥青质的单氮类化合物的DBE值（Double Bond Equivalents，双键相等数）和碳数值在加氢脱氮反应前后几乎没有变化，说明其稳定性很强，并且

N$_x$ 化合物在加氢裂化后含量明显增加，在胶质中占 80%，在沥青质中接近 70%，这是由于渣油中多杂原子化合物（如 NS$_x$、N$_x$S、NOS、NO$_x$）在反应过程中脱掉了 S、O、N 原子，说明加氢裂化不能完全脱除氮化物[43, 44]。

图 5-15 所示为辽河减渣脱沥青油（LDAO）和 Venezuela Orinoco 减渣脱沥青油（VDAO）加氢前后原料和产品对照的碳数变化情况[45]。从图可见，加氢前后的碱性氮化物分子量没有明显变化，但是分子组成变化很大，而且非碱性氮化物含量明显下降。

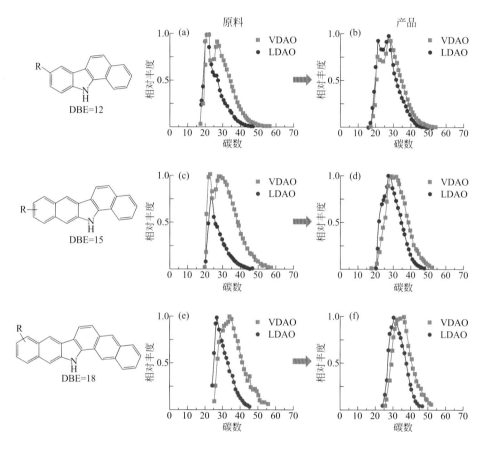

● 图 5-15　VDAO 和 LDAO 中 DBE 值为 12、15 和 18 的咔唑在加氢前后的变化

根据含氮化合物的分子结构，可以在 DBE 关联碳数图中将含氮化合物按照反应活性划分成两个区域：易转化区和难转化区，如图 5-16 所示。在易转化区的含氮化合物有着更饱和的内核和更少或更短的烷基侧链，这些化合物能够与催化剂活性中心更充分接触；而在难转化区的含氮化合物，由于拥有更长更多的烷基侧链，与催化剂活性中心不能实现充分接触；同时，易转化区的侧链碳数边界一般是 5，此边界值取决于原料的性质、加氢脱氮反应条件和催化剂性质。

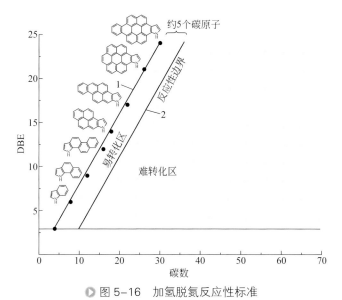

图 5-16 加氢脱氮反应性标准

直线1代表含氮化合物平面结构极限；直线2代表吡咯化合物DBE值边界；
图中蓝色区域代表碱性氮化物，碱性氮化物被分成易转化和难转化两个区域

渣油加氢脱硫反应机理与蜡油加氢脱硫机理类似，而关于加氢前后渣油分子组成的变化，可参见相关文献[46]。

渣油中的金属主要是镍和钒，它们对渣油加工过程产生较大影响，其危害主要是对催化剂的毒害作用，如沉积在催化剂上或者堵塞催化剂孔道，改变催化剂选择性，降低催化剂活性，甚至导致催化剂失活。渣油中的镍和钒主要以卟啉类化合物和非卟啉类化合物的形式存在，卟啉类化合物种类较多且更为复杂，主要集中在多环芳香烃、胶质和部分沥青质中，非卟啉类化合物主要集中于重胶质和沥青质中。

金属卟啉化合物加氢脱金属的结果是金属以硫化物的形式沉积在催化剂的表面上。有关机理研究参见文献[47, 48]。

2. 沥青质的加氢转化

沥青质是渣油中沸点最高、分子量最大、结构最为复杂的组分，且杂原子大量富集在沥青质中，加之沥青质具有高度缩合的芳香结构，容易导致催化剂失活[49, 50]。

沥青质加氢裂化转化的反应机理包括（a）脱烷基反应，（b）相连芳香结构断裂和（c）环烷 - 芳香结构中环烷环的断裂反应，其他相关研究见文献[51, 52]。

3. 渣油加氢裂化

将减压渣油分成饱和分、芳香分等细分组分，研究这些细分组分的分子组成在加氢前后的变化情况，从而探究渣油在加氢过程中的转化规律[46]，图 5-17 所示为茂名减压渣油馏分的饱和分在加氢前后不同类型化合物碳数分布情况，图 5-18 所

示是加氢前后 VR 馏分芳香分化合物类型分布。

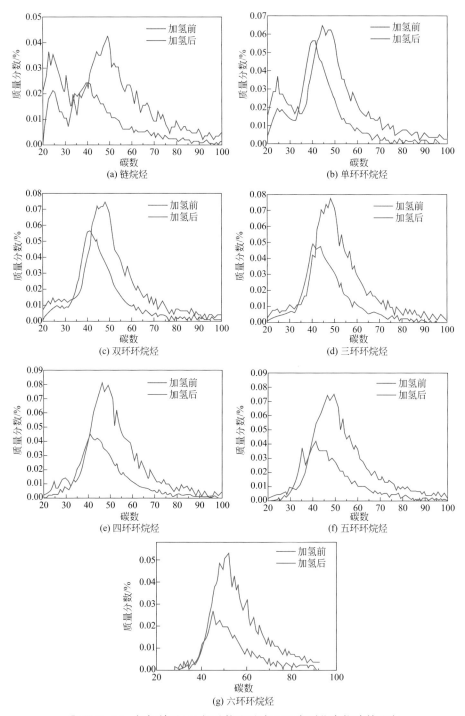

图 5-17　加氢前后 VR 馏分饱和分中不同类型化合物碳数分布

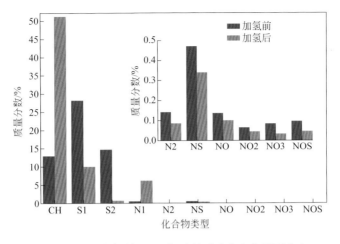

● 图 5-18　加氢前后 VR 馏分芳香分化合物类型分布

通过对茂名常压渣油及其加氢产物的不同馏分中不同组分的分析可知，渣油加氢过程有利于饱和烃和 CH 类化合物的生成，加氢后 S1 类化合物被大量脱除，N1 类化合物相对较难被加氢脱除。在多杂原子类化合物中，含有一个硫原子的化合物较其他类型的多杂原子类化合物更易被加氢脱除。VR 馏分中不同类型化合物的碳数分布在加氢后未呈现显著的改变。

第三节　化学反应规则库及其反应网络构建

无论是纯烃类、非烃类化合物还是实际的石油混合物，对其反应规律、反应机理的认识，是为了准确构建石油混合物的复杂化学反应的网络，以方便实现分子动力学模型的建立与计算。复杂原料体系的建模方法以及对产品分子特征的预测，需要更深层次的"分子细节"，化学反应是实现"资源高效转化、能源高效利用、过程绿色低碳"的最重要的手段。对反应机理、化学反应进行信息化描述，并构建一个石油炼制的化学反应规则库，是实现石油分子工程的关键之一。

本小节介绍复杂原料、复杂化学反应机理、信息化描述和化学反应规则库以及反应过程的自动反应网络构建。

一、化学反应机理

反应机理研究化学反应的具体步骤、键的断裂顺序和链接顺序、每步反应中的能量变化以及反应速率、反应立体化学等内容。反应机理是对反应物到产物所经历过程的详细描述和理论解释，特别是对中间体杂化状态、能量变化的描述。反应机理研究需要解决的问题包括反应如何开始，反应条件起什么作用，产物生成的合理途径，决定速率步骤是哪一步，经过了什么中间体，副产物是如何生成的等。

反应机理研究的意义在于发现反应的一些规律，指导进一步的研究并了解影响反应的各种因素，最大限度地提高反应的产率。

表 5-17 汇总了石油炼制过程的主要化学反应和反应机理的名称[53]。其中，部分反应和机理已经在前面的章节中做过简要介绍，也可参考其他文献。

表5-17　石油炼制过程的主要化学反应与反应机理名称汇总

反应路径名称	反应机理名称
Isomerization 异构化反应	Bond fission 键断裂
Cyclization 环化反应	Radical hydrogen abstraction 自由基夺氢
Hydrogenolysis 氢解反应	Radical b-scission 自由基 b- 位断链
Cracking 裂化反应	Radical addition 自由基加成
Double bond shift 双键转移反应	Radical termination 自由基终止
Hydrogenation 加氢反应	Ionic isomerization 离子异构化
Hydrodesulfurization 加氢脱硫反应	Ionic hydride shift 离子型氢化物转移
Denitrogenation 脱氮反应	Ionic methyl shift 离子型甲基转移
Ring saturation 环饱和反应	Ionic b-scission 离子 b- 位断链
Dealkylation 脱烷基反应	Ionic hydrogen abstraction 离子夺氢
Side chain cracking 侧链裂解反应	Ionic protonation 离子质子化
Ring closure 闭环反应	Ionic deprotonation 离子脱质子化
Ring opening 开环反应	Ionic ring closure 离子闭环
Ring isomerization 环异构化反应	Ionic ring expansion 离子扩环
	Ionic addition 离子加成
	Hydrogenation 加氢
	Dehydrogenation 脱氢
	Hydrogenolysis 氢解

二、化学反应的信息化表述

分析技术和计算机技术的进步使详细分子模型的建立和实施成为可能。为构建自动化学反应网络，需要对化学分子和化学反应信息化处理。前面已经介绍过图论、SOL 等表示方法。用图论（Graph-theoretic Approach）方法[54, 55]并开发相应的算法，是非常便捷的一种方法，可以很方便地实现自动反应模型的构建，图 5-19 所示为乙烷裂变的化学反应用 BE 矩阵表示的具体形式。

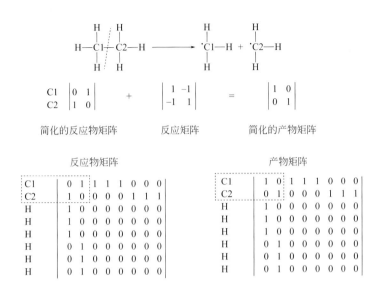

图 5-19　乙烷裂变的化学反应矩阵

在实际应用过程中，对于选定的信息化描述策略、方法之后，可以分别对反应分子和产物分子制定相应的选择规则和生成规则，这在前文已有介绍，也可参见文献 [53]。

三、化学反应规则库的构建

把无限大规模的模型精简、转化为有限的动力学重要子集的近似模型需要依靠化学反应规则。所谓规则，就是共享完全相同的基础化学以及不同工艺之间的差异。表 5-18 列出了在石油炼制过程中金属催化、酸催化和热化学中使用的反应规则 [53, 56]，它们是绝大多数烃类转化过程中最常遇到的基本化学反应。

表5-18　石油炼制过程的金属催化、酸催化和热化学中的通用规则

反应系（族）	反应规律
金属反应系（族）	
脱氢反应	饱和化合物（链烷烃和环烷烃）的所有位置或有限的随机选择的位置上发生 在异构烷烃的支链、β- 位支链和含支链环烷烃的支链、β- 位支链上发生

反应系（族）	反应规律
加氢反应	在烯烃和含双键环烷烃的所有双键位置上发生
饱和反应	芳香环逐一饱和，生成环烷烃
芳构化反应	允许所有的六元环烷烃芳构化
氢解反应	只形成轻质气体（C_1 和 C_2）

酸反应系（族）

反应系（族）	反应规律
质子化裂解和夺氢反应	对于饱和化合物（链烷烃和环烷烃）是确定性的（有限数量）或随机的（所有位置上均有可能） 在异构烷烃的支链、β-位支链、烯丙基、β-位烯丙基以及含支链、烯丙基环烷烃的支链、β-位支链、烯丙基、β-位烯丙基位置上发生
氢化物迁移反应，甲基迁移反应，异构化反应，扩环反应，缩环反应	根据碳数确定的有限数量的反应 对于低酸度过程异构化反应不会形成孪位支链 异构化反应通常导致支链的增加或侧链的延长 只会从一个不太稳定的离子形成更加稳定的离子（1°→2°→3°）
β-位断链	对于低酸度过程和高碳数分子只允许 A（3°→3°）和 B（2°→3°）型的裂化反应 不会形成乙烯基化合物
闭环反应 开环反应 环增长反应	闭环形成五元或六元环烷环 只开环形成稳定离子 只允许 $C_1 \leqslant C_N \leqslant C_4$

热反应系（族）

反应系（族）	反应规律
起始反应和夺氢反应	对于饱和化合物（链烷烃和环烷烃）是确定性的（有限数量）或随机的（所有位置上均有可能） 在异构烷烃的支链、β-位支链、烯丙基、β-位烯丙基以及含支链、烯丙基环烷烃的支链、β-位支链、烯丙基、β-位烯丙基位置上发生
自由基异构化反应以及扩环、缩环反应	根据碳数确定的有限数量的反应 对于低温过程异构化反应不会形成孪位支链 异构化反应通常导致支链的增加或侧链的延长 只会从一个不太稳定的自由基形成更加稳定的自由基（1°→2°→3°）
β-位断链	允许 β-位断开成烯丙基、支链或 β-位支链自由基 不会形成乙烯基化合物
闭环反应 开环反应 环增长反应	闭环形成五元或六元环烷环 只开环形成稳定的自由基 只允许 $C_1 \leqslant C_N \leqslant C_4$

　　比较上述表 5-18 中的三个反应体系，揭示了三类基本化学规则的相似之处。为了方便使用，对反应规则进行了分类和分级处理[56]，见图 5-20。

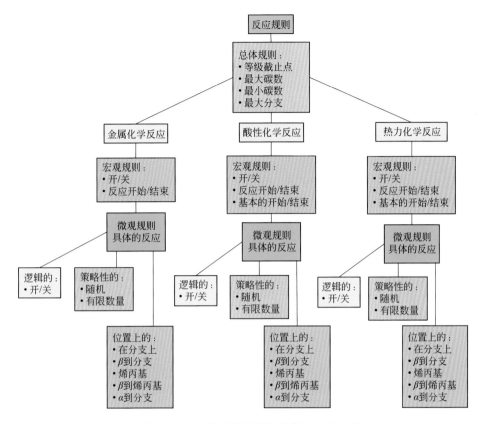

图 5-20　化学反应规则的分类与分级示意

第一级规则，称为超级规则，规定了所有化学的反应级数截止值和宏观碳数截止值。每种化学的规则要么是化学特定的（宏观规则），要么是反应特定的（微观规则）。因此，对于金属化学，宏观规则用于确定化学物质是否包括在模型中以及该化学物质要考虑哪种类型的反应。类似地，对于酸化学和热化学，除了确定有关包含（或排除）各种化学物质和反应族的信息之外，宏观规则还用于确定关于模型中需要考虑的中间体的信息。例如，在包含酸和热化学的模型中，由于热化学不稳定性，可以忽略初级离子或自由基。然而，微观规则对于化学中的每个反应都是特定的，并且被进一步分为三类：逻辑的、战略的和位置的（Logical，Strategic，and Positional）。逻辑规则用于在化学中启动或终止一个反应。战略规则提供需要遵循的方法，确定性或随机性，以及是否对反应总数有限制，或者作为反应级数或碳数的函数。位置规则指定了反应的有利位置，无论是对于反应物还是对于产物物种，诸如在分支处的反应、α 或 β 分支的反应、烯丙基位置等。

所有规则都是在模型构建算法中实现的，以便更明确地也是唯一地定义一个过程。算法中尽可能将代码和规则分开：所有通用的规则都是把用户提供的文件作为用户输入，而不是在算法本身中硬编码，以给用户提供选择的灵活性。以规则的形式对知识进行组织，从而使用户能够利用他们的见解和经验定制模型构建规则，并且方便地构建定制的过程模型。通过组合选择规则，可以轻松地为各种"假设"场景构建一系列模型，从而为测试和识别最佳反应网络提供最大的灵活性。

四、复杂化合物分子反应网络的构建

1. 物种的特性

每个物种都是反应网络中的一个节点。在反应网络构建过程中，所产生的每一个物种的所有性质属性都非常重要。在自动网络构建算法中，每个物种都是从原子层次（级别）建立起来的，其原子的连接状况较清晰。因此，可以识别或计算物种的大部分属性，包括 C、H、S、N 和 O 等各种原子的属性。化合物不饱和度 Z 值（定义为 $2n_C - n_H$，n 为原子数目）和分子量均可直接从原子数计算。

物种类型可以通过其结构来决定。图 5-21 所示为某算法中已经实现的物种类型的分类 [56]。对于不同种类的物质，可以进行不同种类的反应。物种的许多性质可以通过使用分子结构 - 性质相关性或计算化学软件包根据它们的结构进行计算，包括物种的信息化命名，可参见本书前文。

对于每一个物种，它参与的所有反应都可以在反应网络建成后进行排序。因此，每种物质的反应配位数也很容易计算和分析。

2. 反应的特性

每个反应都是反应网络中的一个边界。将一个反应整理到反应族中是非常重要的。每一个反应族都可以通过简洁的反应矩阵进行数学描述，并且可以很容易地在计算机上进行化学反应模拟。此外，反应族可以用来构建速率信息。

已开发用于构建和分析反应的支持代码。网络中的所有反应都可以按照反应族进行排序，也可以按物质类别进行排序；所有涉及特定物质的反应都可以组织起来以便于用户使用。

3. 分子反应网络

就像将物种表述成图形一样，其中原子是它的节点，键是它的边，反应网络也可以用图形描述，其中物种是它的节点，反应是它的边。因此，在为网络中的每个物种定义一个唯一的名称或 ID 之后，为分子图形开发的所有通用算法也可以应用到反应网络图中。

然而，过程化学的详细反应网络通常有数百种物种和数千种反应。将相同的算法直接应用于网络图，在计算上是不可行的。此外，反应网络中的双分子反应使图论算法更加困难。数学拓扑和图论角度对化学反应网络的解析是其中一种出路 [57]。

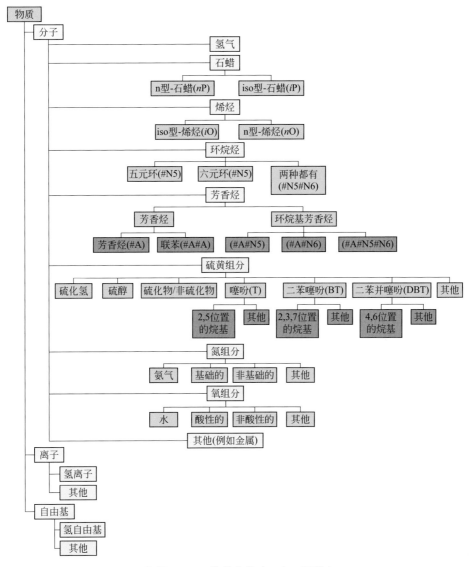

● 图 5-21　物种分类（＃表示环数）

　　图 5-22 所示是某分子水平模型反应网络。由图可见，仅仅是模型化合物"菧"的加氢裂化过程，仅涉及五类反应，就已经包括了上百个反应。加氢裂化过程中基元反应数量随着模型研究碳数范围的升高而变化，而且都是以指数形式急速增加的。这是因为，一方面模型反应数量的激增，伴随着大量动力学参数需求；另一方面，反应行为的描述不再是简单的集总转化关系，要考虑到分子量守恒等因素。最后伴随的必然是模型计算难度的增大。图 5-23 所示是原料油分子反应网络数据库的主要构架。

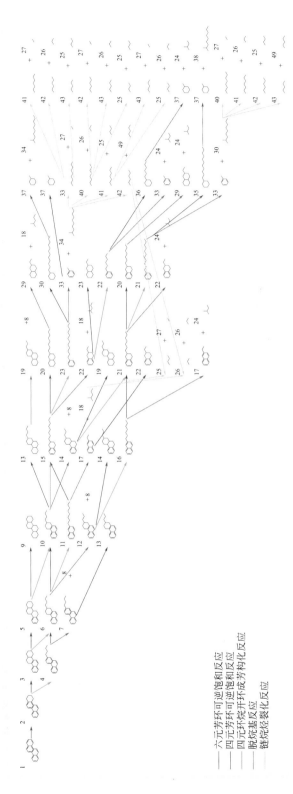

◆ 图 5-22 模型化合物 "蒽" 分子的加氢裂化反应网络

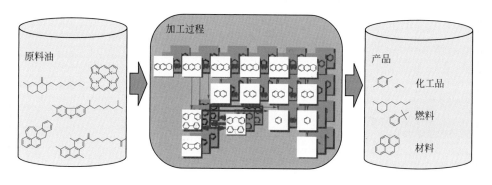

图 5-23　原料油分子反应网络数据库的主要构架

4.反应网络自动生成

应用化学反应的信息化表述和反应规则的信息化表述，可实现复杂化学体系反应网络的自动生成及可视化。

首先是原料分子结构的设置，访问石油分子信息库，对分子骨架结构及其原子连接方式进行解析，建立模型化合物；其次，访问化学反应规则库，设置反应搜索深度并搜索出可能发生的化学反应过程；最后，综合考察体系中串/并行反应，以及中间产物和产物分子的输出，对冗余反应进行分析与筛选，即可实现分子水平模型反应网络的自动生成。

反应网络可以通过将反应矩阵重复应用于反应物及其产物来构建。其中，需要注意的是，要通过检查每个物种上的特定反应位点，确保所有物种仅进行允许的反应，使得这些反应以合乎逻辑的方式进行。然后通过一定的算法，如同构算法（Isomorphism Algorithm）检查形成的每个产品种类的独特性，以确保它可以再次反应。当没有剩余未反应的物种时，网络建设就完成了。

构建自动反应网络，要确保用所构建的反应网络来捕捉到必要的化学和动力学重要的物种和反应，当然，同时还要保持网络规模适中。所以，预处理阶段，在确定了化学反应规则以后，很重要的一项工作就是要做好限制条件的选择。在计算处理阶段，最重要的工作是如何解决唯一性问题。因为，通常来说，复杂原料、复杂化学过程的自动反应网络的规模，如果不加以干预很容易激增。当然，在计算阶段还有反应现场抽样的随机规则等问题。在后处理阶段即建立反应网络之后，也还可以使用基于广义同构的集总方法，此时可以称为基于广义同构的后集总。随着反应网络的建立，每种物质的所有信息，如碳数、Z 数、结构组、分子量、沸点、物质类型等，都被记录到数据库文件中。在建立一个完整的反应网络之后，我们总是可以把物质和反应组合在一起，形成一个更小的模型。通过指定不同的同构标准，用户可以将完整的模型定制到集分析能力或数据可用性为一体的任何级别的集总模型。

为提升效率，取得良好的经验，可参见相应的文献 [58, 59]。

一、概述

由于石油炼制过程的原料组成和反应网络极为复杂，建立反应动力学模型来指导炼厂流程优化，降低加工能耗，增加高附加值产品收率，一直是石油炼制领域的研究热点，也是石油分子工程转向应用环节的关键，是实现智能炼化建设"模型化、可视化"的核心基础。

实现分子水平模拟可以采用以下两种技术：一是借助于化学分析表征技术的发展，直接或者间接地表征复杂原料中分子的组成与结构；二是依托信息技术的发展和计算机性能的提高，在反应和分离过程中追踪分子层面的变化。因此，建模策略、分析表征手段、分子重构和计算机技术的发展共同促进了复杂过程分子水平反应动力学的模拟与应用。

建立一个完整的分子水平反应动力学模型很复杂，需要大量的石油分子信息以及化学反应和相应的反应速率常数等数据。现代分析表征研究表明，原油中有几十万种烃类和非烃类分子，在每一个化学反应中，每一个分子对应一个反应方程式，因此反应网络极为庞大。靠人工来跟踪几十万，乃至几百万个分子的化学反应网络，无论是时间成本还是经济成本都难以承受且不切实际，所以开发一套建模方法，形成系统工具对模型结构、求解策略、过程优化等进行自动监控，是非常有价值的工作。

不同建模层次的石油加工过程反应动力学模型如表 5-19 所示。

表5-19 不同建模层次的石油加工过程反应动力学模型

建模层次	模型类型	描述对象	特点
馏分水平	馏分集总模型	成批表征，馏分集总	依赖反应原料，缺乏预见能力
分子水平	反应路径水平	可检测的分子	不依赖反应原料，近似速率常数方程求解时间短
	反应机理水平	中间体和分子	不依赖反应原料，基础速率常数方程求解时间长

在集总反应动力学模型中，所有的原料、反应网络、产品都以馏分集总为基础，缺少基本动力学信息，因此预测能力有一定的局限性。而建立分子水平的反应动力学模型需要提供反应路径和反应机理方面的化学信息。反应路径层面的模型包括大多数可明确观察到的物种，描述反应中分子之间的变化。在反应机理层面的模型包括对反应机理详细明确的描述，涉及分子和中间体物种，比如离子和自由基。这类模型很少需要预先假设，因为在原理上反应速率常数更加基础，但是相应的数学模型较难建立、求解。所以可以从反应机理层面来建立反应网络和反应速率公式的模型，而反应路径层面的反应速率通过预先的假设，比如速率控制步骤，可以快速建立相应的数学模型。

关于反应路径层面和反应机理层面的分子动力学模型复杂性的比较，可以通过这两种方法应用于石脑油反应动力学模拟[56]来说明，见图 5-24。

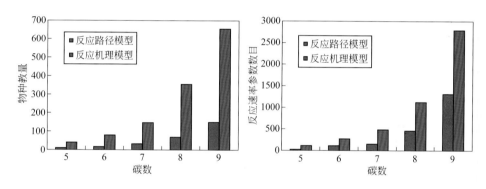

● 图 5-24　石脑油复杂反应体系分子动力学模型的复杂性对比

由图可见，随着碳原子数目的增加，物种和反应速率参数的数量呈指数上升，且反应速率参数增加的幅度更大。石脑油馏分范围的简单组分的反应机理模型就已经很复杂了，对于更重的组分，不论反应路径模型还是反应机理模型，都会过于复杂。为此需要通过研究一系列相关因素来降低模型的复杂性，如数据的可用性、分析表征的局限性、数学模型方法与求解优化方法以及计算机能力水平等。但不论如何优化，所建模型要能够捕捉反应过程的基础化学性质。

基于分子的反应动力学建模策略可以用图 5-25 来描述。

建模的目标是预测产品分布和产品性能或者从原料性质预测达到特定产品分布与性能所需要的操作条件。对原料组成分析、性质计算、化学反应过程、反应动力学和热力学来说，分子是共同的基础，为了在分子水平上实现这一目标，动力学建模策略还提供了一个替代路线。这种方法利用随机模拟技术，借助分析化学的手段，比如，H/C 比、模拟蒸馏（SIMDIS）、核磁共振（NMR）和分子重构技术，在分子结构和组成上对复杂原料进行分子水平建模。然后，利用图论等技术生成反应网络。利用反应类别的概念和定量结构活性关系（QSRC）来组织和估计反应动力学速率参数。然后，计算机生成的网络和与相关速率表达式转换成一组数学方程，形成动力学模板模型。该模板模型通过实验过程或数据优化网络中不同的反应系统达到优化模型的目的。调整优化模型可以计算产品组成。结合分子结构性能的相关性，也可以评估产品的相关商业属性。这种自动的基于分子水平的反应动力学建模策略，使化学工作者和工程师在分子水平上更多关注基础化学和反应动力学，进而加快开发模型的进度。

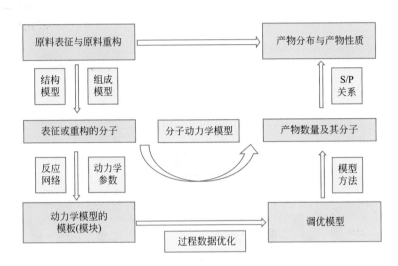

🔘 图 5-25　基于分子的反应动力学建模策略

二、反应动力学模型的建立

建立复杂化学加工过程的反应网络后，必须有相关的化学反应速率常数和反应平衡常数才能真正计算该反应过程。由于复杂化学反应动力学模型涉及成千上万种化学反应，不可能完全通过实验来获取每个反应的速率常数，也不可能仅使用优化算法来协调数量众多的反应速率常数与实验数据。因此，降低模型参数的复杂性以及数量对建立和应用复杂反应体系的反应动力学模型十分重要。

解决上述问题的方法有多种，石油这样的复杂混合物体系有其特殊性。虽然石油混合物分子数量极其巨大（如，至少 10^5 以上的物种），但这些分子实际上可以归类为不同的化合物族组成，如烷烃、烯烃、环烷烃、芳香烃、烷基芳烃等。这些族组成类别分别在一组可控的反应族中发生其中若干类反应，如加氢、异构化、脱烷基反应等。因此，所谓的复杂性在很大程度上是许多同族化合物同时发生特定的反应造成的。在每一族反应物中，区别在于取代基的不同，化学反应性能的差异归因于这些取代基。因此，可以使用分子重构技术中的定量结构 - 性质关系（Quantitative Structure/Property Relationship，QSPR）作为分子水平反应动力学建模中参数的组织方法。

化合物的性质与其分子结构之间存在特定的关联是化学物质的特性[60, 61]，经典的结构/性质关联公式如式（5-1）所示。

$$E^* = E_0^* + \alpha\Delta H \qquad (5-1)$$

而经典的定量结构 - 反应性能的简化关联（反应速率关系式）如式 5-2 所示。

$$\ln k_i = a + bR_{1,i} \qquad (5-2)$$

其中 k_i 是分子 i 的反应速率常数，$R_{1,i}$ 是分子 i 的反应活性指数，a 和 b 是待定的对某些反应族的关联系数。上述这种关系即线性自由能关系（Linear Free Energy Relationship，LFER）[62-65]，其中，Mochida 等[62, 63]最先将 LFER 方法应用到催化反应中，而 Neurock 等[64]和 Korre[65]则分别对 LFER 作了进一步的拓展开发，以关联各种金属和酸催化反应以及自由基反应的反应速率。如果式（5-2）中的 a 和 b 可以针对代表性反应通过实验确定，则可以从反应活性指数计算出同一反应族中所有成员的速率常数，反过来反应活性指数又可以基于分子结构［即依据式（5-1）］进行计算。

1. 复杂反应网络的反应速率公式

可以采用反应路径模型和反应机理模型来建立复杂反应网络的分子水平反应动力学模型。如前所述，只考虑过程中可观察到的物种，而所有的中间体，例如自由基或离子，都是隐含的，即反应网络只描述可观察到的分子之间的反应路径。在反应机理层面，原则上复杂过程中的所有基本反应都要被计算在反应网络中。例如，在热裂解的机理层面建模中，所有反应都是基于自由基机理进行的，其中所有的分子和自由基都显式地描述在反应网络中。另一个例子是催化裂化的机理层面建模，其中所有反应都是基于碳正离子化学反应机理进行的，所有的分子和碳正离子都明确地描述在反应网络中。

（1）反应路径层面的反应动力学公式

对于均相体系，一旦确定反应级数，反应速率公式很简单。实验是确定反应级数的最佳方法。在详细的反应动力学建模中，对于相同的反应族，一般假设给定同系物的任一化合物都具有相同的反应级数。对于每个反应，例如 A + B $\Longrightarrow$ R + S 这样的反应，速率公式的表达式如式（5-3）所示。

$$r = k(c_A^\alpha c_B^\beta - c_R^\gamma c_S^\delta / K) \qquad (5-3)$$

其中 k 是反应速率常数；K 是平衡常数；α，β，γ 和 δ 是反应级数；c_i 是化合物 i 的浓度。

迄今为止，描述催化反应动力学反应速率最经典的是 LHHW（Langmuir-Hinshelwood-Hougen-Watson）式。Froment 等[66]曾系统地讨论和总结了 LHHW 式对非均相催化反应的描述见式（5-4），其他形式的公式见表 5-2[66, 67]。

$$r（速率）=（动力学组）（动力组）/（吸附组）^n \qquad (5-4)$$

根据表 5-20，对于双分子反应 A + B $\rightleftharpoons$ R + S，当表面反应控制时，反应速率如式（5-5）所示。

$$r = \frac{k_{sr}K_AK_B[p_Ap_B - (p_Rp_S/K)]}{(1 + K_Ap_A + K_Bp_B + K_Rp_R + K_Sp_S + K_Ip_I)^2} \quad （5-5）$$

式中，k_{sr}是表面反应速率；K是反应平衡常数；K_i是组分i的吸附常数；p_i是组分i的分压；I是任何可吸附的惰性分子；指数2表明两种反应物都被吸附在催化剂表面上。

表5-20　固体催化剂上非均相反应速率公式

动力学组	
A 控制的吸附	k_A
B 控制的吸附	k_B
R 控制的解吸	k_BK
带分解的 A 控制的吸附	k_A
A 控制的影响	k_AK_B
均相反应控制	k

表面反应控制				
	A $\rightleftharpoons$ R	A $\rightleftharpoons$ R+S	A+B $\rightleftharpoons$ R	A+B $\rightleftharpoons$ R+S
不带分解	$k_{sr}K_A$	$k_{sr}K_A$	$k_{sr}K_AK_B$	$k_{sr}K_AK_B$
不分解 A	$k_{sr}K_A$	$k_{sr}K_A$	$k_{sr}K_AK_B$	$k_{sr}K_AK_B$
B 没被吸附	$k_{sr}K_A$	$k_{sr}K_A$	$k_{sr}K_A$	$k_{sr}K_A$
B 没被吸附；A 被分解	$k_{sr}K_A$	$k_{sr}K_A$	$k_{sr}K_A$	$k_{sr}K_A$

动力学组				
反应	A $\rightleftharpoons$ R	A $\rightleftharpoons$ R+S	A+B $\rightleftharpoons$ R	A+B $\rightleftharpoons$ R+S
A 控制的吸附	$p_A - \dfrac{p_B}{K}$	$p_A - \dfrac{p_Rp_S}{K}$	$p_A - \dfrac{p_R}{Kp_B}$	$p_A - \dfrac{p_Rp_S}{Kp_B}$
B 控制的吸附	0	0	$p_B - \dfrac{p_R}{Kp_A}$	$p_B - \dfrac{p_Rp_S}{Kp_A}$
R 控制的解吸	$p_A - \dfrac{p_B}{K}$	$\dfrac{p_A}{p_S} - \dfrac{p_R}{K}$	$p_Ap_B - \dfrac{p_R}{K}$	$\dfrac{p_Ap_B}{p_B} - \dfrac{p_R}{K}$
表面反应控制	$p_A - \dfrac{p_B}{K}$	$p_A - \dfrac{p_Rp_S}{K}$	$p_Ap_B - \dfrac{p_R}{K}$	$p_Ap_B - \dfrac{p_Rp_S}{K}$
A 控制的影响（A 没被吸附）	0	0	$p_Ap_B - \dfrac{p_R}{K}$	$p_Ap_B - \dfrac{p_Rp_S}{K}$
均相反应控制	$p_A - \dfrac{p_B}{K}$	$p_A - \dfrac{p_Rp_S}{K}$	$p_Ap_B - \dfrac{p_R}{K}$	$p_Ap_B - \dfrac{p_Rp_S}{K}$

在一般吸附组里的替换 $(1 + K_A p_A + K_B p_B + K_R p_R + K_S p_S + K_i p_i)^n$				
反应	$A \rightleftharpoons R$	$A \rightleftharpoons R + A$	$A + B \rightleftharpoons R$	$A + B \rightleftharpoons R + S$
当速率是由 A 的吸附控制时，取代 $K_A p_A$	$\dfrac{K_A p_R}{K}$	$\dfrac{K_A p_R p_S}{K}$	$\dfrac{K_A p_R}{K p_B}$	$\dfrac{K_A p_R p_S}{K p_B}$
当速率是由 B 的吸附控制时，取代 $K_B p_B$	0	0	$\dfrac{K_B p_R}{K p_A}$	$\dfrac{K_B p_R p_S}{K p_A}$
当速率是由 R 的解吸控制时，取代 $K_R p_R$	$K K_R p_A$	$K K_R \dfrac{p_A}{p_S}$	$K K_R p_A p_B$	$K K_R \dfrac{p_A p_B}{p_S}$
当速率是由 A 的吸附控制并且 A 被分解时，取代 $K_A p_A$	$\sqrt{\dfrac{K_A p_R}{K}}$	$\sqrt{\dfrac{K_A p_R p_S}{K}}$	$\sqrt{\dfrac{K_A p_R}{K p_S}}$	$\sqrt{\dfrac{K_A p_R p_S}{K p_A}}$
当 A 的平衡吸附发生并且 A 被分解时，取代 $K_A p_A$（同样适用于其他组分被分解吸附时）	$\sqrt{K_A p_A}$	$\sqrt{K_A p_A}$	$\sqrt{K_A p_A}$	$\sqrt{K_A p_A}$
当 A 没被吸附，取代 $K_A p_A$（同样适用于其他组分没被吸附时）	0	0	0	0

吸附组的指数	
没有分解的 A 控制的吸附	$n = 1$
R 控制的解吸	$n = 1$
有分解的 A 控制的吸附	$n = 2$
没有分解的 A 的影响 $A + B \leftrightarrow R$	$n = 1$
没有分解的 A 的影响 $A + B \leftrightarrow R + S$	$n = 2$
均相反应	$n = 0$

表面反应控制				
反应	$A \rightleftharpoons R$	$A \rightleftharpoons R + A$	$A + B \rightleftharpoons R$	$A + B \rightleftharpoons R + S$
A 没被分解	1	2	2	2
A 被分解	2	2	3	3
A 被分解（B 没被吸附）	2	2	2	2
A 没被分解（B 没被吸附）	1	2	1	2

为了将 LHHW 式扩展到涉及复杂反应网络中任何反应的数百或数千种组分的复杂化学反应过程，分母吸附基团应扩展到 $(1 + \sum K_i p_i)$，以考虑催化活性位点处所有组分的总抑制作用。对于含有不同反应活性位点的催化体系，式（5-4）的速率公式应针对不同的位点单独制定。例如，式（5-6）就是考虑了多环芳烃（PNA）在加氢裂化催化剂上金属和酸双功能催化反应活性位反应的 LHHW 速率公式[65]：

$$\frac{\mathrm{d}c_i}{\mathrm{d}t} = \frac{\sum_j k_{ji}(c_j - c_i/K_{ji})}{D_H} + \frac{\sum_l k_{li}(c_l - c_i/K_{li})}{D_A} \quad (5\text{-}6)$$

式中，c_i，c_j 和 c_l 是组分浓度，mol/L；k_{ji} 和 k_{li} 是组合分子反应速率常数，kg/（cat·s）（包括固有速率、吸附常数贡献和氢压力，如果适用的话）；K_{ji} 和 K_{li} 是平衡比，mol_i/（mol_j·kPa H_2）。D_H 和 D_A 分别是金属（氢化，D_H）和分子筛（酸，D_A）位点的吸附基团，如公式（5-7）所定义：

$$D_H = 1 + \sum_i K_i^H c_i, \quad D_A = 1 + \sum_i K_i^A c_i \quad (5\text{-}7)$$

式中，c_i 表示组分浓度，mol/L；K_i^H 和 K_i^A 分别表示金属和酸性位点上的各个组分吸附常数，L/mol。隐含假设是在所有情况下表面反应作为速率控制步骤和单位吸附指数组。

速率控制步骤的概念并不是 LHHW 速率方程的必要限制 [66]，LHHW 的基本特征是明确考虑反应组分与催化表面的相互作用，因此 LHHW 法开发的模型是半经验模型。

（2）反应机理层面的反应动力学公式

机理层面的反应动力学公式很直接。原则上，每个反应都是反应机理的基本步骤。例如，对于基本反应 $A + B \rightarrow R + S$，速率公式为：

$$r = k(c_A c_B - c_R c_S/K) \quad (5\text{-}8)$$

式中，k 是反应速率参数；K 是反应平衡常数；c_i 是物种 i 的浓度。

对于均相体系，反应机理层面的速率公式几乎总是一阶或二阶的。由于每个反应路径是几个机理反应步骤的简单组合，因此反应路径层面的速率公式是反应机理水平的速率公式的简化。例如，考虑自由基反应中的简单总反应 $A \longrightarrow B + C$，相应的 Rice-Herzfeld 机制是（各符号意义见参考文献 [4]）：

$$A \xrightarrow{\alpha} \beta$$

$$\beta + A \xrightarrow{II} \mu + B$$

$$\mu \xrightarrow{I} \beta + C$$

$$2\beta, 2\mu, \beta + \mu \xrightarrow{\omega} T.P.$$

按照上述机理得出的总速率方程为（各符号意义见参考文献 [4, 56]）：

$$r_A = \frac{(\alpha k_{II}^2 A/\omega)^{1/2} A}{\sqrt{1 + \gamma\left(\frac{k_{II}A}{k_I}\right) + \gamma'\left(\frac{k_{II}A}{k_I}\right)^2}} \quad (5\text{-}9)$$

使用统计终止近似（Statistical Termination Approximation），式（5-9）可以简化为：

$$r_A = \frac{(\alpha k_{II}^2 A/\omega)^{1/2} A}{1 + k_{II}A/k_I} \quad (5\text{-}10)$$

显然，从该反应机理导出的速率公式比反应路径层面的简单经验质量作用反应速率公式更为复杂和基础。大多数均相反应如热解的反应动力学建模属于机理层面的建模。

对于非均相催化体系，原则上，反应机理层面的速率公式等同于描述反应动力学的路径层面的 LHHW 形式。例如，对于反应路径层面的简单反应 A → B，相应的反应机制包括化学吸附、表面反应和解吸（各符号意义见参考文献 [4]）：

$$A + l \rightleftharpoons Al$$
$$Al \rightleftharpoons Bl$$
$$Bl \rightleftharpoons B + l$$

从上述机理得出的总速率 [68] 为（各符号意义见参考文献 [4, 56]）：

$$r_A = \frac{l_0(A - B/K)}{\left(\dfrac{1}{K_A k_{sr}} + \dfrac{1}{k_A} + \dfrac{1}{Kk_B}\right) + \left(\dfrac{1}{K_A k_{sr}} + \dfrac{1 + K_{sr}}{Kk_B}\right)K_A A + \left(\dfrac{1}{K_A k_{sr}} + \dfrac{1 + K_{sr}}{Kk_A}\right)K_B B} \qquad (5\text{-}11)$$

当假定吸附控制时，公式（5-11）可以简化为

$$r_A = \frac{l_0 k_A(A - B/K)}{1 + \dfrac{K_A}{K}B + K_B B} \qquad (5\text{-}12)$$

当假定表面反应控制时，公式（5-11）可以简化为

$$r_A = \frac{l_0 k_{sr} K_A(A - B/K)}{1 + K_A A + K_B B} \qquad (5\text{-}13)$$

当假定解吸控制时，公式（5-11）可以简化为

$$r_A = \frac{l_0 k_B K(A - B/K)}{1 + K_A A + K K_B A} \qquad (5\text{-}14)$$

式（5-12）～式（5-14）也可以直接从表 5-20 中导出。这个简单的例子表明，反应机理层面上的简单速率公式等同于没有速率控制步骤假设的复杂 LHHW 形式。但是，如果从表 5-20 中构建速率公式，则必须假定并证明基础速率控制步骤。

对于非均相催化的过程，反应机理建模和反应路径建模各有优点和缺点。与反应路径模型相比，反应机理模型在更基础的层次上描述了过程，因此反应速率常数更加基础和实用。就速率公式而言，反应机理层面模型中的假设（例如速率控制步骤假设）比反应路径层面建模的 LHHW 更少。由于对所有中间体均进行核算，所以反应机理模型比相应的反应路径层面的模型规模上要大得多。因此，无论是公式还是求解，反应机理模型都比反应路径模型占用更多的 CPU 时间和内存。所以，复杂原料和反应的分子动力学建模应综合考虑实际条件与需求。不过，随着计算机、分析表征与分子重构技术的不断发展，分子水平反应动力学建模将更趋向于反应机理层面的建模。

2. 线性自由能关联式（LFER）

从化学结构预测化学反应的方法实质上源于对化学平衡和反应速率常数热力学描述的探索[65]：

$$K_{eq} = e \frac{\Delta G}{RT} = e \frac{\Delta S}{R} - \frac{\Delta H}{RT} \quad (5\text{-}15)$$

$$k = \frac{k_B T}{h} e - \frac{\Delta G^{\ddagger}}{RT} = \frac{k_B T}{h} e \frac{\Delta S^{\ddagger}}{R} - \frac{\Delta H^{\ddagger}}{RT} \quad (5\text{-}16)$$

式中，K_{eq} 是平衡常数；ΔG，ΔS 和 ΔH 分别是产物和反应物之间的自由能、熵和焓的差值；R 是理想气体常数；T 是热力学温度；k 是反应速率常数；k_B 和 h 分别是 Boltzmann 和 Planck 常数；$\Delta G^{\ddagger}$，$\Delta S^{\ddagger}$ 和 $\Delta H^{\ddagger}$ 分别是过渡态络合物和反应物之间的自由能、熵和焓的差值。

根据公式（5-15）和公式（5-16），估计反应和活化的自由能（ΔG 和 $\Delta G^{\ddagger}$）可以计算平衡和速率常数。虽然反应和活化的焓易于获得，但相应的熵难以测量或计算。解决方法是不要关注反应和活化的自由能的绝对值，而是关注变化的部分，于是出现了反应族的概念。

LFERs 利用了反应族成员之间在公式（5-15）和公式（5-16）中存在的系统差异。在反应族中，同系列的反应物经历相同的反应。例如，苯甲酸的水解过程，从一个反应族成员到另一个成员时的平衡常数和速率常数可以以相对的方式定义[69]：

$$\frac{K_{eq}^i}{K_{eq}^0} = e - \frac{\Delta G_i - \Delta G_0}{RT} = e \frac{\Delta S_i - \Delta S_0}{R} - \frac{\Delta H_i - \Delta H_0}{RT} \Rightarrow$$

$$\ln K_{eq}^i = \ln K_{eq}^0 + \frac{\Delta(\Delta S_{i\text{-}0})}{R} - \frac{\Delta(\Delta H_{i\text{-}0})}{RT} \quad (5\text{-}17)$$

$$\frac{k_i}{k_0} = e - \frac{\Delta(\Delta G_{i\text{-}0}^{\ddagger})}{RT} = e \frac{\Delta(\Delta S_{i\text{-}0}^{\ddagger})}{R} - \frac{\Delta(\Delta H_{i\text{-}0}^{\ddagger})}{RT} \Rightarrow$$

$$\ln k_i = \ln k_0 + \frac{\Delta(\Delta S_{i\text{-}0}^{\ddagger})}{R} - \frac{\Delta(H_{i\text{-}0}^{\ddagger})}{RT} \quad (5\text{-}18)$$

式（5-17）和式（5-18）中，上（下）标"0"表示任意参考反应，而上（下）标"i"表示该族中的任何其他反应。量 $\Delta(\Delta G_{i\text{-}0})$，$\Delta(\Delta S_{i\text{-}0})$ 和 $\Delta(\Delta H_{i\text{-}0})$ 是指反应"i"和反应"0"之间的反应差异的自由能、熵和焓。量 $\Delta(\Delta G_{i\text{-}0}^{\ddagger})$，$\Delta(\Delta S_{i\text{-}0}^{\ddagger})$ 和 $\Delta(\Delta H_{i\text{-}0}^{\ddagger})$ 是指反应"i"与反应"0"之间的活性差异的自由能、熵和焓。

公式（5-17）和公式（5-18）意味着平衡常数和速率常数可以按照熵差和焓差进行关联。可再进一步简化反应族的相关情况，按照反应族概念中隐含的观点，只要反应中心与取代基（其他基团、杂原子、烷基链）在空间上分离，过渡态的位阻将不会显著改变。相反，取代基影响活化的能量。如果是这种情况，则方程（5-18）中的活化熵差 $\Delta(\Delta S_{i\text{-}0}^{\ddagger})$ 被认为可以忽略不计，此时，如果速率常数 k_i 用 $\ln k_i$ 表示，那

么 $\ln k_i$ 是一个仅与活化焓差 $\Delta(\Delta H_i^{\ne})$ 呈线性关系的函数[60, 69]，见式（5-19）。这样就可以绕开难以实验求取的熵而通过容易实验测量和计算的反应焓和活化焓来求取。

$$\Delta(\Delta S_{i\text{-}0}^{\ne}) = 0$$

$$\frac{A_i}{A_0} = 1 \tag{5-19}$$

$$\ln \frac{k_i}{k_0} = -\frac{\Delta(\Delta H_{i\text{-}0}^{\ne})}{RT} = \frac{E_0^* + RT - E_i^* - RT}{RT} = \frac{\Delta(E_{0\text{-}i}^*)}{RT}$$

式中，A_i 和 E_i^* 分别是物种 i 的阿仑尼乌斯常数和活化能。

假如有两个活性位，则可以推导出如下的公式：

$$\Delta(\Delta S_{i\text{-}0}^{\ne}) = A + B \cdot \Delta(\Delta H_{i\text{-}0}^{\ne})$$

$$\ln \frac{k_i}{k_0} = \frac{AT + (BT - 1) \cdot \Delta(\Delta H_{i\text{-}0}^{\ne})}{RT} = \frac{A}{R} + \left(\frac{B}{R} - \frac{1}{RT}\right) \cdot \Delta(E_{i\text{-}0}^*) \tag{5-20}$$

无论哪种情况，均涉及直接或间接估计反应族成员与另一成员的活化焓差。经典的活化焓估计方法涉及 Evans-Polanyi 原理[61]，相应的方程式[69] 如下：

$$E_i^* = C + D\Delta H_{\text{rxn}}$$

$$\ln \frac{k_i}{k_0} = \frac{\Delta(E_{0\text{-}i}^*)}{RT} = D\frac{\Delta(\Delta H_{\text{rxn}}^{0\text{-}i})}{RT}, \text{ or} \tag{5-21}$$

$$\ln \frac{k_i}{k_0} = \frac{A}{R} + \left(\frac{B}{R} - \frac{1}{RT}\right)D\frac{\Delta(\Delta H_{\text{rxn}}^{i\text{-}0})}{RT}$$

更一般地，反应性通常用反应性指数（R_I）半经验地描述，反应性指数是活化焓的量度，并且与每个反应相关，见式（5-2）。一个 R_I 常常与 ΔH_{rxn} 和 $\Delta H^{\ne}$ 在一个有用的反应族成员范围内呈线性相关。这对反应工程建模的价值在于，常数 a 和 b 可以通过专门为此目的设计的实验，通过最小基础模型化合物的相关信息来确定。然后可以使用半经验 QSRC［见式（5-2）］，从分子结构导出反应性指数 $R_{\text{I},i}$ 来预测复杂混合物中反应的速率常数。

R_I 只是其反应可能性的指标，通常是与反应物、产物或中间体的分子结构相关的电子或能量性质。这些指标通常与整体分子结构（例如生成热、电离势或电子势）直接相关，或者可以与分子内的反应位点（例如原子电荷或键序）相关联。在任何一种情况下，这些参数将复杂反应坐标的重要电子或能量特征组合成分子指数的单个值或基于位点的指数的一系列值。可以通过计算分子和基于位点的 R_I 来估计不同分子反应的速率（动力学）或特定位点的潜在反应性（选择性）。困难的是如何为每个反应族确定一个合适的 R_I 指数，因为在不同阶段对反应物反应性表征的性质类别是变化的，例如，对于早期的过渡态，表征反应物电子结构的电子性质如电子密度、原子电荷、自由价、原子极化率、键序、偶极矩和静电势等等对于 R_I

可能是合适的选择；对于晚期过渡态复合物，反映反应或中间体形成的总能量的反应热、质子亲和力、局域化变化等可能是比较适合的 R_1 对应项；而中间过渡态则是一些包含反应物和产物的电子结构的元素（可以由电荷转移型络合物描述）更合适。总之，QSRC 可以用来关联反应性，但需要恰当地选择。

LFER 已广泛用于金属催化和酸催化反应过程。例如，图 5-26 显示了各种芳烃（包括苯、萘和菲类化合物）的加氢反应速率常数（实验值）与反应热 ΔH_{rxn} 之间的良好相关性 [65]。

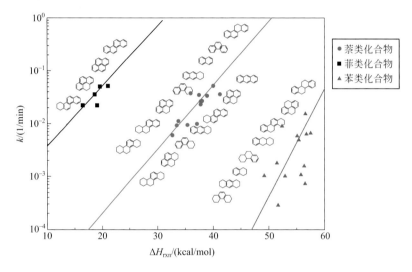

● 图 5-26　加氢反应速率常数与反应热之间的关系

1kcal = 4.1868kJ

图 5-27 所示为酸中心转化反应族（异构化和开环反应）的动力学速率常数与碳正离子中间体的生成热的 LFERs 关联。两者之间的相关性非常好，异构化和开环反应具有相似的底层反应机理，它们具有相同的斜率，但很明显，异构化反应比开环反应慢得多。

而图 5-28 所示则是关于脱烷基反应速率常数的 LFERs 相关性的经典实例 [62, 63]，其中烷基离子的稳定性基于碳正离子化学反应机理。

三、分子水平反应动力学模型的参数求解

在数学上，反应动力学模型通常可以表示为常微分方程（Ordinary Differential Equation，ODE）系统或微分代数方程（Differential Algebraic Equation，DAE）系统，这取决于反应器类型。分子动力学模型（Molecular Kinetic Models，MKM）中的分子信息（性质、组成、结构等）很详细，具有与反应网络相关的大量物种、反应和反应速

率常数。因此，MKM 的数值解决方案通常涉及解决大型 DAE 或 ODE 系统，这些系统通常很难解；相关的雅可比矩阵对于实际问题又很稀疏，所以很难解决。本小节采用 Klein 等[56]求解详细动力学模型（Detailed Kinetic Models，DKM）的方法来简要说明。

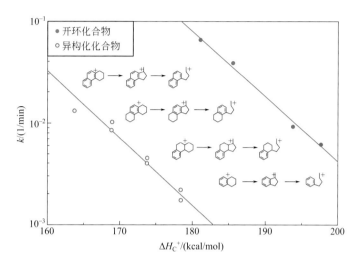

● 图 5-27　异构化和开环反应的动力学速率常数与碳正离子中间体生成热的关系

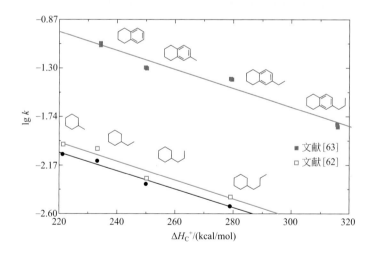

● 图 5-28　脱烷基反应的反应速率常数与碳正离子生成热的 LFER 关联图

1.数学原理

（1）分子动力学模型的数值求解基本方法

动力学模型通常可以描述为以下初始值问题：

$$\dot{y} = f(\boldsymbol{y}), \boldsymbol{y} \in R^N$$
$$\boldsymbol{y}(t_0) = y_0 \tag{5-22}$$

更具体地说，ODE系统[70]可以写成：

$$\mathrm{d}\boldsymbol{y}/\mathrm{d}t = f(t, \boldsymbol{y}) \tag{5-22a}$$

DAE系统[70]可以写成：

$$\mathrm{d}\boldsymbol{y}/\mathrm{d}t = f(t, \boldsymbol{y}, \boldsymbol{\beta}) \tag{5-22b}$$
$$0 = g(t, \boldsymbol{y}, \boldsymbol{\beta}) \tag{5-22c}$$

式中，$\boldsymbol{y}$和$\boldsymbol{\beta}$是因变量的向量；t是自变量。在基于分子的动力学模型背景下，$\boldsymbol{y}$和$\boldsymbol{\beta}$可分别被认为是可观察到的分子和不可观察的中间体。公式（5-22）的数值解在t_n处生成为离散值y_n，遵循线性多阶公式

$$y_n = \sum_{i=1}^{K_1} \alpha_{n,i} y_{n-1} + h_n \sum_{i=0}^{K_2} \beta_{n,i} \dot{y}_{n-i} \tag{5-23}$$

步长$h_n = t_n - t_{n-1}$。对于非刚性问题，q阶的 Adams-Moulton 方法 [56] 的特征是$K_1 = 1$且$K_2 = q - 1$。对于刚性问题，阶q的后向微分公式（Backward Differentiation Formula，BDF）具有$K_1 = q$ 和$K_2 = 0$。

在非刚性或刚性情况下，通常是非线性系统：

$$G(y_n) \equiv y_n - h_n \beta_{n,0} f(t_n, y_n) - a_n = 0$$
$$a_n = \sum_{i>0} (\alpha_{n,i} y_{n-i} + h_n \beta_{n,i} \dot{y}_{n-i}) \tag{5-24}$$

在非刚性情况下，通常通过简单的功能（或固定点）迭代来完成。在刚性的情况下，通常使用牛顿迭代的衍生方法来完成。

牛顿迭代需要求解形式的线性系统

$$G(y_{n(m)}) = -\boldsymbol{M}(y_{n(m+1)} - y_{n(m)}) \tag{5-25}$$

式中，$\boldsymbol{M}$是牛顿矩阵（$\boldsymbol{I} - h\beta_{n,0}\boldsymbol{J}$）的近似值，$\boldsymbol{J} = \partial f/\partial y$是系统雅可比矩阵。该线性系统可以通过直接（例如，密集、带状和对角线）或迭代（例如，广义最小残差）方法来解决。

（2）关于 DKM 系统的刚度

刚度是微分方程的一个特征，来自真实系统的模型，其中相互作用发生在一个以上的时间尺度上。在 DKM 中，特别是在机理层面，例如，一些瞬态反应发生在几微秒或更短的时间尺度上，而较慢的稳态反应发生在一秒或更大的时间尺度上，刚度经常遇到。

刚度的定量测量通常由刚度比给出：

$$刚度比 = \max[-\mathrm{Re}(\lambda_i)]/\min[-\mathrm{Re}(\lambda_i)] \tag{5-26}$$

为满足稳定性要求，可以采用像 Runge-Kutta 法 [1] 这样的经典方法，来确定求取刚度比所需的步数。如果微分方程的雅可比矩阵$\boldsymbol{J} = \partial f/\partial y$具有特征值 $\{\lambda_i\}$，且其实部主要是负的，而且幅度变化很大 [56, 71, 72]，则刚度是不可避免的。例如，反应物 R 通过 I 并转换为产物 P（$k_2 > k_1$）：

$$R \xrightarrow{k_1} I \xrightarrow{k_2} P \qquad (5\text{-}27)$$

该系统的特征值是 k_1 和 k_2，因此在这种情况下

$$刚度比 = \frac{\lambda_{max}}{\lambda_{min}} = \frac{k_2}{k_1} \qquad (5\text{-}28)$$

k_2/k_1 越大，I 就越像中间体（例如，机理水平模型中的碳正离子），而不是可观察的产品；同时，系统变得越来越刚性。这就是机理级模型通常更死板，比路径模型更难以解决的原因。另一个特征即条件数 $K(A)$，可以从数学的角度帮助理解 DKM 系统。条件数反映了解决方案中相对误差与输入参数中相对误差的比率。

$$K(A) = ||A|| \cdot ||A^{-1}|| \approx |\lambda_{max}|/|\lambda_{min}| \qquad (5\text{-}29)$$

该指数通常显示系统的"病态"，但该值取决于具体的应用。特别是对于大型系统，一些方程权重远高于其他方程；一些变量的值比其他变量高得多（机理层面的 DKM 就是这种情况），系统将更难以解决，更容易出现数值不稳定。除非能够实现小的步长，否则没有明确的数值方法具有解涉及刚性系统的问题所需的稳定性，只能使用隐式数值方法来解决僵硬的系统。

（3）DKM 系统的稀疏性

如果矩阵的许多系数为零，则矩阵是稀疏的。一般来说，如果利用其零点有优势，就认为矩阵是稀疏的。使用稀疏矩阵的有效工作需要特殊的数值算法，可以考虑与稀疏性相关的特殊存储技术和特殊编程技术。这些特殊技术可以使结果在数值上可接受，存储需求被最小化，并且计算时间和成本被最小化。通常，当非零元素至少小于 20% 时，可以应用稀疏技术[70]。

对于 ODE/DAE 系统，隐式数值方法导致线性代数方程组，进而影响雅可比矩阵评估。一般来说，DKM 的雅可比矩阵非常稀疏。在具有数百种物种和数千种反应的反应网络中，每个物种通常仅与少数其他物种和反应有关，这导致雅可比矩阵非常稀疏。例如，在机理层面的 C_8 化合物加氢裂化模型中，涉及 81 个物种的 241 种反应，在雅可比行列中有 6002 个零。因此，稀疏度仅为 8.5%，计算方法如式（5-30）所示。

$$稀疏度 = 1 - 6002/(81 \times 81) = 8.5\% \qquad (5\text{-}30)$$

解决 DKM 中雅可比矩阵的稀疏性是应该利用的一个重要特征，可以提高模型的求解性能。所以只要可能，最好能明确提供雅可比行列式。有限差分（Finite Difference，FD）估计总是会受到误差的影响，并且通常会产生更多的成本。

2.数学求解测试

（1）备选 DKM

可选择两个有代表性的 DKM 来研究两种主要 DKM 类型的模型解决方案。

两种模型均表示为 ODE 系统：

① 蜡油加氢裂化的反应路径模型（GO-HDC-Path），代表反应路径水平的蜡油加氢裂化，包括 264 个物种、833 个反应。

② C_8 加氢裂化的反应机理模型（C_8-HDC-Mech），代表反应机理水平的 C_8 加氢裂化，包括 81 个物种及其 241 种反应。

（2）备选解决方案

有很多现成的 ODE/DAE 求解器。从这些求解器中，挑选了四个有代表性的求解器并构成相应的四个解决方案，分别命名为 DASSL、LSODE、LSODES 和 LSODA 解决方案，用来说明实际工作中应该如何选配以适应相应的 DKM。

DASSL[73] 为差分 / 代数系统求解器，用于求解形式为 $F(t, y, y') = 0$、$y(t_0) = y_0$ 和 $y'(t_0) = y'_0$ 的刚性系统，其中 F、y 和 y' 是矢量。DASSL 使用 BDF 方法近似导数，产生的线性系统由 LU（Lower-Upper）方法直接求解。雅可比矩阵可以是密集的或具有带状结构，并且可以通过有限差异计算或者由用户直接提供。无论 DKM 建模用的是 DAE 系统还是 ODE 系统，都默认 DASSL 作为求解器。但不同系统采用不同求解器时，计算效率差异很大。

应该使用 ODE 求解器而不是 DAE 求解器来求解 ODE 系统。一些大型 DAE 系统可能造成收敛问题，DAE 系统通常比 ODE 系统更难以用数值求解。需要指出的是，有限差分雅可比计算是 DASSL 代码中最薄弱的部分[73]，为此，可以利用利弗莫尔求解常微分方程（LSODE）及其变形来补充 DASSL 的不足[56]。

LSODE[72] 是 ODEPACK 的基本解算器，解决了 $dy/dt = f$ 形式的刚性和非刚性系统问题。在刚性的情况下，它将雅可比矩阵 df/dy 视为完整矩阵或带状矩阵，并且可以是用户提供的，也可以是内部近似差分商。它在非刚性情况下使用 Adams 方法（预测校正器），在刚性情况下使用 BDF 方法。产生的线性系统通过直接方法（LU 因子 / 求解）求解。LSODE 取代了旧的 GEAR 和 GEARB 软件包，并通过一些算法改进反映了用户界面和内部组织的完全重新设计。

LSODES[72] 解决了系统 $dy/dt = f$、且在刚性情况下以一般稀疏形式处理雅可比矩阵问题。它自己确定稀疏性结构（或者可选地从用户接受此信息）并使用耶鲁稀疏矩阵包（YSMP）的一部分来解决出现的线性系统。

LSODA[72] 用于出现刚性时解决系统 $dy/dt = f$ 带有完整或带状雅可比行列式时的问题，但会自动选择非刚性（Adams）和刚性（BDF）方法。它最初使用非刚性方法并动态监视数据以决定使用哪种方法。

（3）数学求解的测试安排

针对两个备选 DKM 模型（GO-HDC-Path 和 C8-HDC-Mech），用四个备选求解器（DASSL，LSODE，LSODES 和 LSODA）来求解以比较模型求解性能（即效率）。

模型用各种方法标记（MF）的方式来解决[56]。将测试一组完整的刚度（Adams 用于非刚性，BDF 用于刚性，动态用 Adams 和 BDF）和稀疏度（用户提供的或 FD 近似）组合。对于模型 C_8-HDC-Mech，使用开发的算法自动生成显式雅可比矩阵，并提供该矩阵以探索和利用其稀疏性。

Klein 等[56] 所做的所有测试都在运行 Linux2.0.32 内核的 PentiumPro200 上运行，

并带有 egcs-1.02 编译器（实验性 GNU 编译器）。

3. 参数求解结论与建议

四种求解器对反应路径和反应机理层面建立的动力学模型的求解效率各不相同，所得到的结论是：

对于反应路径层面上建立的动力学模型，不同求解器的表现排名是：配 Adams 的 LSODES ＞配 Adams 的 LSODE ＞ LSODA ＞配 BDF 的 LSODES ＞配 BDF 的 LSODE ＞ DASSL

对于反应机理层面上建立的动力学模型，不同求解器的表现排名是：配 BDF 和用户提供的稀疏雅可比行列式的 LSODES ＞配 BDF 和有限微分雅可比行列式的 LSODES ＞配 BDF 和用户提供的稀疏雅可比行列式的 LSODE ＞ DASSL ＞配 BDF 和有限微分雅可比行列式的 LSODE ＞ LSODA

对此的讨论可以参见文献 [56]。据此可给出分子水平反应动力学模型参数求解建议如下：

① 在数学上首先要识别和确定所建模型是属于 ODE 系统还是 DAE 系统。如果是属于 ODE 系统，则求解时倾向于使用 ODE 求解器，这样能更快地求解，不推荐使用 DAE 求解器进行求解。

② 对于具体的系统，在求解时还需要根据系统的刚性、非刚性选择合适的求解器。例如，刚性问题可以采用 BDF 方法，而非刚性问题则用 Adams-Moulton 法。由于反应路径层面所建立的动力学模型本质上是非刚性的，因此此类动力学模型求解时 Adams-Moulton 算法将是首选。而反应机理层面建立的动力学模型本质上是刚性的，因此 BDF 算法将是反应机理层面动力学模型参数求解的首选。

③ 利用雅可比矩阵的稀疏结构可以提高数值解的性能和精度。大型反应网络构成的分子水平反应动力学模型本质上稀疏的，因此要充分利用特定系统的稀疏性并采用雅可比矩阵稀疏结构的求解器以显著提高模型求解的效率。

四、分子水平反应动力学模型的集成建模技术

根据化学反应工程规律总结、凝练后构建的分子水平反应动力学模型，为解决工艺问题并做进一步的优化提供了一个严格的框架与程序。通过原料表征、分子重构技术获得复杂原料的分子信息（组成与结构等），并通过各种算法和策略自动构建和控制计算机上复杂过程的化学反应网络，选择相关的合适方法可以评估复杂反应网络中的成千上万个反应速率常数之间的相关性，然后采用最适宜的数学方法求解反应动力学模型的参数。如果能将上述各部分有机地整合，即将反应物结构和组成的建模、反应网络的建立、模型参数的组织、动力学模型的参数求解和优化全部整合，将大大提高工作效率。这在当今炼油强化技术发展、智能炼化建设

的大势下，更加具有现实意义。美国特拉华大学的 Klein 团队基于这个理念，开发出了一个集成的化学工程软件包，并将之命名为动力学模型集成工具箱（Kinetic Modeler's Toolbox，KMT），本小节简单介绍 KMT 开发思路、主要构成等内容。

1. 详细动力学建模的工具集成

图 5-29 为 KMT 采用的基于分子的动力学建模方法的示意图。

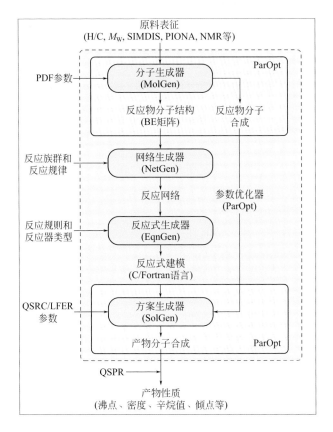

图 5-29　详细动力学模型建模的集成工具箱（KMT）示意图 [56]

P—链烷烃；I—异构烷烃；O—烯烃；N—环烷烃；A—芳烃

由图 5-29 可见，KMT 有五个自动化分子反应动力学建模的过程模块：即分子生成器（MolGen）、网络生成器（NetGen）、反应式生成器（EqnGen）、方案生成器（SolGen）和参数优化器（ParOpt）。它从分子结构构建软件开始，该模块使用蒙特卡罗模拟技术，根据分析表征的信息〔如，氢碳比（H/C）、模拟蒸馏数据（SIMDIS），核磁共振（NMR）数据等〕来构建出复杂原料的分子。然后，利用图论技术生成反应网络。反应族概念和定量结构反应性关联（QSRC）用于组织和估计速率常数。然后，计算机将生成的反应网络与相关的速率表达式转换为一组数学方程（EqnGen），可以在优化框架内针对不同的反应族，选择 SolGen 进行求解，以确定模型中的反应速率常数（ParOpt）。这种基于分子的自动化动力模型建模流程使建模人员能够专注于基础化学，并显著加快模型开发。

五个模块的具体内容、构成情况等可参见该集成软件系统的说明书。

2. 参数优化和性能估计

（1）关于参数优化（ParOpt）框架

MolGen 模块已经预先嵌入了 Monte Carlo 模拟计算方法，所以可以在优化框架内运行，通过调整 PDF 参数以允许随机产生的分子结构与原料的结构和组成相匹配。所开发的动力学模型样板也可在优化框架内解决，通过将模型结果与反应器中的实验观察相匹配来确定动力学反应速率常数。上述两种 ParOpt 情况在图 5-29 中用虚线矩形表示，作为 KMT 的一部分。

（2）优化算法

许多优化算法已经被测试并集成到 KMT 的优化框架中。KMT 通常采用三大优化算法：即模拟退火算法（SA）、GREG 程序（贝叶斯法）和多级单链（MLSL）算法。这些算法如何选用非常值得讨论，可以见相应的文献[74-76]。

在具体的分子动力学模型开发中，上述优化器也可以与其他优化方法并行使用，以生成其他的局部参数优化的初始猜测值和参数范围，从而加快整体优化过程。

（3）目标函数

在所有上述优化程序中，用户可以调整的一个重要因素是目标函数。这对于成功优化参数和获得最佳优化结果至关重要。

不同优化目的时的目标函数的形式不同。例如，对于分子重构技术的目标函数，其分子项可能是模型预测值和分析表征（实验测定）的实测值（性质）差值的平方，分母是加权因子，它等于实验测定值的标准偏差。这个目标函数可以很容易地修改任何分析表征的信息。实际上，对原料分析表征的信息越多，目标函数就能确定得越合理。目标函数的值越低，说明所用模型预测出来的分子能更好地匹配实验测量数据，也就是预测得更准确。

对于优化分子水平反应动力学模型的反应速率参数这一目标而言，目标函数通常被定义为通过实验标准偏差加权的预测值和实验值（产率）的差的平方，如式（5-31）所示。

$$F = \sum_{i=1}^{M} \sum_{j=1}^{N} \left(\frac{y_{ij}^{\text{model}} - y_{ij}^{\text{exp}}}{\overline{\omega}_j} \right) \tag{5-31}$$

式中，i 是实验数量；j 是物种；ω_j 是加权因子（通常是实验测量偏差）。ω_j 的分配对于成功优化非常重要。通常，$\omega_j \leq y$，以确保$F/(MN) \leq 1$。ω_j越小，在目标函数中越重要。有时，ω_j的选择可以与用户的期望折中。例如，在加氢处理或加氢脱硫（HDS）过程中，如果用户更关心产品中的硫含量而不是某些链烷烃含量，则对硫的加权因子ω_j应当设置得非常小，以便更好地预测硫含量。

（4）混合物的性质估算

反应动力学模型的输出是反应后的所有产物分子的浓度。然而，在石油加工过程中，大家除了关注数量外，还关注质量（性质），例如汽、煤、柴油等液体石油产品的辛烷值、十六烷值、倾点、烟点、硫氮含量等。因此，混合物性质估算很有用。

混合物的性质可以基于产物分子的集合性质来计算。策略之一是开发或利用任何定量结构性质关系（QSPR）将分子结构与分子性质相关联。

性质关联的方法可以参考本书第三章相关内容。

（5）全局优化策略

按照图 5-29，分子水平反应动力学模型的建立与参数求解，既可以在原料分子组成与结构的重构阶段对 PDF 参数优化，以获取准确的分子信息，也可以在动力学参数求解阶段对参数进行优化，还可以同时优化，即从原料分析表征开始到产物分布和性质预测的整个反应动力学模型全过程的协同优化。实际上，只要反应化学和反应动力学严格确定，是可以通过 PDF 参数和动力学参数的协同优化来预测基于原料表征与重构技术而获得分子，再经过反应转化为目的产物的分布和性质的。至少，Klein 等[56] 开发的 KMT 让我们看到了这种端到端的全局优化策略是完全可行的，而随着人们对反应化学和反应动力学的了解越来越深入，加上计算技术（特别是算法、算力）的飞速发展，全局优化将更加普遍，分子水平反应动力学模型发展也会更加全面和深入。这也是炼油强化技术（或可称为计算强化技术）发展的重要方向之一。

参考文献

[1] Mayer I. Bond orders and valences from ab initio wave functions[J]. International Journal of Quantum Chemistry, 1986, 29 (3): 477-483.

[2] （日）福井谦一. 化学反应与电子轨道 [M]. 李容森译. 北京：科学出版社，1985.

[3] Fan X, Wang X, Wang J, et al. Structural and electronic properties of Linear and angular polycyclic aromatic hydrocarbons[J]. Physics Letter A, 2014, 378 (20): 1379-1382.

[4] Rice F O, Herzfeld K F. The thermal decomposition of organic compounds from the stanadpoint of free radicals. Ⅵ. The mechanism of some chain reactions[J]. Journal of the American Chemical Society, 1934, 56 (2): 284-289.

[5] Caeiro G, Carvalho R H, Wang X, et al. Activation of $C_2 \sim C_4$ alkanes over acid and

bifunctional zeolite catalysts[J]. Journal of Molecular Catalysis A: Chemical, 2006, 255 (1): 131-158.

[6] Ogbuneke K U, Snape C E, Andresen J M, et al. Identification of a polycyclic aromatic hydrocarbon indicator for the onset of coke formation during visbreaking of a vacuum residue[J]. Energy & Fuels, 09, 23 (4): 2157-2163.

[7] 王威，刘颖荣，杨雪等 . 烃指纹技术及其在催化裂化反应中的初步应用 [J]. 石油学报（石油加工），2012, 28 (2): 167-173.

[8] 傅晓钦，田松柏，侯栓弟等 . 蓬莱和苏丹高酸原油中的石油酸结构组成研究 [J]. 石油与天然气化工，2007, 36 (06): 507-510.

[9] 麦松威，周公度，李伟基 . 高等无机结构化学 [M]. 北京：北京大学出版社，2006.

[10] Richter F P, Caesar P D, Meisel S L, et al. Distribution of nitrogen in petroleum according to basicity[J]. Ind Eng Chem, 1952, 44 (11): 2601-2605.

[11] Yamaoto M, Taguchi K, Sasski K. Basic nitrogen compounds in bitumen and crude oils[J]. Chemical Geology, 1991, 39 (1-2): 193-205.

[12] 吴青 . 炼油化工一体化：基本概念与工业实践 // 洪定一 . 炼油与石化工业技术进展 [M], 北京：中国石化出版社，2011.

[13] 徐承恩 . 催化重整工艺与工程 [M]. 北京：中国石化出版社，2006.

[14] Mills G A, Heinemann H, Milliken T H, et al. (Houdriforming reactions) catalytic mechanism[J]. Ind Eng Chem, 1953, 45 (1): 134-137.

[15] 于宁，龙军，马爱增等 . 2- 庚烯碳正离子移位及环化反应的分子模拟 [J]. 石油学报（石油加工），2013, 29 (4): 549-554.

[16] 王丽景 . 浅谈柴油质量升级到国Ⅳ、国Ⅴ的技术对策 [J]. 中国石油和化工，2014, 11: 67-70.

[17] 宋海涛，达志坚，朱玉霞等 . 不同类型 VGO 的烃类组成及其催化裂化反应性能研究 [J]. 石油炼制与化工，2012, 43 (2): 1-8.

[18] 高浩华，王刚，张兆前等 . 重油分级催化裂化反应性能 [J]. 石油学报（石油加工），2012, 28 (6): 907-912.

[19] 赵丽萍 . VGO 中不同烃族组分催化裂化性能的研究 [D]. 北京：石油化工科学研究院，2015.

[20] 汤海涛，凌珑 . 催化裂化过程中硫转化规律的研究 [J]. 催化裂化，2002, 17 (2): 17-23.

[21] 李明，郭大为，陈西岩等 . 脱硫脱氮吸附剂上的硫经催化裂化反应后的分布研究 [J]. 石油炼制与化工，2012, 43 (10): 35-39.

[22] Caeiro G, Costa A, Cerqueira H, et al. Nitrogen poisoning effect on the catalytic cracking of gasoil[J]. Applied Catalysis A: General, 2007, 3 (20): 8-15.

[23] 沈本贤，陈小博，王劲等 . 含氮化合物对 FCC 催化剂的中毒机理及其应对措施 [J]. 石油化工，2013, 42 (4): 457-462.

[24] Caeiro G, Magnoux P, Lopes J, et al. G. Deactivating effect of quinoline during the methylcyclohexane transformation over H-USY zeolite[J]. Applied Catalysis A: General, 2005, 29 (2): 189-199.

[25] 贺耀人. 胶质沥青质在催化裂化过程中的行为探讨 [J]. 西安石油学院学报, 1998, 13 (3): 25-27.

[26] 田松柏. 石油炼制过程分子管理 [M]. 北京: 化学工业出版, 2017: 204-214.

[27] Burnens G, Bouchy C, Guillan E, et al. Hydrocracking reaction pathways of 2, 6, 10, 14-tetramethylpentadecane model molecule on bifunctional silica–alumina and ultrastable Y zeolite catalysts[J]. Journal of Catalysis, 2011, 282 (1): 145-154

[28] 鞠雷艳, 蒋东红, 胡志海等. 四氢萘类化合物与萘类化合物混合加氢裂化反应规律的考察 [J]. 石油炼制与化工, 2012, 43 (11): 1-5.

[29] 杨平, 辛靖, 李明丰等. 四氢萘加氢转化研究进展 [J]. 石油炼制与化工, 2011, 42 (8): 1-6.

[30] Park J, Ali S A, Alhooshani K, et al. Mild hydrocracking of 1-methyl naphthalene (1-MN) over alumina modified zeolite[J]. Journal of Industrial and Engineering Chemistry, 2013, 19 (2): 627-632.

[31] 宋欣. 双环化合物加氢裂化反应规律研究 [D]. 青岛: 中国石油大学, 2007.

[32] 张月红, 张富平, 胡志海等. 加氢裂化反应尾油中烃组成变化规律的研究 [J]. 石油炼制与化, 2014, 45 (11): 44-47.

[33] 张数义, 罗辉, 邓文安等. 辽河渣油悬浮床加氢裂化反应条件的考察 [J]. 石油化工高等学校学报, 2008, 21 (3): 57-59.

[34] 方向晨. 加氢裂化 [M]. 北京: 中国石化出版社, 2008.

[35] Ma X, Sakanishi K, Isoda T, et al. Quantum chemical calculation on the desulfurization reactivities of heterocyclic sulfur compounds[J]. Energy & Fuels, 1995, 9 (l), 33-37.

[36] Schulz H, BOhringer W, Waller P, et al. Gas oil deep hydrodesulfurization: refractory compounds and retarded kinetics[J]. Catalysis Today, 1999, 49 (l): 87-97.

[37] Ma X, Sakanishi K, Mochida I. Hydrodesulfurization reactivities of various sulfur compounds in vacuum gas oil[J]. Industrial & Engineering Chemistry Research, 1996, 35 (8): 2487-2494.

[38] Song T, Zhang Z, Chen J, et al. Effect of aromatics on deep hydrodesulfurization of dibenzothiophene and 4, 6-dimethyldibenzothiophene over NiMo/Al$_2$O$_3$ catalyst. Energy & Fuels. 2006, 20 (6): 2344-2349.

[39] Laredo S G C, Delos Reyes H J A, Luis Cano D J, et al. Inhibition effects of nitrogen compounds on the hydrodesulfurization of dibenzothiophene[J]. Applied Catalysis A: General, 2001, 207 (1): 103-112.

[40] Li Z, Wang G, Liu Y, et al. Catalytic cracking constraints analysis and divisional fluid catalytic cracking process for coker gas oil[J]. Energy & Fuels, 2012, 26 (4): 2281-2291

[41] Kirtley S M, Mullins O C, Van Elp J. Nitrogen chemical structure in petroleum asphaltene and coal by X-ray absorption spectroscopy[J]. Fuel, 1993, 72 (l): 133-136.

[42] Prins R. Catalytic hydrodenitrogenation//Gates B, Knoezinger H. Advances in catalysis[M]. New York: Academic Press, 2001.

[43] Fu J, Klein G C, Smith D F, et al. Comprehensive compositional analysis of hydrotreated and untreated nitrogen-concentrated fractions from syncrude oil by electron ionization, field desorption ionization, and electrospray ionization ultrahigh-resolution FT-ICR mass spectrometry[J]. Energy & Fuels, 2006, 20 (3): 1235-1241.

[44] Shi Q, Xu C, Zhao S, et al. Characterization of basic nitrogen species in coker gas oils by positive-ion electrospray ionization Fourier transform ion cyclotron resonance mass spectrometry[J]. Energy & Fuels, 2010, 24: 563-569.

[45] Zhang T, Zhang L, Zhou Y, et al. Transformation of nitrogen compounds in deasphalted oil hydrotreating: Characterized by electrospray ionization Fourier transform-ion cyclotron resonance mass spectrometry[J]. Energy & Fuels, 27 (6): 2952-2959.

[46] 刁瑞 , 渣油原料和加氢产品的分子水平认识 [D]. 北京 : 石油化工科学研究院 , 2013.

[47] Garcia-Lopez A J, Cuevas R, Ramirez J, et al. Hydrodemetallation (HDM) kinetics of Ni-TPP over Mo/Al$_2$O$_3$-TiO$_2$ catalyst. Catalysis Today. 2005, 107-108: 545-550.

[48] McKenna A M, Purcell J M, Rodgers R P, et al. Identification of vanadyl porphyrins in a heavy crude oil and raw asphaltene by atmospheric pressure photoionization Fourier transform ion cyclotron resonance (FT-ICR) mass spectrometry[J]. Energy & Fuels, 23 (4): 2122-2128.

[49] 杨光华 . 重质油及渣油加工的几个基础理论问题 [M]. 东营 : 石油大学出版社 , 2001

[50] 张龙力 , 杨国华 , 阙国和等 . 常减压渣油胶体稳定性与组分性质关系的研究 [J]. 石油化工高等学校学报 , 2010, 23 (3): 6-10.

[51] Ancheyta J, Centeno G, Trejo F, et al. Changes in asphaltene properties during hydrotreating of heavy crudes[J]. Energy & Fuels, 2003, 17 (5): 1233-1238.

[52] Merdrignac I, Quoineaud I, Gauthier T. Evolution of asphaltene structure during hydroconversion conditions [J]. Energy & Fuels, 2006, 20 (5): 2028-2036.

[53] 吴青 . 石油分子工程及其管理的研究与应用 (Ⅱ) [J]. 炼油技术与工程 , 2017, 47 (1): 1-9.

[54] Ugi I, Bauer J, Brandt J, et al. New applications of computers in chemistry[J]. Agnew Chem Int Ed Engl, 1979, 18 (2): 111-123.

[55] Broadbelt L J, Stark S M, Klein M T. Computer generated reaction modelling: decomposition and encoding algorithms for determining species uniqueness[J]. Comput Chem Eng, 1996, 20 (2): 113-129.

[56] Klein M T, Hou G, Bertolacino R J, et al. Molecular modeling in heavy hydrocarbon conversions[M]. New York: CRC Tayloy & Francis, 2006.

[57] Temkin O N, Zeigarnik A V, Bonchev D. Chemical reaction networks: A graph-theoretical approach[J]. Boca Raton, FL: CRC Press, 1996.

[58] Mizan T I, Hou G, Klein M T. Mechanistic modeling of the hydroisomerization of high carbon number waxes[C]. AIChE Meeting. New Orleans, 1998.

[59] Baynes B[D]. Newark: University of Delaware, 1997.

[60] Hammett L P. The effect of structure upon the reactions of organic compounds-benzene derivatives[J]. J Am Chem Soc, 1937, 59: 96-103.

[61] Evans M G, Polanyi M. Inertia and driving force of chemical reactions[J]. Trans Faraday Soc, 1938, 34: 11-24.

[62] Mochida I, Yoneda Y. Linear free energy relationships in heterogeneous catalysis: II . Dealkylation and isomerization reactions on various solid acid catalysts[J]. J Catal, 1967, 7: 386-396.

[63] Mochida I, Yoneda Y. Linear free energy relationships in heterogeneous catalysis: III . Temperature effects in dealkylation of alkylbenzenes on the cracking catalysts[J]. J Catal, 1967, 8 (3): 223-230.

[64] Neurock M T. A Computational chemical reaction engineering analysis of complex heavy hydrocarbon reaction systems[D]. Newark: University of Delaware, 1992.

[65] Korre S. Quantitative structure/reactivity correlations as a reaction engineering tool: Applications to hydrocracking of polynuclear aromatics[D]. Newark: University of Delaware, 1995.

[66] Froment G F, Bischoff K B. Chemical Reactor Analysis and Design[M]. 2nd edited. New York: John Wiley & Sons, 1990.

[67] Yang K H, Hougen O A. Determination of Mechanism of catalyzed gaseous reactions, Chem Eng Progress, 1950, 46 (37): 146-147.

[68] Aris R. Introduction to the analysis of chemical reactors[M]. New Jersey: Prentice-Hall, Englewood Cliffs, 1965.

[69] Dewar M J S. The molecular orbital theory of organic chemistry[M]. New York: McGraw-Hill, 1969

[70] Beris A N. Notes for chemical engineering problems[R]. Newark: University of Delaware, 1998.

[71] Radhakrishnan K, Hindmarsh A C. Description and use of LS ODE, the livermore solver or ordinary differential equations// NASA Reference Publication[M]. Cleverland: Lewis Research Center, 1993.

[72] Hindmarsh A C et al. ODEPACK documentation. Livermore, CA. Lawrence Livermore National Laboratory, 1997.

[73] Brenan K E, Campbell S L, Petzold L R. Numerical solution of initial-value problems in differential-algebraic equations[M]. Amsterdam: North-Holland, 1989.

[74] Goffe W L, Ferrier G D, Rogers J. Programme to "Global optimization of statistical functions with simulated annealing" [J]. J Econometrics, 1994, 60 (1-2): 65-100.

[75] Stewart W E, Caracotsios M, Sørensen P. GREG software package documentation[R]. Madison: University of Wisconsin, 1992.

[76] Stark S M. An investigation of the applicability of parallel computation to demanding chemical engineering problems[D]. Newsark: University of Delaware, 1992.

第六章

石油分子工程的应用

第一节　在数字化和智能化升级中的应用

一、石油分子工程是智能炼化建设的基础

1.智能炼化建设特点

流程工业"智能炼化"在当前已获普遍关注。西方发达国家近年纷纷实施"再工业化"和"制造业回归"战略，着力打造信息化背景下国家制造业竞争的新优势。在中国，伴随国民经济发展进入"新常态"，炼油化工行业为应对"资源、能源、环境与安全"的挑战与约束而打造基于工业互联网的"智能炼化"，对于经济发展的作用进一步凸显。《中国制造2025》明确提出，"新一代信息技术与制造业深度融合，正在引发影响深远的产业变革，形成新的生产方式、产业形态、商业模式和经济增长点"[1]，因此，数字化、智能化转型升级使得未来的炼化企业将从根本上改头换面[2]。

作为典型的流程工业，炼化产业与离散工业有很大不同。首先，炼化产业的生产过程是连续和不可分割的过程，如果其中某一套装置、单元的加工过程出现问题，将会影响整个企业的产品（数量、质量）。当然，炼化产品也无法像离散工业那样，可以对产品进行单个（件）的计量；其次，炼化企业加工的原料（油）通常变化频繁，加上生产过程本来就很复杂，涉及大量的物理和化学变化，且通常反应机理还不很清晰，故工况变化也频繁；还有，炼油加工过程、生产经营计划的决策分析，目前仍大多依靠富有经验的知识型工程师，而原料性质、设备状态、工艺参

数、产品质量等无法做到实时或全面检测，即缺乏敏捷、准确的物理与化学性质以及工艺等的测量与模型，或者说炼化过程测量难，因此数字化就难，当然建模、控制和优化决策也就很难了。

通过对炼化产业发展趋势及行业最佳实践的研究，可以发现，许多领先的炼化企业均在向数字化、智能化发展，主要聚焦于以下方面：

① 在供应链协同优化方面：实现供应链的计划优化、协同调度、全程可视化，实现上下游的横向集成。

② 在智能运营方面：建设生产调度指挥中心，对生产过程、设备运行、能源、HSE 等信息进行全面分析，并基于智能化的数据挖掘和预测模型支持智能决策。

③ 在生产过程优化方面：建设生产运营模型体系、专家知识库形成知识，并基于模型体系，实现生产过程最优化，包括计划优化、调度优化、操作与控制优化等，实现贯穿整个炼油过程的更加经济的决策。

④ 在能源和设备综合管理方面：强化能源规范管理，实现贯穿各个运行点监控跟踪；实现用能系统优化，支撑节能减排；同时，强化设备资产运营管理，并实现基于大数据的设备预测性维护。

⑤ 在智能销售方面：实现智能销售，支持以客户、市场为导向的销售服务信息化能力的提升，包括建设智能（智慧）加油站、数字化销售平台、CRM 系统等。

这给我们以下很大的启示：

① 在应用先进的数字化、信息化新技术方面：大数据、物联网、云计算、人工智能、移动应用、虚拟现实等技术，重点提升企业的供应链敏捷协同优化、智能运营、生产过程优化、生产过程综合管理、数字化销售的能力。

② 在炼化生产领域：实现生产过程、能源、设备等的精细化管理，并建立模型体系，形成知识，实现生产的全过程优化；同时，基于可视化技术，实现生产过程、销售管理的全程可视化，支撑智能运营。

③ 在销售领域：实现智能销售，关注客户服务，不断提高客户体验，并利用互联网 + 等技术，支持销售业务的转型。

④ 就产销协同管理而言：实现供应链的计划优化、协同调度，实现上下游的横向集成。

炼化企业的智能炼化建设，以实现"资源高效转化、能源高效利用、过程绿色低碳"为目标，就是应用包括物联网、大数据、人工智能等新技术，将炼化生产、管控、决策与数字化、智能化的敏捷感知与监控测量技术、重构技术、分子水平动力学动态建模等知识关联模型化技术以及云计算、大数据、AI 等算法技术以及 AR/VR/MR 等可视化技术和 APC、RTO 等优化技术深度融合，结合移动工业互联网等平台，构建起全流程资源敏捷优化与决策系统和生产过程绿色低碳与全流程整体协同优化系统而形成新型的炼化企业模式，且这种模式今后将进一步发展为全流程整体协同优化的管控与决策智能一体化模式，从而横向上实现从原油生产、运输、仓储到炼化生产、油品仓储、物流、销售的整个供应链的协同优化，使生产和供应及时响应市场变化，实现智慧供应链；纵向上实现炼厂的计划优化、调度优化、全局在线优化。简言之，即全面实现资源敏捷优化、全产业链的协同优化和QHSE管理体系的溯源与监控[3]。

可以按照"数字化、智能化、智慧化"三个阶段分步实施智能炼化建设，其中，数字炼化是基础，智慧炼化是目标，智能炼化是核心[4]。炼化企业的智能炼化建设[5]是围绕如图6-1[6]所示的数字化建设及其转型升级而实现的，即按照数字炼化、智能炼化和智慧炼化分步实施的过程中，供应链、产业链的数字化与智能化转型升级实现价值链的提升，同时也构建了以全生命周期设备预防性维修维护为特征的安全环保体系，最终形成以"资源敏捷优化与分子级先进计划系统（MAPS系统）"、"全产业链的协同优化"和"QHSE的监控与溯源"为核心特色的智能化信息化系统。

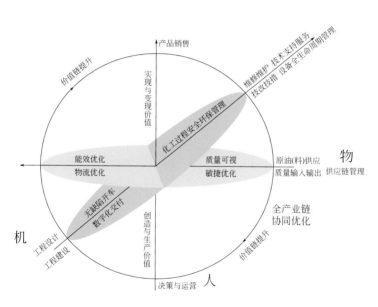

◉ 图6-1　数字炼化主要模块构成示意图

智能炼化建设具有"自动化、数字化、可视化、模型化、集成化、网络化、智能化和绿色化"的特点[1]，这些特点基本上均与石油分子工程与分子管理有直接与间接的关系。

2.石油分子工程在智能炼化建设中的作用

如本书所述，为了充分利用好宝贵的石油资源，做到绿色、高效和高选择性地实现资源价值最大化和成本最小化，石油分子工程[7,8]就是在超越传统石油炼制认知体系下通过对石油及其馏分的分析表征、分子重构及模拟与识别，获得石油及其馏分在分子水平上的各种信息；将直接获取或重构获得的这些分子信息与石油及其馏分的物化性质及反应性相关联，从而建立分子水平的反应动力学模型，并模拟石油炼制加工反应过程；预测、关联反应产物分布及其产物性质；为原料优化，催化剂开发、表征、设计、筛选、使用，石油炼制工艺过程操作管理与优化，以及新的工艺过程开发等提供有益的指导与帮助，实现石油中每个有机分子价值的最大化，提升石油炼制的效率与效益，因此，石油分子工程与分子管理就是智能炼化建设的理论基础、技术构架的核心"芯片"与主要模块内容。

以下对炼化企业在不同层次涉及的具体问题稍作展开和分析。

① 在炼化企业的经营决策层面，还存在诸如原油（供应链）采购较少考虑企业装置运行特性；产业链分布与市场需求时有脱节，不同区域、不同时期对产品的需求不一样，不能很好匹配的问题，以及现有或新上的各类管理系统不能很好集成，缺乏知识驱动，最后形成不少信息孤岛等问题。

② 在生产运行层面，存在的主要问题包括：一是精准优化控制水平不高。生产过程价值链模型化很困难，导致资源优化配置水平较低，计划、调度和生产装置之间优化缺乏有效协同，知识型工作者的经验难以固化和推广应用。二是资源综合利用效率较低，资源本身以及废弃资源缺乏综合利用。三是虚拟制造技术缺乏。虽然已经有少些先进企业开展三维数字化炼化建设，但虚拟现实与增强应用无论是深度还是广度均有待进一步研究开发。

③ 在能效安环层面，需要面对能源利用率较低、QHSE 如何监控与溯源问题。

④ 信息化集成层面，如何解决物料属性无法快速获取，如何加深、加大物联网应用以及如何增强信息系统集成性问题等，是比较迫切的问题。例如，原油评价周期很长，即使是采用简评、快评也需要 2～3 周时间，这对于计划采购、排产与优化等影响很大；原料与产品的流通轨迹缺乏实时感知数据，物流成本较高，供货不及时等。

上述这些不同层次的问题，需要通盘、分类考虑。如，在现金流为主的经营决策层面，考虑如何重塑供应链和产业链，如何主动响应市场变化，准确决策商业行为；在物质流为主的生产运行层面，重点考虑如何重塑价值链，如何实现单元价值链描述，并进行企业级全流程整体优化；在以能量流为主的能效安环层面，既要考虑如何监控与溯源，还要考虑如何降本增效、确保 QHSE 合格，实现供应链和产业链的永续（可持续）发展；在以信息流为主的信息集成层面，如何实现信息的感知和集成，支撑生产、管理和营销模式的变革。

上述这些问题，可以集中通过基于石油分子工程、分子管理的"资源敏捷优化与分子级先进计划系统（MAPS 系统）"、"全产业链的协同优化"和"QHSE 的监控与溯源"系统而得到解决。

二、基于石油分子工程的智能炼化建设核心系统

1.石油资源敏捷优化与分子级先进计划系统（MAPS）

此方面内容与智能炼化建设的"数字化、模型化"特点直接相关。

（1）石油分子信息库

与目前市场上通常意义层面的原油数据管理系统如H/CAMS、SPIRAL等不同，石油分子信息库、原油快评、分子重构技术是实现资源敏捷优化的基础[1]。建立在对每个石油分子及其性质充分认识基础上的石油分子工程与分子管理技术，其核心工具之一是石油分子信息库。通过分子性质、组成、结构的表征、关联、重构和转化过程定量分析、计算而建立起来的石油分子信息库，为后续动力学建模、预测产品分布和产品性质以及生产优化提供数据基础和敏捷的可能。

需要指出的是，分子信息的应用有别于过去基于某些宏观物性如相对密度、馏程等进行预测、拟合的方法或模型。得益于算力的进步，采取了新算法并基于分子信息（如图谱）的新技术，省略或跳过了图谱-物性关联过程，可以直接用以预测、拟合与调和，因此结果既准确又敏捷。这种特点，也可以看做是数字化与信息化区别的一个方面。

① 原油混合与分子性质预测　通过对不同原油特性因子以及石脑油PIONA值的分析，对分子数据进行模型计算，可以研究、获得指导生产的重要数据。例如，对中石油某下属企业所加工的混合原油（由A、B、C三种原油调和而成）进行分析，发现采用分子信息深入研究时，原油C的特性因数在$60 \sim 120℃$区间产生突降，如图6-2所示。

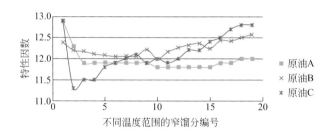

图6-2　三种原油特性因数的分布情况

深入分析原油C的分子信息，实际上是该流程范围含有较多的苯与甲苯化合物。低碳数的芳烃分子属于强溶剂，导致分子间作用力变大，会产生一系列化学效应，包括馏分重叠度增大、原油沥青大分子胶束周围包裹的胶质分子与石脑油中的芳烃分子形成新的胶束相平衡等，这样就会导致石脑油收率降低，而柴油馏分段的收率上升。

原油混合模型还可以考虑使用溶解度参数与偏心因子等多个分子性质描述原油分子间作用力对混合原油的影响，并以此量化在此类分子间作用力影响下石脑油收率的改变。图 6-3 为上述三种原油以及它们一定比例混合后的混合原油的溶解度参数与原油偏心因子变化关系。

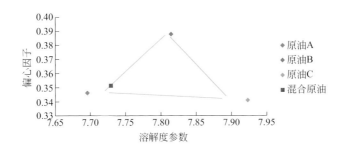

◐ 图 6-3　三种原油及其混合原油的溶解度参数与对应的偏心因子

表 6-1 为对上述三种原油的某混合原油收率与性质的预测数据。由表 6-1 可见，在考虑原油分子间作用力的情况下，石脑油馏分段（15 ～ 200℃）的收率预测值为21.273%，比不考虑分子间作用力的预测值（26.659%）降低了 4.386%。

表6-1　混合原油收率与性质的预测研究示例

温度上限 /℃	温度下限 /℃	收率 /%	累积收率 /%	密度（20℃） /（kg/m³）	硫质量分数 /%	苯胺点 /℃	特性因数
初馏点	15	0.78518	0.78518	546.33328	0.00164	39.79136	13.24319
15	60	2.12597	2.91115	632.75513	0.00203	40.51383	12.92433
60	80	2.13798	5.04913	699.29251	0.00334	39.33381	12.10596
80	100	2.70435	7.75348	724.28515	0.00470	40.27548	11.91664
100	120	2.71454	10.46802	740.21360	0.00647	42.45500	11.87358
120	140	2.81088	13.27889	749.95032	0.00942	46.14350	11.92179
140	160	3.15269	16.43158	762.30233	0.01349	49.76346	11.92157
160	180	2.92622	19.35781	774.00647	0.01857	53.59143	11.92550
180	200	2.70010	22.05791	786.23178	0.02590	57.55987	11.91602
200	220	3.25891	25.31682	801.77682	0.03559	61.00075	11.85323
220	250	5.16249	30.47931	814.78822	0.05652	63.84342	11.86355
250	275	4.63937	35.11868	830.06427	0.10754	66.63230	11.85368
275	300	5.30893	40.42761	838.55745	0.19155	71.25273	11.91452
300	320	3.41735	43.84496	847.56743	0.26681	74.42572	11.94464

温度上限 /℃	温度下限 /℃	收率 /%	累积收率 /%	密度（20℃）/（kg/m³）	硫质量分数 /%	苯胺点 /℃	特性因数
320	350	6.73245	50.57740	857.74840	0.36047	76.58067	11.97038
350	395	8.28569	58.86309	882.03159	0.47522	80.07645	11.87808
395	425	7.14688	66.00998	885.88547	0.54258	85.66021	12.05147
425	450	4.03830	70.04828	897.78467	0.61752	89.38504	12.05033
450	500	8.71518	78.76345	912.48569	0.72546	93.49545	12.06306
500	560	6.30044	85.06389	927.19236	0.91815	98.52882	12.15694
560	终馏点	14.93611	100	991.03400	1.56466	104.51967	12.07659
全油				839.44619	0.42103	71.65463	11.97996

② 原油筛选与效益测算　通过预设基准原油（包括指定原油性质、原油某一段或几段馏分性质以及原油产地）等方法，利用原油快评、分子重构等技术，通过石油分子信息库在计算机上研究与基准原油相比的新油种单炼、混炼的加工方案、产品方案以及经济效益测算。此外，借助石油分子信息库，了解各个油田区块原油的分子性质，结合各个炼厂设备及炼厂周边市场产品的需求预测，实现不同区块油田原油的合理调运和原油价值的最大化，也就实现了分子水平的集团级原油采购、原油资源调拨、优化计划下达、原油调和、多厂输配和生产管理的依据，这也可以作为石油分子信息库离线应用的一大方面。

图 6-4 所示为某企业不同加工方案的经济效益结果对比，供用户根据情况确定原油选择与加工方案的制定、实施。

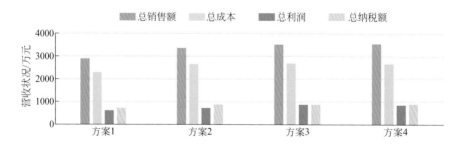

◗ 图 6-4　不同加工方案的经济效益结果对比

③ 分子水平的调度优化　借助石油分子信息库，可以实现分子水平的生产调度优化。来自计划层面的包括原油分子信息在内的相关计划内容，在调度层面通过原油混合调配原则、分子精准调和等核心模块，输出包含原油调度信息（移动的数

量信息）和原油组成信息（移动的分子信息）在内的作业计划；通过油品分子水平的模拟，再进行原料、中间产物及产物分子的组成分析，结合炼油反应规则库，自动生成反应网络，形成其他装置的数量与质量（分子）信息在内的调度计划，与生产信息化系统一起实现分子水平的生产调度优化。

石油分子信息库的构建，还为后续二次加工装置模型提供了原料信息，使得分子信息能够从原油端传递至二次加工装置，并进一步传递至产品，掌握每一个分子在炼油生产线中的"旅程"。在分子信息传递到产品端后，可基于产品分子信息进行成品油调和、润滑油调和、沥青调和等产品级的调和。在传递分子信息的过程中，这些分子信息也是建立分子动力学模型的基础，而有了分子动力学模型，即可实现产品分布即"数量"与产品性质即"质量"的预测及传递。这种传递，其实质是"数量"与"质量"的可视化过程，是"智能炼化"的特质。

（2）资源敏捷优化与分子级先进计划系统（MAPS）

炼化企业加工处理的最主要原材料是原油。原油资源敏捷优化是炼化企业一切优化工作的源头和重中之重。

炼化企业的供应链是从原材料采购开始，经过生产加工再到产品销售的全过程。供应链管理与优化，就是统筹安排原油采购、生产和销售，提高供应链的敏捷性和灵活性，提高经济效益。实现供应链优化的途径是本书作者提出并正在建立的分子级先进计划系统 MAPS（Molecular Level Advance Planning System）。

在我国炼化企业，通常使用 AspenTech 公司的 PIMS 软件，或者 Honeywell 公司的 RPMS 以及 Haverly Systems 公司的 GRTMPS 软件等计划排产软件。这些计划应用软件有效地支撑了炼化企业生产计划优化业务，为我国石化企业创造了较好的经济效益和管理效益，目前已经成为我国炼化企业生产计划优化的必备工具。但在长期的使用过程中，也发现其存在不太适合我国国情的不足之处，主要包括：

① 这些计划软件均需要计划业务人员有较高的数学技能，因为需要业务人员自己定义变量和编写代数方程组，建模效率低，用户门槛高，用户培训成本高；

② 模型本身方面，核心的 Delta_Base 时常会导致加工装置输出组分（收率）为负的现象；相同代码输出组分的（物流、物性）传递限制和错误问题；多方案不同物性组分未经汇流直接合计的多方案并行结构缺陷问题和体积调和物性传递合理性问题等。

③ 在算法方面，这些软件的模型，均是基于非线性二次元技术，也存在叠加模型与单一模型收敛不一致问题、收敛后出现物流不平衡问题以及只要模型稍微复杂时（如体积调和、Delta_Base、区域模型等），计算收敛就比较难，通常会陷入局部优解（U 型约束）或者过度优解（L 型约束）等。所以在一定程度上已经不能满足生产计划业务精细化管理和深度优化应用的需求；

④ 此外，很重要的一点还包括，PIMS 等国外计划软件产品在石化行业拥有非常明显的垄断地位，作为石化行业的重要技术之一，计划优化软件长期受制于国

外，既存在信息安全隐患，也不满足国家科技发展战略要求。

利用石油分子信息库（含原油快评）和石油分子重构技术，对现有计划排产软件系统[1]进行修改、完善和提升，或者按照原油分子信息再开发新的计划优化系统，建立分子级先进计划系统 MAPS。

MAPS 是基于运筹学线性规划，建立从原料采购、生产加工到产品销售整个流程输转过程基于分子的计划模型，根据企业自身的生产工艺流程、装置基础数据、产品质量要求、产品销售价格等约束条件，制定出效益最大化的生产计划。对于集团企业，通过集成单厂模型及运输网络建立总部模型，以整体效益最大化为目标制定总体计划，根据市场需求合理分配原油资源，有效利用资产能力，优化产品组合，实现总体优化。通过与生产管理系统的集成，实现"计划 - 生产 - 统计"闭环管理，提高供应链管理的准确性和可视化。

从数学上讲，常见的优化模型大致可以分为线性规划模型（LP 模型）、混合整数线性规划模型（MILP 模型）和混合整数非线性规划模型（MINLP 模型）三类。其中，运筹学线性规划（LP）是现代管理科学的重要基础和手段之一，其标准形式可用下式表示。

$$\max \quad Z = \sum_{j=1}^{n} c_j x_j$$

$$\text{s.t.} \begin{cases} a_{11}X_1 + a_{12}X_2 + \cdots + a_{1n}X_n \leqslant b_1 \\ a_{21}X_1 + a_{22}X_2 + \cdots + a_{2n}X_n \leqslant b_2 \\ \vdots \\ a_{m1}X_1 + a_{m2}X_2 + \cdots + a_{mn}X_n \leqslant b_m \end{cases}$$

$$x_i \geqslant 0, \quad i = 1, \cdots, n$$

上述线性规划标准形式，是为了讨论线性规划问题的解法而定义的。其实线性规划问题可以有各种不同的形式。例如，目标函数有的要求"max"，有的要求"min"；约束条件可以是"≤"，也可以是"≥"，还可以是"="。决策变量一般是非负约束，但也允许在（ - ∞，+ ∞）范围内取值，即无约束变量。

对求解线性规划的数据，国际上有一个统一的格式，称为 MPS 标准数据。国内外通用的线性规划软件，都遵循这种数据格式。MPS 数据块以标志 NAME（ 1 ～ 4列 ）开始，接着是带有约束方程类型特征的行名、矩阵系数、右端项、约束方程范围和变量上下界，最后以数据终止标志 ENDATA（ 1 ～ 6 列 ）结束。具体可以参阅相关资料。

目前业内普遍采用由丹捷格（G.B.Dantzing）提出的单纯型法来求解一般线性规划问题。对于线性规划问题，其变量解值可取任何连续量。对于纯整数规划问题，所有变量的解值只能取整数，即整型变量。而混合整数规划 MIP（ Mixed-Integer Programming ）问题，其部分变量为整型变量，另一部分变量为连续变量。分支定界法是求解混合整数规划最常用方法之一，可参见相关资料。

但是，在炼油和石油化工生产计划优化中，碰到更多的是非线性规划问题。例如，装置单位加工费是加工量的非线性函数；分馏塔侧线收率、侧线性质是切割温度的非线性函数，而汇流物性从质量调和看是非线性二次元，而从体积调和看是非线性三次元；另外，炼化企业调度业务模型，基本都是非线性四次元，而基于调度业务的包含原料及产品物流优化的大规模 MINLP 模型，相当于非线性五次元模型等。对于这些非线性问题，不能直接用已经成熟的线性规划软件包来求解。一个非线性三次元模型的标准型如下式所示，需要专门的求解方法：

$$\max \quad Z = \sum_{j=1}^{n} c_j x_j$$

$$\text{s.t.} \begin{cases} a_{11}X_1 + a_{12}X_2Y_2Z_2 + \cdots + a_{1n}X_nY_nZ_n \leq b_1 \\ a_{21}X_1Y_1 + a_{22}X_2Y_2Z_2 + \cdots + a_{2n}X_nY_n \leq b_2 \\ \vdots \\ a_{m1}X_1Z_1 + a_{m2}X_2 + \cdots + a_{mn}X_n \leq b_m \end{cases}$$

$$x_i \geq 0, \quad i = 1, \cdots, n$$

利用石油分子信息库或分子重构技术获得分子的性质、组成、结构，物理切割条件下的计划优化排产安排就会完全消除诸如体积调和、物性传递等问题，而由反应机理或反应路径层面构建的分子反应动力学模型传递的来自分子级的产品分布及其性质集合，既快捷又准确，理论上能够消除上述二次元技术在计划优化排产方面的不足。

目前，中海油正在实施的基于石油分子工程的炼厂计划排产协同优化系统建设[1]，涵盖原油选择和调和、装置加工、物料平衡、公用介质平衡、产品调和及出厂等方面，主要包括：①原油分子调和模块；②各装置反应机理模型；③桌面炼厂模型。通过系统建设，在石油分子信息库和装置分子动力学模型的基础上，综合考虑炼厂综合影响因素，研究建立桌面炼厂及生产调度的单厂模型，涵盖原油加工方案、全厂物料平衡、全厂公用工程平衡方案、物料性质预测、操作参数预估、质量控制方案、产品调和方案等主要生产阶段的全方面，开展全流程优化。同时，还开发覆盖单厂所有装置的生产计划全局优化技术以及总部模型中原油资源配置优化集成和求解技术。模型开发的步骤如图 6-5 所示。

通过炼厂生产计划与调度排产协同解决方案（优化系统），可以实现对潜在的可加工原油品种进行不同生产方案下的性价比测算，有利于更加精准地进行原油选择；还可以及早了解不同原油调和方案下常减压装置及后续二次装置的进料性质变化，有利于保障装置进料性质稳定，进而保障装置的安全平稳运行；此外，还可以通过全流程模拟及早了解不同原油调和方案、不同装置操作条件下的产品质量变化，有利于根据经济效益情况或出厂需求情况及时调整产品调和方案；也可以实现根据不同的产品质量需求反推所需的二次装置操作条件、甚至混合原油的性质。

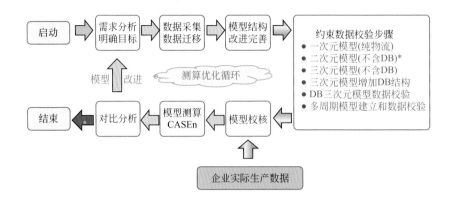

　　炼厂生产计划与调度排产协同解决方案（优化系统）为炼厂的各项生产计划的编制提供一个更为科学、更加便捷的工具，提高生产计划统筹的准确性、可操作性，同时也可以让事故应急情况下的生产优化调整变得更为有效、更加全面，为炼厂全流程的生产管理提供充分的信息支撑。

　　另外，需要指出的是，MAPS 为企业原油选择优化也提供了敏捷优化的可能。虽然很多企业也经常用 PIMS、RPMS 进行原油选择的优化，但一方面可能所选原油数量有限，另外也可能是习惯等原因，选择的范围往往并不一定符合效益最大化目标。例如，有的企业习惯选择较重的原油组合，有的企业习惯选择高硫油组合。但实际上，由于原油价格、加工成本、产品价格、原油物性、装置技改、产品质量标准等多方面的变化，习惯性选择已经不正确了。此时的原油采购优化选择应基于配套的加工能力进行，而装置配套的合理性需按照主要物性的转换能力来标定。MAPS 就为原油与加工能力配套校验、工艺流程能力短板评测等提供了非常方便的技术手段与可能，才能够真正实现原油优化选择。

　　因此，利用 MAPS 可以实现原油选择的敏捷优化，也就可以方便地实现油种效益排序和优选原油组合等优化方案了。具体实现的方法，例如根据实际炼厂装置配置情况，设定原油最大加工能力，然后指定一个或者多个基础油种（主力原油）及加工数量（或者针对最大加工能力的比例），再指定多个待测油种及配比数量（或针对最大加工能力的比例），编制相应方案并计算求解，进行油种效益排序。而在现有模型基础上，如果考虑对拟购原油品种数进行约束，利用混合整数规划以利润最大为目标，优选出符合约束条件的最优的原油组合也就实现了优选原油的组合。图 6-4 即为示例。

2. 全产业链的协同优化

　　此方面与智能炼化建设的"数字化、模型化"特点也直接相关。

如果将石油分子信息库以及原油快评、石油分子重构技术与生产信息系统（APC、RTO）等结合，从分子水平对各个生产环节进行管理，就是炼厂整体分子层级在线优化，可以实现原料的充分利用和产品产出效益的最大化。石油分子工程的部分信息化系统与生产信息化系统融合可以参见第一章图1-6。

过去通常无法做到从计划优化到全流程模拟相结合。究其原因，主要还是目前炼化企业普遍采用的PIMS、RPMS等计划优化排产的软件系统，从本质来说是一种二次元技术的简化模型，而全流程模拟是三次元或更高次元且工艺上相对精确的模型。另外，现有生产计划优化排产软件（PIMS、RPMS等）模型中的Delta_Base（DB）结构，绝大部分采用的是原始的设计数据，一方面，由于原油资源的变化、装置技术改造、催化剂技术进步等影响，这些DB数据已经相差较远了，有的甚至引起效益反向。另一方面，这些数据很粗糙，无法适应现在敏捷和更加精准模型的计算需要。也就是说，过去的计划优化排场系统无论是在工艺上还是算法等方面，与全流程模拟均不匹配。

采用MAPS，有望与全流程模拟直接匹配。如果还是要用原来的计划优化生产系统，则可以将由MAPS物性获得相应的DELTA值，"传递或修改"原计划优化系统的Delta_Base（DB）模型，以求通过这样的递归运算实现原计划优化系统的收敛，输出可实际执行的优化生产操作方案。

全产业链的协同优化还包括生产运营、管控的所有方面。例如，智能运营从全局角度协调与整合整个产业链的物流、资金流和信息流等资源，实现人、财、物集中统一管理，有效降低生产成本，促进产品竞争力的提高，实现全面受控、实时反馈、动态协调、效益最佳。在企业操作执行层、生产运行层、经营管理层、决策层建立相应的模型和评价指标，利用集成技术打通相应的业务流程，为模型和指标提供准确的数据，实时模拟计算和评价企业生产运营绩效，为企业改进提供指导和措施。利用桌面炼厂等技术制定业务发展规划，使炼厂能适应加工组成和性质变化较大的原油，并且可大幅度改变产品分布，能经济有效地满足市场需求或价格的变化。实时跟踪分析生产进度，保证按时按量完成生产计划；快速调度排产应对突发事件，保证生产安全；实现全厂日物料平衡，减少物料损失，提高综合商品率；实现水、电、气、风等公用工程的监测、分析、优化，降低加工能耗。准确评估和分析企业运营的瓶颈，实现资产利用率最大化，保证购建的资产具有较高的回报率。以降低企业运行维护成本为目标，通过信息化预测手段，合理安排维修计划及相关资源，降低维护成本，提高资产可用率；以关键绩效指标（KPI）为衡量企业运营状况的依据，进行企业绩效量化管理，对财务相关和业务相关指标进行跟踪和监督。

3. QHSE的监控与溯源

智能炼化建设的主要特点之一是"可视化"。由于石油分子工程与分子管理的特点，建立了石油分子信息库，或通过原油快评[9]、分子重构技术与计划优化系统的结合形成了 MAPS，或与生产执行系统相结合，实现了全产业链的协同优化。因此，无论是在加工前对原料（单独原油、混合原油等）的性质、组成、结构、反应性的了解，还是经过各类装置加工以后，采用反应路径层面或者反应机理层面建立的分子动力学模型可以敏捷、准确计算分子层面的产品分布和产品性质。或者将各类分子按照产品规格与要求，重新组合为满足用户要求的分子混合物。因此，基于石油分子工程与分子管理建设的智能炼化企业，在质量（Q）方面，完全实现了管控，即实现了对质量的"监控与溯源"。

正如在原油调和、汽柴油分子精准调和中所说采取了新算法并基于分子信息（如图谱）的新技术，结合人工智能和大数据新技术，在一些领域如化工聚合物（如聚甲醛颜色发黄）的质量控制中，可采用图像分析等技术"追踪"质量变化的原因，并用于生产控制。

由于实现了分子层级的表征、重构，即实现了对分子的认识，而经过石油加工过程分子转化与传递的不仅仅是其反应性，也包括分子的性质。因此，与"Q"类似，同样实现了安全与环保方面的"监控与溯源"。从这个角度说，正是因为石油分子工程，我们认识了石油中的各个分子在加工前后的转化途径与结果，让过程与结果变得"可视"了，因此实现了 QHSE 的监控与溯源。

上述三大系统中的各个分支系统、技术构架与主要内容等，请参见文献 [1]。

第二节　在产品质量与产品结构转型升级中的应用

一、基于反应强化与分子工程理念的国 VI 汽油生产技术

1. 降低烯烃含量

中国车用汽油调和组分中，通常催化汽油占 75% ～ 80% 以上。如何既降低催化汽油的硫含量、烯烃含量，又能很好地保持辛烷值，是汽油质量升级的最大技术挑战。从石油分子工程角度来看，首先要搞清楚催化汽油中含硫化合物、烯烃的分布与转化规律。表 6-2、表 6-3 分别是催化汽油的硫含量分布与烃族组成分析数据，催化汽油中含硫化合物和烯烃的分布规律与转化规律简单罗列于表 6-4 中。从反应强化技术角度看，可对异构化技术和醚化技术予以分析，探索强化路线。

表6-2　典型催化汽油硫含量分布

馏程 /°C	收率 /%	硫含量 /(μg/g)	硫分布 /%
≤ 60	40.01	324	10.76
60 ~ 80	15.22	572	7.22
80 ~ 90	4.45	521	1.92
90 ~ 100	6.14	998	5.03
100 ~ 110	5.71	2470	11.7
> 110	28.47	2734	63.37
全馏分	100	1220	100

表6-3　典型催化汽油烃族组成分析

碳数 C_n	质量分数 /%					
	正构烷烃 nP	异构烷烃 iP	烯烃 O	环烷烃 N	芳烃 A	合计
4	0.36	0.17	1.50	0	0	2.03
5	1.06	11.31	7.42	0.14	0.00	19.75
6	0.58	7.98	3.91	2.57	0.55	15.59
7	0.38	2.55	2.94	3.08	3.00	11.95
8	0.15	2.57	2.09	2.14	7.00	13.95
9	0.13	1.18	1.60	0.86	6.98	10.75
10	0.19	0.96	1.74	0.15	6.99	10.03
11	0.32	3.66	0.51	0.32	3.29	8.10
12	0.21	1.73	0.00	0.00	0.00	1.94
合计	3.38	32.11	21.70	9.26	27.81	94.26

表6-4　催化汽油中含硫化合物和烯烃的分布与转化规律

	分布规律	转化规律
含硫化合物	约10%的硫分布在轻组分中，主要为小分子硫醇；约90%的硫分布在重组分中，主要为大分子硫醇、噻吩类含硫化合物	轻组分中小分子硫醇可以通过加成反应重质化转入重组分；重组分中的硫化物可以通过加氢脱除
烯烃化合物	约35%的轻组分富集了近60%的烯烃；重组分的烯烃含量相对较低	直接对全馏分汽油加氢脱硫十分简单，但汽油中的轻质烯烃易被加氢饱和，辛烷值损失较大；将催化汽油切割为轻、重馏分分别进行处理可以减少烯烃饱和，但能耗或其他成本增加；烯烃异构化或芳构化可以增加辛烷值。如在催化剂上经仲碳正离子、环化、脱氢形成芳烃

（1）异构化技术

汽油部分单体烃组分与 RON 的关系如图 6-6 所示。研究表明：同碳数异构烷烃随着支链增加，RON 逐渐提高；同碳数烯烃中，异构烯烃 RON 高于直链烯烃，且随着支链增加，RON 提高；带支链芳烃的 RON 均高于 100。因此，可以通过异构化，将正构烯烃转化成异构烯烃、正构烷烃转化为异构烷烃，或发生烯烃的双键转移，从而弥补由于烯烃饱和所造成的辛烷值损失。

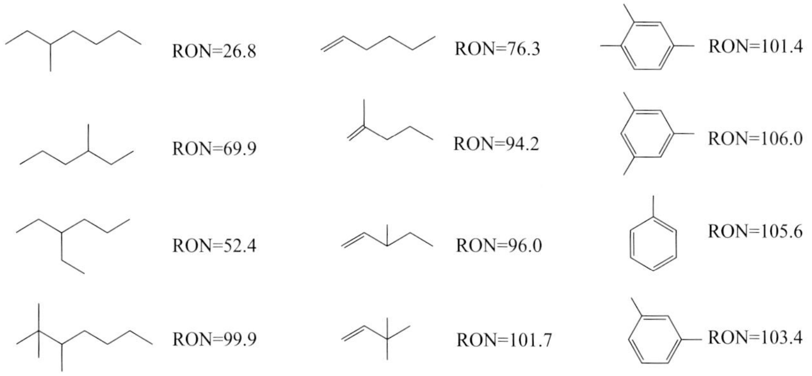

RON=26.8	RON=76.3	RON=101.4
RON=69.9	RON=94.2	RON=106.0
RON=52.4	RON=96.0	RON=105.6
RON=99.9	RON=101.7	RON=103.4

▶ 图 6-6　部分单体烃及其辛烷值（RON）

以上述思路为指导，中海油成功开发了骨架异构技术用于全馏分催化汽油的选择性加氢[10, 11]，采用新型纳米 TiO_2 催化材料为载体的钛基催化剂，在达到脱硫效果的同时，促进烯烃的异构化反应，减少辛烷值损失。该技术的优势在于，以全馏分催化汽油为原料，无需进行轻、重馏分的切割，所使用的催化剂体系同时具备了较高的脱硫性能，以及一定的烯烃饱和、烯烃异构功能，有助于降低烯烃含量和减少辛烷值损失。中试结果如表 6-5 所示，采用该技术的二段加氢工艺，全馏分催化汽油脱硫率达到 97.7%，控制烯烃饱和率为 25% 左右，RON 损失仅 0.7 个单位。

表6-5　全馏分催化汽油选择性加氢技术效果

项目	原料（FCC 汽油）	产品（脱硫汽油）
颜色	浅黄色	透明无色
密度（20℃）/（g/mL）	0.7385	0.7390
辛烷值（RON）	93.0	92.3
总硫质量分数 /×10⁻⁶	354.5	8.14
硫醇硫质量分数 /×10⁻⁶	43.1	3.0
溴价 /（gBr/100g）	43.3	32.2
脱硫率 /%		97.7

续表

项目	原料（FCC 汽油）	产品（脱硫汽油）
烯烃饱和率 /%		25.6
ΔRON		−0.7
产品液体质量收率（C_5^+）/%		99.1

（2）醚化技术

醚化技术通过异构烯烃与甲醇反应生成醚（高辛烷值汽油组分），从而降低汽油烯烃含量、提高辛烷值并增加汽油产量。由表 6-5 可以看出，C_5、C_6 烯烃是催化汽油烯烃的主要组成，占烯烃总含量的 50% 以上，将这部分烯烃进行有效转化，可以大大降低汽油中的烯烃含量。

中海油开发的异构 - 醚化组合技术，以 C_5 烯烃为原料，经异构化过程将其中的直链烯烃转化为叔碳烯烃，以 C_5 叔碳烯烃为原料经甲醇醚化生成乙基叔戊基醚，化学反应过程如图 6-7 所示。研究表明，C_5 叔碳烯烃醚化的平衡转化率可以达到 90% 以上，对于异构烯烃 RON 辛烷值可提高 14.7，对于正构烯烃 RON 辛烷值提高了 21.1。异构 - 醚化组合技术可有效降低汽油中的烯烃含量并提高辛烷值，同时还起到降低蒸气压、提高附加值和强化调和效益的作用。

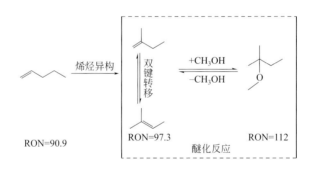

● 图 6-7　异构 – 醚化组合技术

不过，需要说明的是，鉴于中国在 2020 年后要在全国推广实施乙醇汽油，因此，在这种特殊情况下，建议不宜再发展醚化技术。

2.降低苯含量

苯是汽油中具有较高辛烷值的组分，但也是公认的致癌物，其蒸发和燃烧后若排放到大气中则会对人类健康带来直接影响。国Ⅵ汽油标准要求苯含量（体积分数）由 1% 降低至 0.8%。因此，面向国Ⅵ标准的汽油生产还需要在保证辛烷值的前提下实现降苯的目标。

苯的加氢饱和脱除，以牺牲辛烷值为代价，无法满足国Ⅵ汽油的生产。随着苯烷基化技术的发展，以富含苯的原料油与轻烯烃物料反应，有效转化为高辛烷值的烷基芳香族化合物，使低硫、低烯、低芳、高辛烷值清洁汽油的生产成为可能[12]。

以丙烯、苯烷基化技术为例，其化学过程如图 6-8 所示。其中异丙苯、二异丙苯仍属汽油馏分，而三异丙苯和四异丙苯均已超出汽油馏分。因此，苯烷基化技术的关键在于反应深度的控制，以避免辛烷值损失并提高汽油产量。

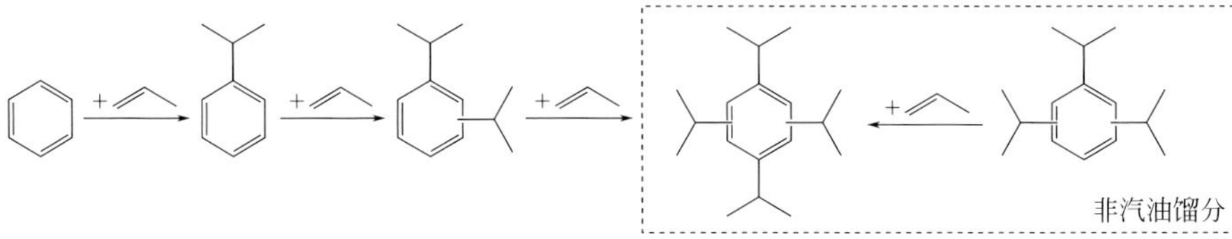

非汽油馏分

▶ 图 6-8　丙烯、苯烷基化反应过程

目前，中海油正在开发具有一定孔道结构和酸分布的纳米 ZSM-5 沸石催化剂，以及相应的苯烷基化技术，用于乙苯或国Ⅵ汽油的生产。

二、基于石油分子工程的劣质柴油提质增效新工艺

本节以催化柴油为例，说明如何利用石油分子信息、石油分子工程理念提升质量和产品价值。

1. 柴油分子信息与宏观物性及反应性的关联

按照分子工程的理念，中海油分析了典型催化裂化（FCC）柴油（LCO）样品的族组成信息，见表 6-6。由表 6-6 可见，LCO 中的多环芳烃质量约占芳烃总质量的 70%。LCO 窄馏分中的不同芳烃的分布信息，可参考第五章的表 5-14，这对进一步研究非常有用。

表6-6　典型LCO样品的族组成信息

类别	质量分数 /%	
	样品 A	样品 B
非芳烃	40.7	16.4
烷烃	16.9	9.0
环烷烃	23.8	7.4
总芳烃	59.3	83.6
单环芳烃	18.8	25.1
双环芳烃	32.7	48.9
三环芳烃	7.8	9.6

图 6-9 所示为柴油十六烷值与其烃类族组成及碳数的关系 [13, 14]。

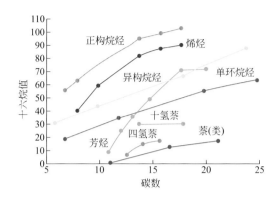

● 图 6-9　柴油十六烷值与其烃类族组成及碳数的关系

一般地，烷烃的十六烷值最大，芳香烃最小，环烷烃和烯烃则介于两者之间，并且对于芳香烃来说，环数越多，十六烷值越低 [15]。因此从根本上实现催化柴油品质提升的方法是提高十六烷值较高的烃类组分的相对含量，降低不利于十六烷值的芳香烃组分的相对含量，特别是含量较高、而十六烷值更低的二环芳烃（萘系物）的脱除。

纯化合物研究表明，萘系物在加氢转化条件下的主要反应网络，可以用图 6-10 表示。首先萘经过加氢饱和生成四氢萘，随后四氢萘的转化可分为加氢、异构化和裂化三大类以及两种主要反应路径，即，加氢裂解和异构裂解 [16]。比较动力学速率常数，得出：$k4 > k3 > k2$、$k6 > k7 > k5$[17, 18]。因此，四氢萘的加氢和异构化分别为加氢裂解和异构裂解反应路径的速率控制步骤，提高催化剂加氢活性有利于加氢裂解反应路径，而提高异构化活性则有利于异构裂解反应路径。四氢萘的定向转化就是从目标产品结构与性质出发，通过催化剂的设计与研制以及工艺条件的优化，控制反应路径与反应深度，实现四氢萘的高效和高选择性转化。

对图 6-10 作进一步分析：

① 在加氢精制条件下，萘加氢饱和变成四氢萘，进一步饱和可生成十氢萘，仍在柴油馏分中，但十氢萘的十六烷值也只有 30，加氢精制过程最多能提高 5 个单位的十六烷值，对于十六烷值在 15 ~ 35 之间的催化柴油来说，其产品根本无法满足国Ⅴ、国Ⅵ标准。

② 在中压加氢裂化条件下，催化柴油中的萘系物非选择性地裂化为甲苯、二甲苯及低碳烷烃等，并从柴油馏分中消失，从而达到提高十六烷值的目的。但同时也容易造成链烷烃和环烷烃的裂化反应，生成小分子物质，从而导致柴油收率的下降。

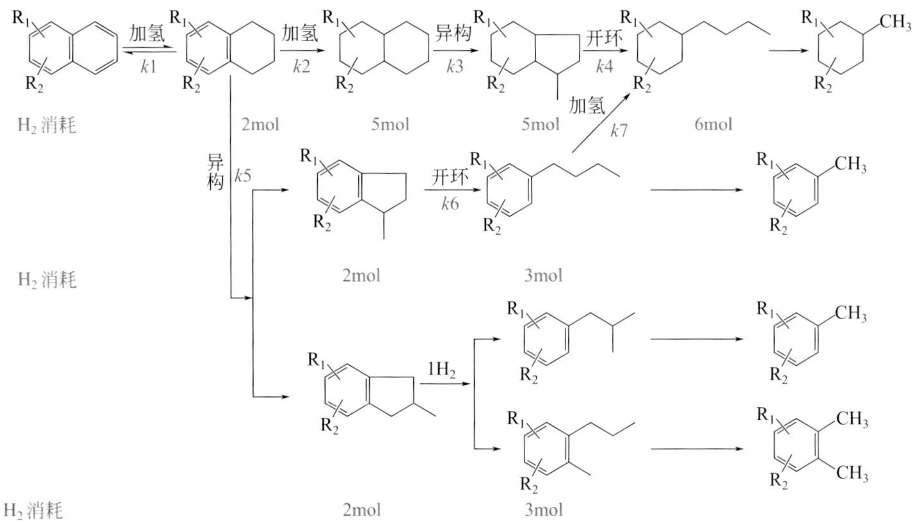

图 6-10　萘系物（多环芳烃）的加氢转化路径图

③ 萘加氢饱和生成四氢萘、十氢萘以及之后的转换：四氢萘通过选择性加氢开环，可以得到带长侧链的单环芳烃，并留在柴油馏分，从而提高柴油的十六烷值，但此时十六烷值的提高量大约为 8 ～ 15 个单位，这对于生产国Ⅴ、国Ⅵ标准仍然有一定的困难，特别是对于用十六烷值低于 20 的劣质催化柴油为原料的情况。如果四氢萘进一步芳烃饱和成为十氢萘并开环，将其转化为高十六烷值的链烷烃，需要更加苛刻的条件，并消耗更多的氢气，加工成本很高。另外，如果催化柴油加氢使得二环芳烃部分饱和（如萘加氢饱和生成四氢萘）、完全饱和（如萘加氢饱和生成十氢萘）之后，回到催化裂化加工而不调整原来催化剂的话，由于在催化裂化条件下脱氢反应远远胜过开环裂化反应，因此不可采取此种简单的组合加工方式。

基于以上分析，中海油开发了基于石油分子工程的催化柴油提质升值新工艺[19]。

2.基于石油分子工程的催化柴油提质升值新工艺的开发

如果想要直接提升催化柴油品质，生产硫含量低于 10μg/g，多环芳烃质量分数低于 7%，十六烷值大于 51 的超低硫清洁柴油，对照催化柴油的族组成和结构族组成，那么将催化柴油的十六烷值提高到 51 的难度非常大。

按照石油分子工程的理念，若将十六烷值不同的烃类化合物采取不同的处理方法，即将催化柴油中十六烷值较高的组分（链烷烃、环烷烃）和十六烷值很低的组分（芳香烃）分开处理，则可以实现提质升值目的。其中，十六烷值高的链烷烃和环烷烃组分分出后，采用非常简单、操作条件非常温和的精制处理手段可以大大降低生产运行成本；而十六烷值很低的芳香烃组分则采取另外的方法加工，如用于高辛烷值汽油或轻质芳烃的生产。为此，中海油开发了相应的技术[19]，其流程如图6-11所示。目前，中海油已开发了相关催化剂和工艺，申请专利37件，且已经技术转让一套，另有四套正在洽谈或设计中。

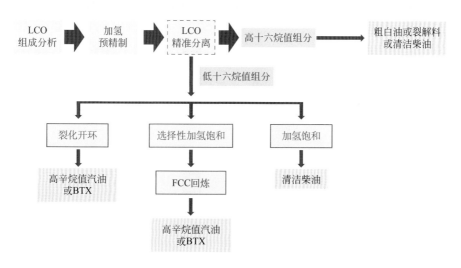

图6-11　基于分子信息和分子工程的催化柴油提质升值流程简图

该工艺的基础在于LCO的详细组成分析即分子信息的获取与研究，关键在于LCO组分的精准分离，核心则是低十六烷值组分（萘系物）的定向转化。

随着柴油产能的严重过剩，消费柴汽比持续走低；同时，BTX等轻质芳烃市场缺口较大，出现了供不应求现象，因此从加工手段、加工成本和经济效益来看，基于石油分子工程的催化柴油提质升值技术更具竞争力、经济性。

（1）催化柴油的组分分离

在对原料油分子水平组成、性质进行详细分析的基础上，催化柴油的分子工程研究需要对原料油进行组分精准分离，方法有很多种，如中海油研究了吸附法、抽提法、萃取蒸馏法、超重力法等分离方法。

蒸馏切割是以宏观物理性质为基础的分离方法，从化学组成来看，催化柴油各窄馏分中的总芳烃含量变化不大，只是芳烃的结构组成有所不同，单环芳烃主要集中在低馏分中，三环及以上的芳烃主要集中在高馏分，二环芳烃的分布相对较均匀并以中间馏分居多。因此蒸馏切割的方法很难实现催化柴油中高十六烷值组分与低十六烷值组分的分离。

溶剂抽提法可以实现对催化柴油中的芳烃进行分离利用，并达到改善柴油质量的目的。溶剂抽提法的芳烃抽出率在65%～95%之间，随着抽提程度的加深，抽余油中的芳烃浓度相应减少，质量得到提高但收率显著降低。溶剂抽提法的主要缺点在于溶剂的分离回收及其较高的能耗与操作成本。

吸附分离法采用某些优先吸附目标芳烃的固体分子筛吸附剂，进行吸附再加以脱附，从而达到芳烃的选择性分离。中海油开发了柴油芳烃吸附分离技术（SAA），见图6-12。

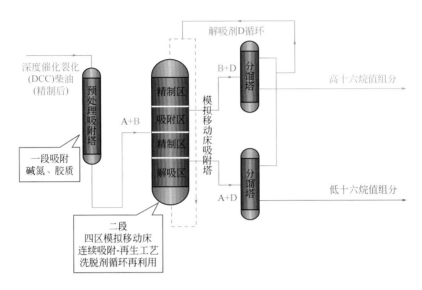

● 图6-12　中海油开发的催化柴油吸附分离技术路线示意图

SAA技术以浅度加氢精制柴油为原料，在低温低压（40～60℃，1.0MPa）的条件下，选择性吸附分离其富含的多环芳烃和四氢萘等低十六烷值芳烃组分，同时进一步深度脱除其中的大分子硫化物，据此可得到约45%～50%的高十六烷值组分（柴油十六烷值提高10～20个单位），并得到以四氢萘类为主、芳烃质量分数大于90%的低十六烷值的重芳烃组分，质量约占50%，另有约30%的多环芳烃和约11%的烷基苯，适合后续的加氢饱和、裂化开环，以及选择性加氢饱和-FCC回炼组合等多种加工过程。表6-7为某典型油样的吸附分离结果。

表6-7　催化柴油吸附分离结果

类别	质量分数/%	
	高十六烷值组分	低十六烷值组分
非芳烃	57.9	8.4
烷烃	26.7	3.1
环烷烃	31.2	5.3
总芳烃	42.1	91.6
单环芳烃	37.0	

类别	质量分数 /%	
	高十六烷值组分	低十六烷值组分
烷基苯		11.2
萘系物		50.1
多环芳烃	5.1	30.3

SAA 技术的核心是吸附剂。图 6-13 所示为 SAA 技术中原料各组分的脱附曲线。在低温低压，并满足原料要求（硫含量＜ 50μg/g，碱氮含量＜ 1μg/g，胶质＜ 0.5mg/100mL）的条件下，芳烃脱除率大于 80%，吸附剂的使用寿命达到 2 年以上。

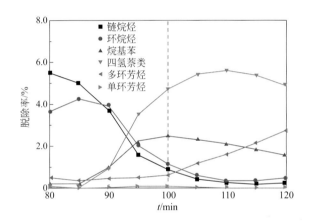

● 图 6-13　SAA 技术原料各组分的脱附曲线

采用组合分离技术，如蒸馏 - 抽提、蒸馏 - 吸附等，还可进一步对其中的芳烃组分进行细分，得到富含单环芳烃的轻组分和二环芳烃质量分数大于 80% 的重组分，此为 SAA 升级技术，目前还在开发中。

（2）高十六烷值组分的加工

催化柴油经浅度加氢精制后，采用中海油自主开发的芳烃连续吸附 - 脱附分离 SAA 技术，可以直接得到硫含量低于 5μg/g、多环芳烃质量分数低于 5%、十六烷值大于 51 的清洁柴油。柴油收率在 50% 左右，并可根据市场情况调整工艺参数，控制芳烃的脱除深度，实现柴油收率和品质灵活调控。

（3）低十六烷值组分的加工

上述经浅度加氢精制后的催化柴油，通过吸附分离出高十六烷值组分后，得到的低十六烷值组分实际上是"浓缩"了大量芳烃的组分，其性质与 C_{10}^+ 重整重芳烃比较相似，加工利用难度较大。这部分组分如果直接返回加氢改质或加氢裂化装置，则转化率相对较低、循环量大，不适合装置负荷较高的企业。

针对这类高芳烃含量混合物的组成与性质特性，中海油又开发了相应的芳烃轻质化技术。芳烃轻质化技术经过选择性加氢饱和、开环、烷基转移或侧链断裂等过程，将高芳组分或转化成轻质芳烃（BTX）或高辛烷值汽油馏分（即最大可能地将多环芳烃转化为 $C_6 \sim C_9$ 单环芳烃组分），或经过加氢饱和仍生产清洁柴油。两类路线的技术核心分别介绍如下。

① 生产轻质芳烃（苯、甲苯和二甲苯，BTX）或高辛烷值汽油组分技术　包括以下两类分支技术。

裂化开环技术　低十六烷值组分即高芳组分经过异构化开环、烷基转移或侧链断裂等过程，可以将多环芳烃和四氢萘高效转化为 $C_6 \sim C_9$ 单环芳烃组分，其技术核心路线如图 6-14 所示。中海油的中试结果表明，本技术路线的汽油馏分收率可以达到 86.7%，其中芳烃质量分数不低于 70%，且硫、氮含量均不高于 1μg/g，既可以直接作为高辛烷值汽油调和组分，亦可经过芳烃抽提分离出轻芳烃（即 BTX）产品出售。

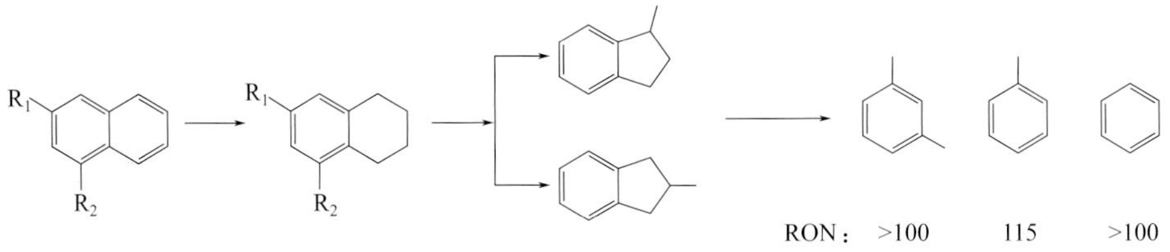

RON： >100　　115　　>100

▶ 图 6-14　萘系物的裂化开环技术示意图

选择性加氢饱和技术　本技术首先需要将萘系物经选择性加氢生成四氢萘，然后将富含四氢萘的组分进催化裂化（FCC）装置回炼。四氢萘的催化裂化反应路径如图 6-15 所示 [20]。

研究表明，在催化裂化条件下四氢萘更容易发生氢转移反应而又变回萘系物，并进一步脱氢缩合成焦炭。因此，萘系物选择性加氢饱和的过程中，在保证高单环芳烃选择性的基础上，需要引入专用催化剂，强化四氢萘的异构化反应，使进入 FCC 单元的原料以茚满类单环芳烃为主，从原料角度弱化 FCC 单元的氢转移反应，这是最核心的技术，可通过特殊研制的催化剂技术配合相应的工艺条件来实现，其核心技术路线如图 6-16 所示。

② 生产清洁柴油技术　经过加氢裂解路径，使多环芳烃和四氢萘类转化为带长侧链的环己烷类化合物，作为提高十六烷值的理想产物，用于清洁柴油的调和生产，技术路线如图 6-17 所示。

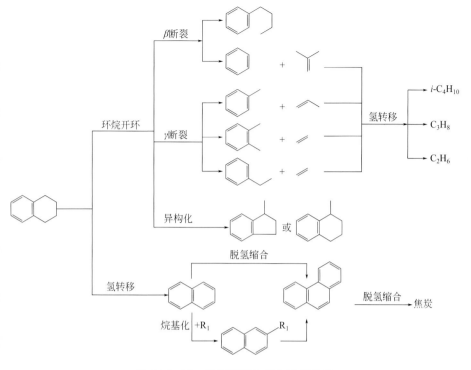

▶ 图 6-15 四氢萘催化裂化反应路径

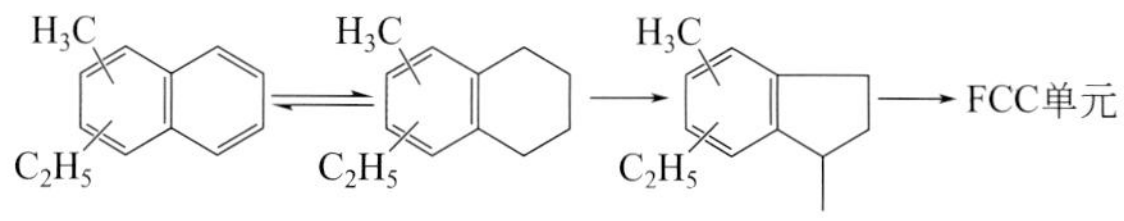

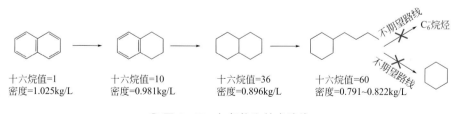

▶ 图 6-16 萘系物的 FCC 回炼技术（核心技术）示意图

十六烷值=1
密度=1.025kg/L

十六烷值=10
密度=0.981kg/L

十六烷值=36
密度=0.896kg/L

十六烷值=60
密度=0.791~0.822kg/L

不期望路线 C₇烷烃

不期望路线

▶ 图 6-17 加氢饱和技术路线

虽然环烷烃进一步开环生成链烷烃能够得到更高的十六烷值，但氢耗非常高，并且单环环烷烃结构稳定，在加氢裂化条件下的断侧链反应远比开环反应容易，烷基环己烷的进一步裂化产品以小分子烃类为主。因此，该方案的关键在于具有较高加氢活性催化剂的研制，以及反应过程强化，即将十氢萘的加氢反应控制在一环开环而不发生过度裂化的阶段。

中海油开发的高芳组分轻质化技术路线示意见图 6-18。

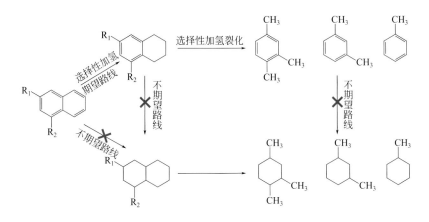

▶ 图 6-18　中海油高芳组分轻质化技术路线

（4）小结

按照分子工程和反应强化的理念，对劣质催化柴油进行提质升值催化剂和新工艺开发，其特点是：

① 基于催化柴油的分子信息（族组成和结构族组成），将不利于十六烷值提高的芳香烃组分首先分离出去，这些高芳组分再有针对性开发新催化剂和新工艺以生产轻质芳烃或高辛烷值汽油组分，而富含链烷烃和环烷烃的组分则适合用于高十六值清洁柴油的直接生产。

② 劣质柴油芳烃吸附分离技术（SAA）可选择性吸附分离多环芳烃和四氢萘等低十六烷值的芳烃组分。加氢预处理后的催化柴油经 SAA 吸附分离，可以得到饱和烃质量分数约 58% 的高十六烷值组分和芳烃质量分数大于 90% 的低十六烷值高芳组分。

③ SAA 吸附分离后的高十六烷值组分可用于国 V、国 Ⅵ 清洁柴油生产；低十六烷值高芳组分的轻质化过程，既可以高效转化为轻质芳烃（BTX）或高辛烷值汽油组分，其高辛烷值汽油组分的收率可达到 86% 以上，其中芳烃质量分数不低于70%，且硫、氮含量均不高于 1μg/g；也可以通过加氢饱和的方式生产清洁柴油，此时的关键在于研制、开发具有较高活性的加氢催化剂反应过程强化技术，确保十氢萘的加氢反应控制在一环开环而不发生过裂化。

第三节 石油分子重构与分子精准调和

一、汽油馏分的分子重构与分子精准调和

1.汽油馏分的分子重构

（1）MTHS 法

白媛媛等[21]针对石脑油的组成特点，对分子同系物（MTHS）矩阵进行简化，以 $C_3 \sim C_{12}$ 的正构烷烃、异构烷烃、环烷烃和芳烃构成的分子矩阵来表示石脑油的分子水平组成；建立了通过工业中常用的石脑油物性数据（如蒸馏曲线、密度）等计算石脑油分子水平组成的方法。以各项物理性质的实测值与预测值的残差平方和构建目标函数，并在原模型的基础上加以有效的约束，进行优化求解，得到石脑油分子水平组成数据。选择两组已知组成的石脑油作为样本，由 Aspen Plus 模拟软件计算其蒸馏曲线、密度等整体性质，根据上述方法对两组样本进行计算。两组样本的预测结果与真实组成的对比表明，该方法可用来预测石脑油分子水平组成，且准确度较原模型有提升。

但上述预测仍存在一定的误差。之所以有误差，其原因是模型的基础是实际测量或由物性关联公式计算得到的混合物整体性质与由分子组成及混合规则计算得到的整体性质，虽然结果比较接近，但事实上，无论是物性关联公式还是混合规则公式，均存在一定程度的计算误差，而目标函数是各项性质的实测值与预测值的残差平方和，这就导致了即使使用石脑油实际分子组成及对应的蒸馏曲线及密度等性质来计算目标函数的值，目标函数也会是一个大于零的数字。因此，在使用优化算法对目标函数进行优化时，存在目标函数虽小，其对应计算结果却更偏离真实组成的情况。物性关联公式及混合规则计算公式的计算误差越大，使得计算组成偏离真实组成的可能性越大。针对这一问题，需要减小各物理性质的相关性及混合规则计算公式的误差，但事实上该误差是不可避免的。根据待测石脑油样本的性质特点，对决策变量进行一定约束，有效的约束会缩小搜索范围，减小优化结果偏离真实组成的可能，从而减小计算误差。

（2）REM 法

彭辉等[22]采用 REM 法进行乙烯裂解原料如石脑油、加氢裂化尾油分子组成的重构，即将石油烃组成分子的结构特征以及石油烃的常规物性数据，如平均分子量、氢碳摩尔比、PIONA 值、模拟蒸馏馏程等，与信息熵理论相结合，建立了预测其等效分子组成的方法，所产生的等效分子组成的常规物性计算值与实验值吻合较好，验证了该方法的有效性。

作者在综合考虑了裂解自由基机理模型计算精度与求解效率的前提下，采用了 6 个能够代表直链烷烃、支链烷烃、环烷烃、芳香烃分子特性的结构特征，包括了直链烷烃碳数、支链烷烃主链碳数（建立自由基机理模型时一般将支链烷烃集总为 2- 甲基类型）、环烷烃环数、环烷烃侧链碳数、芳香烃环数和芳香烃侧链碳数。

采取概率密度函数来重构分子，其选用的分子结构特征均为离散变量，可以利用二项分布来表示其结构特征。由于石油烃中各个分子结构特征之间都是相对独立的，因此，所构造的分子在体系中的摩尔分率可用独立事件的概率公式表示。作者利用分子结构特征的概率密度函数直接构造分子，再在用概率密度函数精确计算的同时增加一个随机的小扰动，代替大规模的随机抽样方法，这样既大大降低了构造分子体系的计算时间，为后续的优化提供保证，而且也满足了石油烃中各分子结构特征只是在统计学上符合某概率密度函数的分布，而非数值上严格符合的事实。

等效分子组成中分子的摩尔分率可由下式表示：

$$P(A) = \prod_{i=1}^{n} [P(A_i = m) \pm \tau_i]$$

式中，A_i 表示构造 A 分子所需的分子结构特征；m 表示构造 A 分子时结构特征的变量值，如 A_i 为环数时，$m = 1，2，3，\cdots$；$\tau_i \geq 0$，表示随机小扰动。

概率密度函数重构分子是否准确，必须利用该石油烃的常规物性测量值进行验证。作者选择的目标函数包括分子量（M_W）、氢碳摩尔比、族组成（PIONA）和模拟蒸馏体积百分数（SIMDIS），用这样的目标函数进行验证。

同时，作者采用信息熵 REM 法进行参数优化。按照 REM，在已知部分信息的前提下，对于未知分布的最合理的推断是使不确定性最大化的推断。用蒙特卡罗随机抽样法的目标函数对信息熵表达式进行修改，并根据实际情况（分子量、氢碳摩尔比等）选取约束条件。用模拟退火法（SA）对上述目标函数做最优化处理，对概率密度函数参数进行寻优。

通过充分利用石油烃结构特征规律、常规物性数据等已知信息，并用信息熵最大化理论处理未知信息，建立了分子尺度的裂解原料分析与组成表征，构建其等效分子组成。通过由概率密度函数直接生成分子组成的方法，保证了其与信息熵最大化相结合的集成优化，并给出了有效的优化求解方法。对常用裂解原料石脑油、加氢尾油的组成分析结果表明，该方法不仅能够较准确地预测其分子组成分布，而且在计算时间和预测精度上能够满足后续裂解机理反映网络建模的要求。

2. 汽油分子精准调和

某企业汽油池拥有直馏汽油、催化裂化汽油、重整生成油、加氢石脑油和 MTBE 等汽油组分，汽油出厂涉及优化调和问题。传统方法采用手工、罐内调和，不能满足现代化企业运营需要，已经被管道优化调和方法取代。管道调和采用在线分析代替实验室采样分析方法，并应用在线优化模型替代人工调和配方，是一种技术进步。但是，很多企业采用的在线分析方法通常是近红外光谱（NIR）技术，像汽、柴油这样的调和过程是一个典型的非线性模型，采用 NIR 技术在线调和，仍存在涉及频繁建立和校正调和模型的问题。如果采用石油分子信息库特别是分子重构技术以及依据分子综合信息（图谱）直接调和的分子精准调和技术，只需偶尔配合 NMR、NIR 等快评数据进行分子信息校正（不必像 NIR 那样每次校正），就可以在分子层面进行汽、柴油的精准调和。由于是分子层级的调和，没有组分调和中出现的调和效应，特别是，是依据整体的分子信息（如图谱）来调和的，因此既更加快捷，也更加准确。

图 6-19 所示为汽油分子层级精准调和的示例[23]，图 6-20 所示为利用本技术进

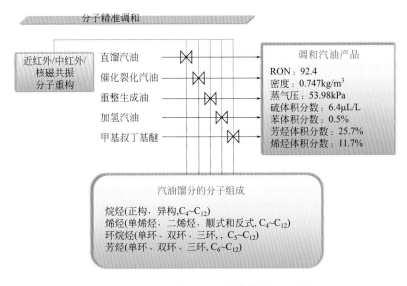

◗ 图 6-19　汽油分子层级精准调和示意图

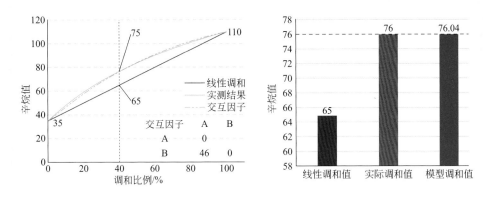

◗ 图 6-20　汽油分子层级精准调和对辛烷值的预测与实测结果对比

行汽油分子调和对辛烷值的预测和实测结果对比。表6-8所示为某企业95#汽油生产过程的分子层级调和汽油的预测值与实测值的对比，此时的配方组成（体积组成）为：加氢汽油60%、异戊烷21%、甲苯16%和其他3%。

表6-8　某企业95#汽油生产过程的分子层级调和汽油的预测值与实测值对比

分析项目	指标要求	国Ⅵ-B	预测值	实测值
研究法辛烷值（RON）	95～98	≥95	96.0	96.2
10%蒸发温度/℃	45～55	≤70	52.9	49.6
50%蒸发温度/℃	80～95	≤110	87.4	92.8
90%蒸发温度/℃	145～160	≤190	151.9	156.7
终馏点/℃	185～195	≤205	188.6	190.3
蒸气压/kPa	65～80	45～85（冬）	67.9	67.5
苯体积分数/%	≤0.8	≤0.8	0.33	0.47
芳烃体积分数/%	30～35	≤35	33.06	31.25
烯烃体积分数/%	5～12	≤15	9.1	9.2
氧质量分数/%	≤2.7	≤2.7	0.067	0.064
密度（20℃）/（kg/m³）	735～750	720～775	739	735.9

对柴油、润滑油包括原油等涉及调和的项目，原理是一样的，因此，推行分子层级的精准调和将大大提升效率，从而节约成本，提高企业竞争力。

二、柴油馏分的分子重构

王佳等[24]建立了利用宏观物性数据对柴油烃类组成进行预测的方法，根据对柴油烃类组分的分析和各烃类组分的物性差异，选取分属正构烷烃、异构烷烃、环烷烃和芳烃4个族的168个真实组分来表示柴油的组成，建立了柴油组分表示模板和柴油各宏观物性与组成之间的关联关系，利用柴油常用宏观物性，如密度、折射率、十六烷值、分子量以及恩式蒸馏曲线等数据建立方程组，对该方程组求解得到各个组分的含量。结果表明，计算得到的柴油饱和烃组成分布与烃组成分析结果较为吻合，误差在5%以下；三环环烷烃和芳烃的误差相对较大，并对产生误差的原因进行了分析。所建立的方法基本可以对直馏柴油烃类组成进行预测，但对于异构烷烃类，则要采用有效碳数与之关联的方法[25]。

郭广娟等[26]基于柴油馏分的化学结构组成特点，考虑到不同化学结构官能团对柴油烃类宏观性质的影响，建立了柴油同分异构分子重构模型，亦即将MTHS模型拓展应用到柴油馏分。用烃类沸点代替以往的碳数进行MTHS划分，使用Y函数分布方法和模拟退火法对模型的计算过程进行优化。采用同分异构分子重构模型对3种不同性质柴油馏分进行了烃类组成模拟，结果表明通过对碳中心进行合理限定，烃类组成分布更趋于合理，模拟计算结果与实测值吻合较好；不同性质或不同加工过程的柴油馏分其烃类组成随沸点温度分布差别较大。模拟结果显示，结合烃类分子的宏观物性，使用 MTHS 模型可以重构不同结构烃类随沸点的变化。

文献 [27] 利用 MTHS 对柴油加氢过程进行了研究，预测了柴油的组成。

如上所说，柴油等馏分的分子精准调和原理与汽油分子调和原理类似，故不再赘述。

三、减压蜡油与渣油馏分的分子重构

1. 减压蜡油的分子重构

（1）MTHS 法

侯栓弟等 [28] 基于减压蜡油化学结构组成特点，考虑到不同化学结构官能团对蜡油烃类宏观物性的影响，针对环烷烃、芳烃结构协同关联关系，提出了 27 个化学结构虚拟官能团的减压蜡油分子同系物矩阵（MTHS 矩阵）。通过合理的简化，将 MTHS 扩展应用于蜡油馏分。以烃类沸点和化学结构确立的 MTHS 方法，通过常见的宏观物性即可对蜡油馏分进行分子重构。

① MTHS 的建立　MTHS 属于预设重构模型范畴，其主旨是假设石油馏分是由一系列具有特定结构的烃类核心（虚拟组分）组成，如烷烃、烯烃、环烷烃、芳烃等。对环烷烃或芳烃，由于其环数不同，以及芳烃核心上连接的环烷烃结构不同，还可以进一步细分，譬如单环芳烃可以分为单环芳烃、单环芳烃 - 单环环烷烃、单环芳烃 - 双环环烷烃、单环芳烃 - 三环环烷烃等。选定这些特定结构的烃类核心后，石油馏分就可以表述为具有不同碳链长度的烃类核心的混合物，用这些虚拟组分来模拟真实石油馏分。采用 MTHS 方法进行石油馏分分子重构，通常包括模型数据库建立、物性数据传递和优化 2 个步骤。首先，根据所模拟石油馏分结构和组成特点，确立预设模拟烃类分子矩阵，建立虚拟烃类分子物性数据库；然后，利用虚拟组分来重现真实石油馏分体系，将模型数据库中烃类分子宏观物性数据通过混合准则传递到模型矩阵，对比模型计算物性数据和真实体系实测分析数据，最后计算出模型矩阵中每个烃类分子的含量。

② MTHS 模型数据库的建立　根据减压蜡油宏观性质和化学组成，在建立蜡油馏分模型数据库时作以下假设：

a. 所有芳烃和环烷烃主体形式均为 6 环结构。

b. 在蜡油馏分中，无论是芳烃还是环烷烃，其总环数不超过 5 环。

c. 对多环芳烃不但考虑芳烃环数对烃类物性的影响，而且考虑环烷烃与芳烃相连时对烃类宏观物性的贡献。如对单环芳烃，不仅是单一的芳环结构 A，还应该包括 1 个或多个环烷烃与 1 个芳环相连的情况，如 AN（1 个芳环和 1 个环烷烃相连）、ANN、ANNN 等；将芳烃细分为不同环数芳烃、不同连接结构形式的芳烃 - 环烷烃，主要是考虑到后续建立蜡油加氢裂化或馏分油加氢改质时，不同芳烃结构烃类的反应路径和反应动力学方面的差异。

d. 根据加氢脱硫、加氢裂化、加氢处理等工艺的要求，以及硫化物脱除的难易程度，将硫化物分为 5 类。第 1 类为硫醇、硫醚和二硫化物，第 2 类为噻吩硫类结构，第 3 类为不含 4 或 6 位取代苯并噻吩，第 4 类为 6 或 4 位取代苯并噻吩，第 5 类为 4，6 位取代苯并噻吩。

e. 用馏程分布取代碳数分布。

根据上述假设建立的蜡油馏分模型数据库，其中，横向为虚拟组分的化学结构，纵向按蜡油馏程分成了 12 个馏分段。

③ 虚拟组分宏观性质与化学结构的计算　对以馏程分组的 MTHS 模型而言，同一馏分段虽然沸点相同，但由于分子结构的迥异，其他宏观性质差别很大，如相对分子质量、密度、氢含量等。如何相对准确地预测不同化学结构虚拟组分的宏观性质是模型优化的关键。利用前面介绍的相关方程式或关联式，可以计算、得到其宏观性质以及化学结构。

④ MTHS 模拟优化方法　模拟重质石油烃类体系，首先需要了解不同结构烃类在重质烃类中的分布形式。如前所述，蜡油中不同化学结构烃类随其相对分子质量的变化基本上呈单峰形式。对于单调指数下降或单峰分布形式，在数学上都可以用概率密度函数（PDF）来表示。目前，通常采用 γ 函数分布和归一化分布两种分布形式来表述石油烃类分布。

重油分子重构主要是让模拟体系的宏观性质尽可能接近实际体系的宏观性质，因此模拟优化的目标函数的定义很重要，请参见前文相关内容。

在上述基础上，李洋等[29]采用上述已经建立的 MTHS 对 3 种不同性质减压蜡油馏分进行了烃类组成模拟，模拟计算结果与实测值吻合较好。直馏蜡油中烷烃组分呈明显的正态函数分布，环烷烃和芳烃含量均呈多峰式分布；加氢后焦化蜡油和催化裂化蜡油中链烷烃随沸点升高呈单调下降趋势，且主要集中在低沸点范围，而芳烃多以一环、二环为主，其多环芳烃多为尖峰分布。模拟结果显示，结合重质烃类的宏观物性，通过 MTHS 模型可重构不同结构烃类随沸点的变化。

阎龙等[30]将 MTHS 分子矩阵应用于馏分油组成的分子重构，提出了表征馏分油的 IMTHS（Improved MTHS matrix）分子矩阵，并建立了 IMTHS 分子矩阵中等价组分的性质关联方法，实现了基于分子尺度的馏分油的分子表征。实例研究表明，IMTHS 分子矩阵是一种可行的预测石油馏分近似分子组成的方法。

（2）概率密度函数（PDF）法与蒙特卡罗（Monte Carlo）结合的重构方法

某轻质油品的实验分析数据如表 6-9 所示，对该轻质油品采用概率密度函数法进行分子重构的方法如下[31]。

每个分子围绕着它们的结构属性，通过概率密度函数对每个分布进行分子建模。对轻质油，环烷烃组分最多有三个环，芳烃组分有两个芳环，或者一个芳环和最多两个环烷环，这些结构属性是：直链碳链长度、异构烷烃的碳原子数、环烷烃的碳原子数（一、二、三环环烷烃，一、二环芳烃，二、三环加氢后的芳烃）。

表6-9　轻质油A的分析性质

项目	轻质油 A
分子量	181.4
氢碳摩尔比	1.67
PINA 含量（质量分数）/%	
正构烷烃	4.4
异构烷烃	9.9
环烷烃	32.0
芳烃	53.7
切割组分模拟沸点 /℃	
10%	211.4
30%	248.0
50%	271.0
70%	295.6
90%	331.7
终馏点	403.5

γ 分布是灵活的，可以近似等于许多其他分布（指数、标准、δ），因此可以选择 γ 分布对轻质油的结构属性进行建模。

图 6-21 所示为轻质油的结构属性的构建状况。首先要确定分子的属性类别。然后设计利用条件概率指定分子的结构属性顺序。使用全局模拟退火技术对轻质油

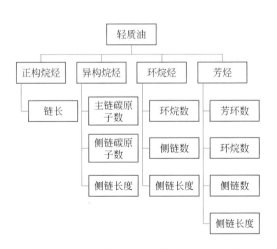

● 图 6-21　轻质油的结构属性构建状况

的PDF参数进行了优化。这是通过完成10^5个分子的迭代构建完成的，具体方法是PDF的蒙特卡罗（Monte Carlo）采样，整体的属性与实验值比较，调整PDF参数使目标函数最小化。从模型预测结果与实验值的对比（表6-10）看，PDF结合Monte Carlo采样获得的模型预测结果很好。

表6-10　模型预测结果与实验值对比

项目	实验值	预测值
分子量	181.4	186.6
氢碳摩尔比（H/C）	1.67	1.64
PINA 含量（质量分数）/%		
正构烷烃	4.4	4.2
异构烷烃	9.9	9.0
环烷烃	32.0	32.9
芳烃	53.7	53.9
模拟蒸馏馏出点切割组分占比 /%		
10%	10.0	10.0
30%	30.0	29.9
50%	50.0	49.9
70%	70.0	70.0
90%	90.0	90.0
终馏点	100.0	100.0

（3）Monte Carlo 模拟和结构导向集总分子重构法

马法书等[32]以 DCC-I 工艺的工业常规分析数据为基础，采用 Monte Carlo 模拟和结构导向集总相结合的方法在分子尺度上对复杂反应体系的动力学进行研究，主要介绍了如何将原料转化为 1000 个分子，每个分子又以 19 个特征表示的原料分子的 Monte Carlo 模拟，结果表明生成的分子能很好地反映原料的特性，对原料性质的预测值和标定数据吻合得较好。

蜡油分子信息应用于产品调和，主要可以用于润滑油基础油的调和，不展开说明。

2.渣油馏分的分子重构

沈荣民等[33]针对我国炼厂的实际情况，以常规分析数据为依据，借鉴了结构导向集总（SOL）中对于分子的表示法，并采用 Monte Carlo 方法对原料油进行了表征，将其转化为代表 1000 个分子的矩阵，从模拟的结果来看，模拟生成的分子可以很好地反映原料的性质，说明以 Monte Carlo 方法对复杂反应体系的原料进行模拟是完全可行的，该方法由于采用了常规分析数据，故可以广泛地用于模拟各种不同性质和组成的复杂原料，从而为延迟焦化等过程分子级动力学模型的建立奠定了基础。

减压渣油馏分分子结构的 SOL 表示方法中，烃类分子以向量来表示，每一个向量代表一个分子，每个分子由若干个特征构成，这若干个特征代表了分子的结构，可以构成任何分子。在考虑非烃杂原子（硫、氮化合物）时，每个碳氢分子以19 个特征代表（如果不考虑硫和氮，就只有 14 个特征）。

一个结构向量可以代表许多具有相同结构基团但空间位置不同的分子，即认为空间异构体的化学物理性质是相同的。在对原料油进行模拟时，只考虑烷烃、环烷烃、芳烃，并不考虑烯烃，因为烯烃是中间产物或一次反应产物，在反应开始时基本上不存在。

分子的构造需要符合一定的逻辑，因此对抽样值的存在条件、下限和上限进行了规定。渣油原料油中的分子结构可由上述 19 或 14 个特征构成，每个特征的分布规律符合 x^2 分布，而且互相独立，从而确立了概率密度函数 $p(x)$ 形式并对每个特征进行随机抽样，然后用模拟退火法（SA）寻优。

以大庆及胜利减压渣油分析数据为例，来说明该模拟方法的效果。对它们进行蒙特卡罗模拟，生成 1000 个分子，得到目标函数分别为 0.0008 和 0.06，由这 1000个分子计算出的平均物理性质与标定数据的对比见表 6-11。

表6-11　减压渣油分子模拟结果与实际数据的对比

项目		平均相对分子质量（M_t）	质量分数（w）			碳	氢
			饱和烃	芳烃	胶质 / 沥青质		
大庆减渣	实验值	934.8	0.4080	0.3220	0.2700	0.3630	0.6370
	模拟值	935.3	0.4100	0.3216	0.2684	0.3629	0.6371
胜利减渣	实验值	798.4	0.1950	0.3240	0.4810	0.3802	0.6198
	模拟值	793.7	0.1923	0.3373	0.4704	0.3446	0.6154

从表 6-11 可见，模拟生成的分子基本反映了原料油的特性，模拟值和实际值相当吻合，可以认为这一套 1000 个分子代表了原料油的基本组成。

类似的研究报道，如倪腾亚等 [34] 提出了基于结构导向集总的渣油分子组成矩阵构建模型，设计了包含烃类结构、杂原子结构及重金属结构的 21 个结构单元，构建了代表渣油分子组成的 55 类共 2791 种典型分子的结构向量。采用模拟退火算法计算渣油的分子组成矩阵，使烃类组成信息和平均分子结构参数的计算值与仪器测定值相吻合，构建了基于结构导向集总的渣油分子组成计算模型。结果表明，采用该模型对渣油进行分子组成矩阵构建后，渣油的残炭、密度等性质指标和芳碳率、芳环数等结构参数的计算值和实验测定值吻合较好。表明基于结构导向集总方法可以对渣油组成进行分子水平的定量描述。

考虑到渣油分子组成的极其复杂性，所选取的种子分子既要能够充分代表实际存在的分子类型，也要考虑计算时间等的限制，不能无限选取种子分子数，所以作者将渣油中的分子划分为饱和烃、芳香烃、含硫化合物、含氧化合物、含氮化合物、环烷酸及金属镍和钒 7 大类，55 个种子分子。55 个种子分子及其结构图如图 6-22 所示。

在上述 55 个种子分子基础上，根据渣油的相对分子量分布，通过制定合理的侧链添加规则，在这些种子分子的侧链添加 0 ~ 50 个—CH_2—，最后形成总数为 2805 个渣油分子，剔除不存在的渣油分子，最后形成 2791 个分子的渣油分子库，同时建立每一个渣油分子的结构向量，组成一个 2791 行 × 21 列的渣油分子结构矩阵，再增加 1 个包含 2791 个元素的列向量，每个元素代表对应分子的质量分数，最终得到的 2791 行 × 22 列的矩阵即为渣油分子组成矩阵。

龚剑洪等 [35] 将化学分析和核磁共振波谱结合，通过模型混合物试验，建立了较完整的核磁共振氢谱和碳谱的谱带归属指定以及系统的结构基团分析方法，并分别估计出齐鲁蜡油、大庆蜡油和大庆常压渣油等 13 种结构基团的摩尔质量，以及相应的结构参数。采用 Monte Carlo 算法，并考虑国产重油中有正构烷烃的存在，建立了重油分子构造规则和计算程序，以 Monte Carlo 模拟法进一步完善了等效分子系综法。验证结果表明，除个别结构基团的摩尔质量误差较大外，构建分子系综中沸点、统计结构基团的摩尔质量、相对分子质量、环和侧链分布均与实测值相近，与重油组成具有等效性。

渣油类分子信息用于产品调和的最大应用场景是沥青的调和生产。此时，基于族组成的分子信息就能很好地用于指导生产，在这方面，中海油的中海沥青（营口）有限责任公司拥有丰富的经验。基于对国内外沥青基质原料组成特别是族组成与沥青性能之间的关联关系与模型的开发，组合利用相关基质沥青，调和出满足市场需要且有竞争力的沥青产品。

四、原油的分子重构

在石油炼制过程中，可靠性高和精确度与准确度均很好的反应动力学模型对于石油加工的设计、加工（如连续重整、催化裂化、加氢裂化、加氢精制以及延迟焦化等）过程与优化都必不可少和极其重要。此外，流程模拟技术中原油组分的表征对于常减压蒸馏过程数学建模也十分重要。一般的集总动力学模型的方法已经在连续重整、催化裂化、加氢裂化、加氢精制以及延迟焦化等复杂反应工艺过程得到了较好的应用，但是集总动力学模型计算得到的产率和产物分布仍然还是混合物以及混合物平均性质，如处理原油的"龙头"装置——常减压蒸馏所得到的是石脑油、煤柴油、蜡油和渣油等整体馏分的收率，无法获得比馏分更加详细的元素与分子组成信息。由于集总的方法实际上划定的是馏分的沸点范围，一旦确定就无法调整

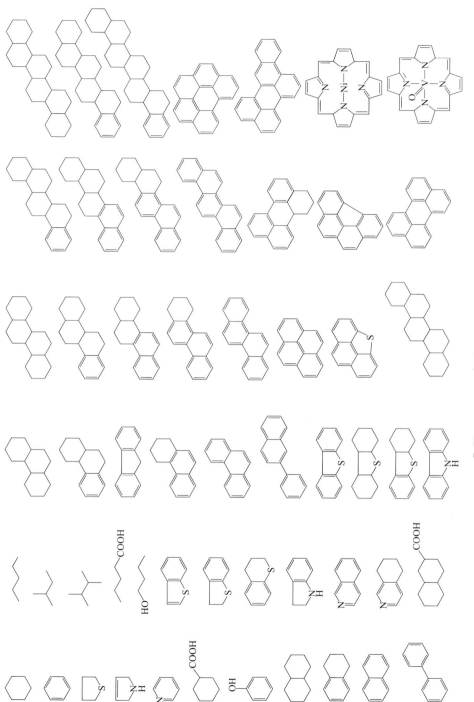

▲ 图 6-22 55 个种子分子及其结构图

了，这与实际生产经常调整馏分沸点和切割点以应对市场变化需要不相符。因此，当前的分析表征技术并没有能够完全提供原油的全部性质与组成信息（特别是比蜡油更重的馏分），利用某些技术对原油或油品的分析数据关联得到模型所需的进料组成与结构信息，并以此代替进料进行模型的模拟计算，这种技术即原油重构技术是非常有用的。

石油分子重构一般包括如下主要过程：

① 选取、确定原油中的各类代表性化合物的结构、种类。

② 选取某些方法，确定上述各分子的性质（物性）。

③ 制定规则或约束条件，获得目标函数。

④ 优化计算以及根据原油的某些数据如实沸点蒸馏数据、原油评价实验数据等，调整并最终确定原油的分子组成。

以 Monte Carlo 法对石油分子重构 [36] 为例，简要说明如下。

1.选取、确定原油中的各类代表性化合物的结构、种类

由于在大多数原油中碳和氢的质量分数在 95% 以上，因此少量的非碳氢元素对原油常减压蒸馏的影响不是太大，所以在原油蒸馏模拟中可以不考虑少量的非碳氢元素的影响。为了简化计算过程但又不至于对结果的准确性影响太大，可以只考虑原油中的烃类，并将原油中的非烃类分子作为烃类分子处理。原油中烃类主要由烷烃、环烷烃、芳烃及在分子中兼有这三类烃结构的混合烃组成。不论原油烃类多复杂，它们都是由烷基、环烷基、芳香基这三种结构单元组成。

原油分子组成的确定是将原油各窄馏分的沸程与烃类分子的沸点对应，确认各烃类分子属于哪一沸程的油。原油高沸点馏分（350 ～ 500℃）的烃类类型和中间馏分相似，只是在烃分子中碳原子数更多、高环数含量更高，而且环的侧链数更多或侧链更长，高沸点馏分的烷烃主要包括 C_{20} ～ C_{36}（以正构烷烃计）的正异构烷烃；环烷烃包括从单环直到六环的带有环戊烷环或环己烷环的环烷烃，其结构主要是以稠和类型为主。原油高沸点馏分的芳烃以单环、双环、三环芳香烃的含量为多，同时还含有一定量的四环以及少量高于四环的芳香烃。此外，在芳香环外还常含有环数不等的环烷环（多至 5 ～ 6 个环烷环）。多环芳香烃多数也是稠和型的。

减压渣油（＞ 500℃）是原油中沸点最高、相对分子质量最大、杂原子含量最多和结构最为复杂的部分，不同原油的减压渣油的组成和性质既有共性又有各自的特点。我国减压渣油的碳质量分数一般在 85% ～ 87% 之间，氢质量分数一般在 11% ～ 12% 之间，氢碳原子物质的量之比一般在 1.6 左右。

原油烃类分子碳数最低为 5 个，环烷烃主要是五元环烷烃和六元环烷烃，在苯环上烷基侧链数目，除少数外，常为 3 ～ 4 个，最长的烷基侧链可能是 C_3 ～ C_{12}，连接在苯环上，在萘环上的侧链常较短些，约为 C_2 ～ C_7。很多的多环芳香烃上的侧链都很短，大约在 C_1 ～ C_4。

有了原油分子选择的依据，就可以按照原油的分子分布情况，建立原油分子组成。再根据分子性质的混合计算方法计算原油的混合性质，并与原油的评价数据进行对比，建立合适的原油分子组成，完成分子重构的过程。

2.原油虚拟分子的构建

传统的特征结构不利于用其筛选的物性估算方程来估算烃类分子的性质，因此，在不影响原油分子结构表达的前提下，对每个虚拟分子用如表6-12所示的15个特征结构来表示[36]。

表6-12　原油烃类分子结构向量

结构向量	A6	A4	A2	N6	N5	N4	N3	N2	N1	R1	R2	R3	R4	A_AA_N	A_NA_N
C	6	4	2	6	5	4	3	2	1	5	4	1	1	0	0
H	6	2	0	12	10	6	4	2	0	10	8	2	3	-2	-2

3.特征向量存在条件、下限和上限的规定

如前所述，分子的构造需要符合一定的逻辑，对于石油分子重构的规定，请参见文献[36]。

4. Monte Carlo方法获取虚拟分子

Monte Carlo方法的数学基础如前文所述。由于原油的各种综合性质都是由各个分子相对应的性质累积而成的，每一个分子的性质独立于其他分子，原油缺少或者增加一个分子都不会影响它本身的综合性质，因此可以认为原油的各种综合性质近似符合正态分布，即表征原油的各种特性参数都是一组服从正态分布的随机变量，如果假定它们的数学期望与它们的均方差相等，则它们的相对误差均服从标准正态分布。对计算的目标函数（见前文）采用模拟退火优化算法对特征向量的期望值进行调整，使目标函数达到最优，判断目标函数的优化结果是否达到规定的优化目标，如果没有达到，则调用优化算法调整特征向量的期望值以重新抽样生成新的原料油分子，再一次进行优化计算，如此重复，直到达到规定的优化目标，从而建立初始原油分子组成。

对原油进行模拟得到的虚拟分子生成数达到5000时可以满足计算的精度要求，耗费的机时也在所允许的范围之内。

5.目标函数优化与分子量调整

赵雨霖[36]分别采用变尺度法、单纯形法以及模拟退火智能优化算法对目标函数进行了优化，最后推荐采用模拟退火智能优化算法。

用程序模拟得到5000个分子后，由于已知每个分子的结构特性，因此可以通过相应的物性估算方法获得每一个烃类的性质，再通过混合规则即可得到烃类分子

的混合性质。通过程序计算这5000个分子的常规物性的混合性质（如M_w、胶质沥青质含量C_{Pt}、C、H、d_{20}等）与原油评价数据比较得到目标函数。在优化方法确定的情况下，就可以通过优化方法来调整结构向量的期望值，使得目标函数最小化。几次优化循环后，前后两次优化的结果误差小于一定值（如相对偏差小于0.01），则完成优化，所得结果为原油的初始烃类分子组成。

用上述方法预测了印尼某原油的特征向量的初值、优化值以及预测结果，令人满意。

牛莉丽[37]采用REM法进行石油分子重构，同样获得了良好的结果。笔者比较了REM法与上述方法的异同：

① 两种方法的目标相同，均旨在针对不同的油品，通过一定算法建立起具有原油代表性的分子库，用以预测文献中没有的分析数据或将得到的分子混合物信息用到详细的动力学模型中，为原油的后续加工提供依据。

② 由于原油中所含有的分子种类繁多的特点，决定了两种方法均必须借助先进的计算机技术来完成。

③ 两者均需要借助分子的各种物性来确定约束条件。

④ 在确定分子组成时均需要用到最优化方法使目标达到要求。

⑤ 两者在分子重构的整体思路和细节处理方面均存在较大差异，导致重构结果有所区别，且REM法结果更加精准。

牛莉丽给出了REM法的计算框图，见图6-23（a）。图中对比了REM法与SR法［图6-23（b）］的计算框图的区别。

比较图6-23和第三章的图3-13可以看出，REM法的前期工作量比较大，但是后期所需循环计算的工作量比较小，分子库中分子类型固定后可以直接用于各种原油。如果处理较为特殊的原油也仅需要通过增加或减少小部分分子即可确定分子库，优化计算时不需要每次循环重复该步骤。SR重构法将分子库分子结构的确定步骤包含在优化循环中，每优化一次就必须重新进行抽样。虽然现在的计算机计算效率很高，但是将众多的原油分子逐个进行随机抽样，耗时还是很可观的。所以，就计算效率来说，REM法要比SR法效率高。

虽然重构的对象原油不同，但就重构后碳数整体分布状况来说，REM法重构分布比较平缓，呈现中间碳数分子含量较高，两边极限碳数分子含量较低的分布，没有过于集中的现象；但是SR法重构的分子分布过多地集中于低碳数，到了C_{20}以后，分子含量迅速降低，这与实际原油正态分布的偏差较大。就碳数分布中的高碳数来说，需要考虑实际原油中的渣油馏分的分布。例如，大庆原油高于560℃的馏分占原油总质量的32.89%，其渣油的平均分子式为$C_{81}H_{141}S_{0.14}N_{0.12}$，因此，在渣油中高于$C_{60}$的组分还是存在的，将高于$C_{60}$的组分整体考虑，不在图中显示。SR法用于印度尼西亚阿朱纳原油，其不同油品含量有所差别，高于500℃的馏分占原油总质量的14.41%，比大庆原油的渣油含量低很多，因此其碳数分布图中的最高

碳数只到 C_{60},这样比较合理。所以,通过两张图的比较,在石油分子重构的分子分布方面,REM 法比 SR 法更加合理,不过在最高碳数的准确性方面,两种方法效果相当。

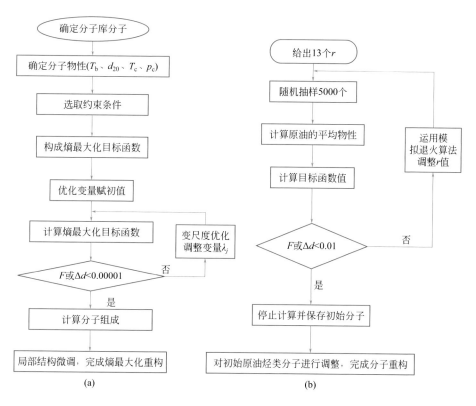

> 图 6–23 REM 法(a)与 SR 法(b)石油分子重构的计算框图

如果将 REM 法与 SR 法对同种结构分子分布图进行比较,就可以发现两者在不同结构分子分布方面均有侧重:

① REM 法重构烷烃分子分布较为广泛;SR 法烷烃分子分布较窄,且大部分集中在低碳数中。

② REM 法重构大庆原油时环烷烃分布较为平缓,随碳数增加含量也逐步增多,峰值出现在较高碳数范围内。

③ SR 法重构印度尼西亚阿朱纳原油环烷烃分布较窄,C_{30} 之后几乎不存在分子。

通过比较,尽管重构的对象原油不同,从分布的合理性来推测,SR 法得到的原油不同烃类的分布范围较窄,REM 法则烃类分布较宽,能克服 SR 法过于集中的不足。REM 法还考虑了硫氮等非烃化合物,分子库类型更合理,所以能重构出更具代表性的原油。

经过 REM 法和 SR 法重构原油分子的实例比较，首先是 REM、SR 方法均可以用于原油详细组成的分子重构，且 REM 法的原油模拟计算值与实验数据匹配度更加精准。Hudebine 等 [38] 曾用 SR 法重构轻循环油组成，虽然分子重构的结果与实验数据接近，但是，也发现了 SR 法的不足，尤其是是分析数据的拟合程度问题。例如，当双环和多环环烷烃含量计算值较实际值高时，单环环烷烃含量必然较真实值低。这是 SR 法的分子构成规则决定的，该问题必然存在也无法解决。REM 法的计算步骤较少、较简单，且重构结果与真实值接近。但 REM 法也有不足，首先是 REM 法的重构效果对最初建立的分子库的依赖程度较高，这就需要考虑重构对象来制定分子库，如最高碳数的制定要与实际吻合。其次，假如初始分子库的混合性质与原油分析数据相差较远，重构后的原油会出现分布过于集中的情况，少数分子占原油比例过大，而本应含有的分子其组分含量接近于零。

通过比较两种方法的优缺点，可以看出，SR 法生成的物质的量相等的混合物，其性质能较为粗略地反映油品性质，但与实验数据有一定差异，此外，基于实验数据按照一定规则所抽样出的分子具有对象原油的代表性。与 SR 法相反，REM 法重构相当于旨在修饰分子组成，使混合物性质接近实验数据，但分子库需要事先有针对性地定义好。因此，在今后的分子重构中如果能够将两种方法相结合，对原油进行两步法重构，或许能够消除各自的方法不足。

第四节 分子水平的反应动力学模型及其计算

如第五章所述，不同水平层次的动力学模型主要包括馏分水平的集总动力学模型和分子水平的动力学模型（反应路径层面动力学模型和反应机理层面动力学模型两种），本节对这三种水平层面的动力学模型分别予以简单介绍。

一、反应路径层面的动力学模型及其计算

以石脑油催化重整动力学模型的建立与计算为例。催化重整的原料（石脑油）正常情况下是从 $C_5 \sim C_{12}$、最高到 C_{14} 范围的一系列烃类的混合物，但随着市场需求的不断增加，原料来源也在不断拓宽，如目前催化重整原料既有直馏石脑油，又有焦化汽油、催化裂化汽油、裂解汽油馏分。

由于组成的不同，不同原料进入重整装置后，发生的化学反应和生成的产物分布、性质也有不同，所以在进入装置反应前，需要对不同的重整原料进行评价。芳烃潜含量是使用最为广泛的重整原料评价指标，一般情况下，原料的芳烃潜含量越

大，产物的芳烃收率越高。然而实际生产中，相同芳烃潜含量的原料，在相同的生产条件下，产物的芳烃收率却有明显差别[39]，所以，使用芳烃潜含量只能对重整原料的性能做粗略的估计，要弄清楚催化重整原料对重整产物和加工的影响，从而提高芳烃收率，需要从分子角度关注原料的组成、结构，并对催化重整过程有更加深入和全面的理解。

建立石脑油分子水平反应动力学模型，有助于加深对原料分子、反应化学以及反应过程的了解，方便指导生产、拓展应用范围。

1.建模方法

建立分子动力学模型需要考虑如何解决以下两个方面的问题：第一，反应化学与反应过程表达必须严谨，以便计算机算法能够处理、跟踪物料种类和反应；第二，为了能够代表动力学并在依据实验数据进行优化后能够得到真正的速率常数信息，必须组织、整理好速率参数。

很多复杂性出在数据及其组合方面。为了获得准确结果并保证较高的求解效率，如何给反应分族，如何通过反应族获得物种的结构与反应活性之间的定量关系，这是十分重要的。

通常可以将重整原料分为几个组或类，例如分为正构烷烃、异构烷烃、五元环和六元环的环烷烃和芳烃。这些化合物的组或类在催化重整环境下按照有限的几个反应族进行反应，例如，脱氢反应、烷烃异构化反应、加氢裂化反应、氢解反应、环烷烃异构化反应、脱氢反应和脱烷基反应等。将所有重整反应分类为少数几个带有反应矩阵的反应族，即用一个小型的反应矩阵来生成有着几百个反应的反应网络，对此编制相应算法，就可以在计算机上自动完成。

假定准备开发一个反应路径水平下石脑油催化重整的动力学模型。在反应路径水平下催化重整动力学模型的应用中，每一个空间位阻相似的反应族都可以定义一个单独的阿仑尼乌斯（Arrhenius）因数 A，并且活化能与反应热有如下关系：

$$E^* = E_o^* + \alpha \Delta H_{rxn}$$

式中，E^* 为活化能；ΔH_{rxn} 为反应热；α 为系数。

吸附参数与定量结构 - 反应活性关系相关联。例如，环烷烃对金属的吸附作用比芳烃更强、速率公式中吸附常数的值的大小取决于催化活性位[40]。用纯物质和简单混合进料所做的初步实验显示，用金属催化的加氢和脱氢反应足够快速，因此酸性活性位的反应为控制步骤。这说明酸性活性位的吸附作用在反应中变得更加重要，此时，文献中很多化合物的吸附常数[40] 就都能用于本模型开发了。

对于一个确定的反应族，为了让计算机自动执行反应网络，需要用信息化方式描述，前面已经介绍过很多表示方法。如果用键 - 电子矩阵（BE）方法表示，则反应路径层面的石脑油催化重整的反应矩阵如图 6-24 所示[31]。

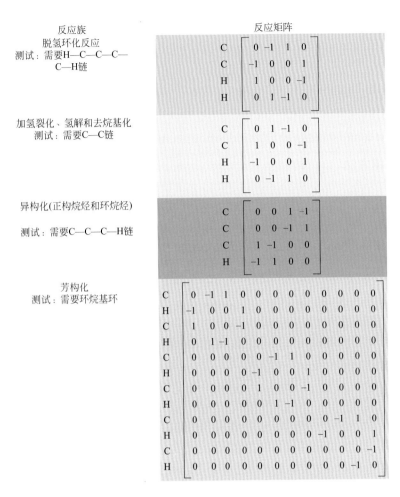

图 6-24　反应路径层面的石脑油催化重整的反应矩阵 [31]

2.模型开发

　　对于石脑油催化重整来说，在反应路径层面上的催化重整动力学建模的反应规则汇总于表 6-13。对表中各反应的具体阐述，请参见文献 [31]。

表6-13　石脑油催化重整的反应规则

反应族	反应规则
脱氢环化反应	只生成五元环烷烃

反应族	反应规则
裂化反应（加氢裂化、氢解）	无法裂化多键 正构烷烃无法加氢裂化 异构烷烃无法氢解 碳数小于 5 的烃类无法裂化
异构化反应（正构烷烃和环烷烃）	不允许生成多键或芳香键
芳构化反应	仅限所有六元环环烷烃的芳构化
脱烷基化反应	仅限芳香化合物的脱烷基化反应

3. 自动化模型建立

石脑油催化重整分子反应动力学的自动化模型建立如图 6-25 所示。上述反应矩阵、反应规则和动力学关系用于建立不同的重整模型。为了方便起见，同时建立了带有连接信息和热力学性质的石脑油分子信息库。很多反应所要求的反应性指标均为动态计算，并且将速率表达式作为转换器（EqnGen）的输入值写为文件。这个数学转换器随后会生成经典 Langmuir-Hinselwood-Hougen-Watson（LHHW）形式的速率方程。反应器按非等热活塞流等摩尔比放大设计。

有了这个工具，很多待选模型都可以使用上述工具应用不同套的反应规则在多种"假设"场景下自动建立。因为在重整条件下的实验分析结果显示烯烃浓度很低且与烷烃形成虚拟平衡，烯烃在此模型中会省略（除环戊二烯会在焦化反应中出现以外）。

通常，C_{11} 的催化重整动力学模型包含 650 种化合物和 2500 个反应。模型的规模与碳数相关，且模型规模会以 2^N 形式呈指数增大，N 为碳原子数。这样，对于 C_{14} 石脑油来说，由于会出现太多同分异构体，此时的模型规模实在太大了。

如果想建立规模可控、适宜的 C_{14} 石脑油催化重整动力学模型，可以采用一定的技巧。对 C_{14} 石脑油的催化重整反应而言，到生成 C_8 的反应可以考虑全面些，而对生成 $C_9 \sim C_{11}$ 的反应简略些就可以了。从 C_{12} 到 C_{14}，可以用仅有的几个代表性同分异构体描绘同碳数分类内所有的同分异构体，这样就可以大大减少分子数，这是一种称为反应路径递减（RPD）的技术。

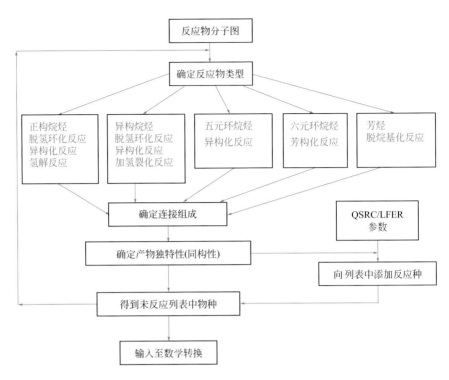

● 图 6-25　路径水平石脑油催化重整分子反应动力学的建模流程示意图

最终的 C_{14} 石脑油催化重整动力学模型包含了 147 种化合物和 587 个反应,其中前 69 种化合物由所有 C_8 分子组成,其他的则是 $C_9 \sim C_{14}$ 的代表性化合物以及焦化模型中的 3 种分子。表 6-14 总结了具体的分子类型和反应类型。

表6-14　C_{14}石脑油重整模型的物种与反应数

种类	数量	反应	数量
氢	1	脱氢成环反应	148
正烷烃	14	烷烃异构化反应	206
异构烷烃	59	加氢裂化反应	89
环烷烃	56	氢解反应	20
芳烃	14	环烷烃异构化反应	74
烯烃(环戊二烯)	1	芳构化反应	28
焦炭前体(萘)	1	脱烷基反应	15
焦炭	1	焦化反应	7
总物种数	147	总反应数	587

4. 模型验证

图 6-26 所示为石脑油催化重整中试装置采用调整模型对多种原料进行预测的结果与中试实验结果的比较。由图 6-26 可以看出，此模型对多种原料均可以使用，低收率产品和高收率产品都能被很好地预测。氢和轻组分的绝对收率值配对良好，从而使得 C_5^+ 产品的预测准确。图 6-26 也表现出对产物流股中芳烃的良好预测性。

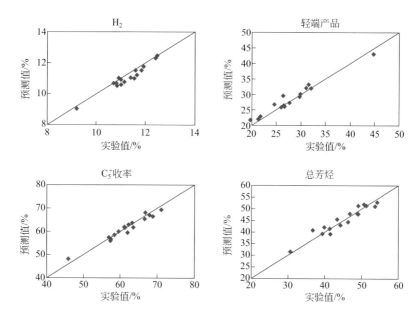

● 图6-26　不同进料和不同操作条件下模型预测与实验结果（中试）的比较

二、反应机理层面的动力学模型及其计算

以石脑油蒸汽裂解分子水平反应动力学模型为例予以介绍。

石脑油蒸汽裂解是乙烯工业的"龙头"装置。烃类热裂解生成的乙烯、丙烯、丁烯和芳烃是石油化工工业的主要原料，石脑油热裂解由于产物中烯烃的高收率而变得越来越重要，石脑油裂解装置需要适应不同种类进料的要求，给定的进料下也要寻求优化以获得最佳产品分布。这就要求开发具有分子水平的详细动力学模型来适应大范围各种原料使用的需要和优化。

石脑油裂解中的热裂化反应机理是一种通过自由基反应的机理 [41]，但也有不少针对简单分子裂化的一些特别的反应机理解释 [42, 43]。反应机理模型使用初始反应步骤以及与这些步骤相关的动力学来定量描述反应原料的变化。反应机理模型通常有宽泛的外推能力和很好的灵活性，其中灵活性是对于组成、混合物和操作条件来说的。在对反应种类和反应的内在动力学参数进行表征之后，之前对反应、速率常数和产物分布建模结果可以外推到一些之前未测试过的烃类物质。例如，经过轻烃和石脑油充分验证的 SPYRO 模型 [44] 扩展到柴油 [45, 46]，且这类模型能够适应所有类型的实验数据（实验室小试、中试和商业各个程度）。

1.建模方法

成功开发详细机理模型并不容易，主要是随着分子详细信息的增加，会伴随着所涉及反应网络中反应数量和相关速率常数数量的大量增加。即使是最简单的情况（比如纯乙烷或丙烷热裂解反应）也需要一个庞大的动力学策略方案来代表真实的系统表现。

从策略角度说，采取一定的"集总"思路但又不牺牲化学机理的简化方案是必要的，即以反应族的方式、并按照反应族动力学遵循"结构—反应性"关系的策略来构建分子反应动力学模型并求解参数。

为此，先将原料分类为几个化合物类别，如正构烷烃、异构烷烃、烯烃、环烷烃和芳烃，随后这些原料经过有限的反应族机理进行反应，如自由基引发反应（初始化反应）、夺氢反应、β- 断裂反应、开环闭环反应、自由基加成反应、Diels-Adler 缩合反应以及终止反应。少数的几个反应族可以进一步生成很多反应。而在一个反应族中，反应性的不同可以追溯到不同的取代基数量及种类。

定量来说，同一个反应族中取代基对反应的影响可以通过使用线性自由能关系式（LFERs）处理。LFERs 是一个带有反应物种结构属性信息的动力学参数半经验关联式，这在上一章已经介绍过。在现有的热裂化反应应用中，每个反应族都用单独的一个阿仑尼乌斯（Arrhenius）参数 A 定义，LFERs 将活化能变化值与反应性指数相关联。反应性指数可以是反应中涉及的一个分子或中间体的属性参数，比如生成热或碳原子数，或反应本身的属性参数，如反应的焓变，下式为此重要概念的总结。

$$\lg k_i = a + \sum_{j=1}^{n} b_i RI_j$$

式中，i 表示反应族中的一个组分；j 代表反应族；RI 指反应性指数；参数 a 和 b 由实验数据优化所确定。在热裂化反应化学机理中，可用反应焓作为反应性指数，从而约束反应遵循 Evan-Polanyi 关系式。

由于物种和反应数量都极其庞杂，通常大型反应机理模型的建立和求解会比较枯燥、耗时。

2.热裂化反应模型开发

热裂化反应的初始反应由基团和产物分子的热化学所驱动。初始化反应通过 C—C 键裂变生成自由基而开始。自由基随后会经过一系列不同的反应：如，经过 β 断裂发生的裂化反应会生成烯烃产品和更小的自由基；脱氢反应会生成一个稳定分子和一个新的自由基。这些反应步骤合在一起，构成链式反应的传播式反应过程 [47]。终止反应通过自由基 - 自由基重新结合和歧化反应的方式进行，从而形成稳定产物。大多数的反应都包含自由基，但有些纯分子反应也在这个过程中扮演重要角色。如果排除与自由基反应同时发生的分子反应，则会误导烯烃和二烯烃反应速率参数的求取[48]。在此类别中最重要的反应就是烯烃和共轭二烯烃反应生成环烯烃的 Diels-Alder 缩合反应。即反应模型通过几个基本步骤生成：（a）键裂变反应；（b）夺氢反应；（c）β-断裂反应；（d）自由基增加反应；（e）Diels-Alder 缩合反应；（f）所有反应物和反应中生成物种的终止反应。每个反应族的反应类型、反应矩阵和反应规则[31]汇总于表 6-15。

3.反应族的贡献作用

在热裂化化学机理中考虑多个反应族的角色是非常有指导性和实际作用的。β断裂反应和夺氢反应是最快的反应族，且大多数产物都是这些反应的直接生成物。自由基对烯烃的加成反应对反应程度的重要性相对较小，但是对于正确预测产物分布有很高的重要性。

自由基对烯烃的加成反应提供了从正构物种生成支链物种以及从小分子物种生成大分子物种的重要反应路径。比如，在正辛烷裂化中，产物里有低浓度的异庚烷、异辛烷和十一烷。这些大分子支链异构体经过连续的 β 断裂反应生成了大量的小分子，包括甲烷和异丁烷。这样，尽管自由基加成反应的速率常数较小，但这些反应还是能对产物分布有很大影响。

自由基引发和终止反应在热裂化化学机理中有着更复杂的角色。虽然多数情况下，自由基引发和终止反应对产物分布有着较小但直接的贡献，但这类反应对于生成和维护用于保持重要 β 断裂反应和夺氢反应的自由基池非常重要。

多数工业应用中自由基浓度比分子浓度要小几个数量级。自由基是不稳定中间体并且有着很大的裂化反应速率常数（β 断裂反应）生成烯烃和小自由基。对于大分子，β 断裂反应可能是热裂化化学中最快发生的反应。发生竞争的反应路径如夺氢反应、烯烃加成反应和自由基重组反应都对能发生一种或多种 β 断裂反应的大分子自由基有着显著更小的速率常数。大分子自由基（C_5^+，具有多种 β 断裂反应路径）的摩尔浓度相比乙基或丙基自由基（不能进行进一步 β 断裂反应）都远远更低。实践中的大多数情况下，超过 90% 的自由基池是由含有四个碳及以下的自由基组成的。这就提供了只允许五个碳以下的自由基参与夺氢和烯烃加成反应规则的半理论理由。实验证据证实了这样的假设不会导致此机理模型有任何明显的化学意义损失[31]。

4.反应网络诊断

应用表 6-15 中带有相关规则的反应矩阵，能生成 7774 种反应的机理模型。这么多的反应可按如下规律整理为相应的反应族：① 174 种自由基引发（初始化）反应；② 6722 种夺氢反应；③ 675 种 β 断裂反应；④ 92 种加成反应（包括 Diels-Alder 缩合反应）；⑤ 21 种终止反应。闭环和开环反应被默认为属于 β 断裂反应下的反应种类。

表6-15 石脑油热裂化反应的反应类型、反应矩阵及反应规则

反应类型	反应矩阵	反应规则
键断裂反应 $R—C1H_2—C2H_2—R' \rightarrow$ $R—C1H_2 + R'—C2H_2$	$\begin{array}{c} & C1 & C2 \\ C1 & 1 & -1 \\ C2 & -1 & 1 \end{array}$	1. 只允许中心键断裂生成大分子正构石蜡烃 2. 允许支链起点断裂生成支链石蜡烃
自由基夺氢反应 $R—H + R' \rightarrow$ $R'—H + \dot{R}$	$\begin{array}{c} & R & H & \dot{R}' \\ R & 0 & -1 & 0 \\ H & 1 & 0 & 1 \\ \dot{R}' & 0 & 1 & -1 \end{array}$	1. 对于高碳正构烷烃只允许生成二位自由基; 2. 允许在支链位点和支链 β 位发生夺氢反应生成异构石蜡烃; 3. 允许在丙烯基位和丙烯基 β 位发生夺氢反应生成烯烃; 4. 对于支链环烷烃允许在支链位点和支链 β 位发生夺氢反应; 5. 对于乙烯和丙烯允许所有夺氢反应发生; 6. 对于芳烃化合物允许稳定苄类物质生成; 7. 允许小分子自由基进行攻击（碳数小于5）
β 断裂反应 $R'—CH_2—\dot{R} \rightarrow$ $R=CH_2 + \dot{R}'$	$\begin{array}{c} & R & C & \dot{R}' \\ R & -1 & 1 & 0 \\ C & 1 & 0 & -1 \\ \dot{R}' & 0 & -1 & 1 \end{array}$	1. 不允许生成邻环双键; 2. 限制从二烯烃生成三烯烃; 3. 对于环烯烃不允许发生开环反应; 4. 氢自由基不能从碳数大于5的物质上生成;碳数大于12的物质不能生成 CH_3; 5. 对于多环化合物,开环反应将导致单支链的生成
自由基对烯烃加成反应 $\dot{R} + R'—C1H=C2H_2 \rightarrow$ $R'—\dot{C}1H—C2H_2—R$	$\begin{array}{c} & \dot{R} & C1 & C2 \\ \dot{R} & -1 & 1 & 0 \\ C1 & 1 & 0 & -1 \\ C2 & 0 & -1 & 1 \end{array}$	1. 允许小自由基进行攻击（碳数小于5）; 2. 限制产物大小（碳数小于6）
Diels-Alder 缩合反应	$\begin{array}{c} & C1 & C2 & C3 & C4 & C5 & C6 \\ C1 & 0 & -1 & 0 & 0 & 1 & 0 \\ C2 & -1 & 0 & 1 & 0 & 0 & 0 \\ C3 & 0 & 1 & 0 & -1 & 0 & 0 \\ C4 & 0 & 0 & -1 & 0 & 0 & 1 \\ C5 & 1 & 0 & 0 & 0 & 0 & -1 \\ C6 & 0 & 0 & 0 & 1 & -1 & 0 \end{array}$	1. 只有共轭丁二烯和戊二烯能够进行此反应; 2. 只有 C_2 和 C_3 烯烃可以进行此反应
自由基终止反应 $\dot{R} + \dot{R}' \rightarrow R—R'$	$\begin{array}{c} & \dot{R} & \dot{R}' \\ \dot{R} & -1 & 1 \\ \dot{R}' & 1 & -1 \end{array}$	1. 允许碳数大于3的物质发生终止反应; 2. 所有终止反应产物必须有进一步反应的路径

应注意的是反应路径简并被认为是模型动力学中的重要成因，同时也形成了 799 种不同的作为反应产物的物种，包括 11 种正构烷烃；34 种异构烷烃；72 种烯烃（包括乙烯和丙烯）；38 种二烯烃（包括丙二烯）、1,3-丁二烯和戊二烯；106 种环烷烃（包括环烯烃和环二烯烃）；26 种芳烃（包括苯、甲苯、二甲苯和苯乙烯）；氢；乙炔；丙炔和 512 种自由基。每个物种的浓度变化用常微分方程表示。整套的 799 个常微分方程构成了石脑油热裂化机理模型。

5. 参数估算

每个反应族中的速率常数都用反应族对应的阿仑尼乌斯（Arrhenius）参数 A 和将活化能与反应焓变关联起来的 Polanyi 关系式参数来描述。Polanyi 关系式和阿仑尼乌斯（Arrhenius）表达式结合起来表达速率常数 k_{ij} 的关系式见下式，其中 i 下标表示反应族，j 下标表示族中特定的反应。

$$k_{ij} = A_i + \exp\left[\frac{-(E_{o,i} + \alpha_i^* \Delta H_{rxn,j})}{RT}\right]$$

每个反应族都可以用最多三个参数（A，E_o，α）来描述。从这些参数中得到速率常数只需要每个基本步骤的反应焓变估算值。总的来说，反应焓变就是产物和反应物生成热差值的简单计算。但是，因为有很多模型种类，尤其是自由基中间体，都没有实验数据支撑，所以需要选择估算方法，如使用基团加和法来评估每个物种的生成热。

6. 结果

将模型预测结果与中试实验数据，如产物分布（碳数分布）、不饱和烃分布以及低收率产品分布等进行对比，所有收率均以乙烯收率为准进行归一化处理，结果吻合非常好，图 6-27 所示是其中一个方面的对比示例，由图可见，所建的分子动力学模型的准确度很高。

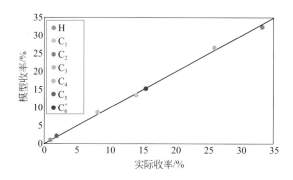

● 图 6-27　模型预测值与实验数据在产物分布（碳数分布）方面的比较

三、馏分水平的集总反应动力学模型的建立与应用

以催化裂化为例，简单介绍集总反应动力学模型以及导向集总动力学模型的建立、计算与应用。

1.催化裂化工艺及其化学简介

催化裂化[49]装置是炼厂最主要的炼油工艺装置之一。催化裂化工艺作为将劣质重油转化为高价值轻质油或化工原料的最重要炼油工艺，其发展已经有70多年了。中国的催化裂化无论是加工规模还是拥有的自有技术都走在世界前列。例如，我国近年来催化裂化新技术中仅工艺技术就包括DCC（Ⅰ型、Ⅱ型）、MGD、MIP/MIP-CGP、FDFCC、FVI™、两端提升管工艺、下行式反应器等10多种新工艺。其中，应用最为广泛的MIP（Maximizing Iso-paraffins，MIP）工艺由石油化工科学研究院开发，MIP技术核心是基于催化裂化反应机理，将提升管反应器分为两个不同的反应区，为烃类裂化和烯烃转化提供不同的反应环境（这非常吻合石油分子工程与分子管理理念）。

催化裂化工艺实现重油轻质化过程时，可以发生裂化、异构化、氢转移、环化（芳构化）、烷基转移、缩合、歧化、烷基化等化学反应，部分化学反应示例[50]见图6-28。

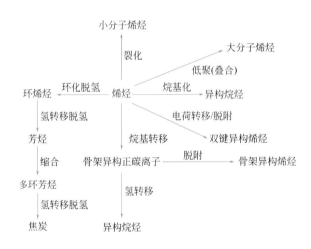

▶ 图6-28 烯烃的主要化学反应

2.集总动力学模型的建立与求解

催化裂化过程实际上是一个成千上万组分同时反应的高度偶合的复杂体系，这

就使得反应动力学的研究很困难。而将这种十分复杂的反应体系划分成若干个虚拟组分来建立反应动力学模型，即集总动力学模型，是一种比较有效的方法。这方面的研究较多，简要的总结请参见相关文献[50]。

不同的模型在形式、集总的划分上有所不同，但本质是一样的，其核心理论基础就是对各集总进行组成质量衡算，建立相应的质量守恒方程组或连续性方程组，然后根据初始条件和边界条件求解这些具有常微分性质的方程组，就可以得到相关变量的值。

例如，粟伟[51]建立了MIP-CGP工艺的八集总动力学模型，其划分的八个集总为：A集总：减渣/油浆；B集总：蜡油/回炼油；C集总：柴油；D集总：汽油；E集总：液化气；F集总：丙烯；G集总：干气；H集总：焦炭。八集总反应网络见图6-29。

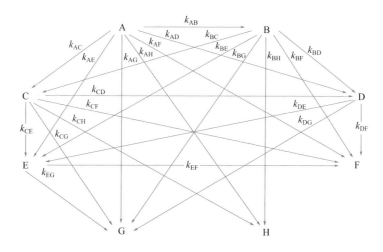

▶ 图6-29　MIP-CGP工艺的八集总反应动力学串行-并行网络图

对于集总i，假定其反应级数（如一级反应），写出相应的反应速率r_i方程式，并推导出总的反应速率方程表达式，形成反应速率常数的矩阵。同时，针对MIP-CGP两个不同反应区［例如，假定第一反应区为理想活塞流反应器（PFR），而第二反应器为多段理想全混流反应器（Multi-stage CSTR）］的情况，推导出相应的反应器模型。

根据阿仑尼乌斯（Arrhenius）方程求解催化裂化反应速率常数k_i。对获得的反应动力学常微分方程组进行参数估计。通常，第一反应区的方程组很难求得解析解，只能根据初值求得数值解，可以采用四阶龙格-库塔（Runge-Kutta）法求解。对于第二反应区的非线性方程组，可以采用高斯-牛顿（Gauss-Newton）法求解。

图 6-30 所示为模型计算（产率）与工业装置实际值的对比，由图可见，所建模型的准确性较好。

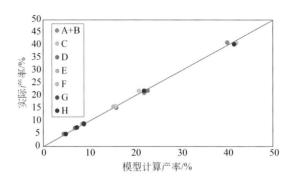

◉ 图 6-30　八集总模型计算值（产率）与工业装置实际值的对比

在反应动力学方程组、反应速率常数求取方面，最终求取的动力学参数准确性直接决定了模型的优劣成败，而求取参数过程的快慢程度又同时决定了模型的可操作性和实际应用性，所以，模型参数的求解方法很重要。

在参数求解方面，20 世纪 50 年代常用的牛顿法、最速下降法、共轭梯度法、DFP 法、BFGS 法、Powell 法等经典优化算法，虽然在具体优化计算中可能思路各有千秋，但实际上理论方向大多大同小异，即它们首先在可行域中随机选取一个可行解，利用各自独特的优化算法寻找出下一步的优化方向，然后再在此方向上进行一维线性搜索，确定最优步长，得到第二个可行解，接着再在第二个可行解基础上寻找下一步的优化方向和最优步长，得到第三个可行解，以此类推，直到无限逼近某一局部最优点时（通常判定标准为最优步长小于某一设定值）跳出循环，并确定当前点即是函数的最优点。由于优化算法思想的限制，此类算法虽然可较为准确地按照优化方向逐渐找出最优点，但这个最优点往往仅是局部最优点（对于非单调函数而言），而非全局最优，并且此最优点所列的局部可行域对初始点的选取有很强的依赖性，初始点选得差会直接导致函数收敛速度慢甚至无法收敛到局部最优。

针对上述经典优化算法无法寻找全局最优、最优点对初始值依赖性大、计算优化方向耗时长等不足，一些智能启发式算法如模拟退火算法（SA）、遗传算法、神经网络算法、演化算法、蚁群算法等逐渐为人们所使用。这些智能算法大多采用随机搜索策略，在给定的可行域中随机尝试搜索任意可行解，有效地克服了经典算法对初始值依赖性大、无法找寻全局最优等问题。此外，智能算法直接对对象函数进行操作，通常无需计算函数的一阶或二阶导数，不但对函数连续性没有要求，而且节省了运算时间。而这些智能算法背后所隐含的规律性还能对可行解进行有效筛选、交叉等操作，保证了算法的收敛性。

3.结构导向集总（SOL）动力学模型的建立与求解

通过上面介绍，可知集总动力学模型中各集总之间的反应速率是通过对原料油的反应数据进行经验拟合得到的。即传统集总模型不涉及烃类分子的结构，它实际上不是基于反应机理的模型。随进料组成变化所选集总可能不再适用，因为组成集总的化合物成分随着反应的进行在不断地变化着（这可能是集总动力学模型所遇到的最基本问题），同时动力学因子受工艺条件的影响显著，模型的外推性较差。还有，过于粗糙的虚拟组分划分无法获取产物分子组成方面的信息。综合起来，传统集总动力学模型主要存在以下不足：①实际集总的分子组成会随转化率而变化，但传统集总方法无法体现这种变化，计算精度无法预测产物组成的细微变化，当然更无法对产品中的单体芳烃、烯烃族组成及氧、硫、氮等元素含量做出详细预测；②当原料性质改变时，同一集总的组成不同，模型不能体现这种变化；③过分粗糙的传统集总方法不能解释催化剂对烃类反应选择性的影响。

随着先进的分析表征技术如 FT-ICR MS、NMR 等的发展，对原料的认识越来越深入，于是对集总的划分就越来越详细了。加上计算技术的进步，更大规模反应网络的模型也得到了开发和应用。图 6-31 简要示意了催化裂化集总动力学模型的发展趋势，从图可见，发展速度是极其快速的。

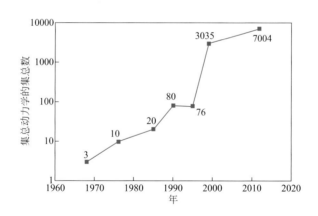

◗ 图 6-31　催化裂化集总动力学模型的发展趋势

如前所述，Exxon Mobil 公司的 Jaffe 等[52]提出的结构导向集总（SOL）的概念，使传统集总动力学模型得以在分子水平应用和发展，即 SOL 本质上还是集总动力学模型，但 SOL 是基于分子水平的集总。SOL 方法的核心思想是认为油品中所有复杂烃类分子均可拆解为 22 个分子片段或分子结构基团，将这 22 个分子结构基团称为结构向量（22 个结构向量的具体划分、含义等见前面几章的相关小节和相应的文献）。通过这 22 个结构向量的有机组合原则上可以表征所有的烃类分子。因此复杂烃类中的单个分子可用一行向量进行表征，这样一个复杂烃类分子混合物就可以用一个矩阵来表示，每一行向量后面附着该分子的百分含量。向量表示分子为构建任意尺度和复杂性的反应网络、发展基于分子的性质关联、结合已有的基团贡献法以评估分子热力学性质提供了一个方便的框架。

SOL 与传统的集总模型相比，最大的区别在于集总种类数量的大幅增长和引入了烃类的结构表征分子集总，这样能够更方便地将催化裂化反应机理嵌入模型。所以 SOL 法对原料和产物的分类较为详细，可以体现原料性质变化对原料、产物分子集总含量的影响。同时，将碳正离子反应机理与结构基团的变化相关联，使模型符合反应机理，更具可信性。SOL 模型易于推广，可以在较为宽广的范围内预测产物的组成及性质，且能获得关于产物组成分子方面的信息，这是传统集总方法无法做到的。

SOL 自推出以来已经得到了较快的发展，如将该方法应用催化裂化、加氢裂化、延迟焦化等工艺过程，进行产品产率和性质预测、原料优化配置、加工方案调优等，应用效果较好，每年增加数亿美元收入，也可以用 SOL 方法进行油品性质预测及组成调优、反应机理研究等过程。未来，SOL 方法的发展趋势可能还是在于如何确定重质油详细烃类分子组成的 SOL 描述方法，同时，结合结构 - 性质关系，将 SOL 法与基团贡献法等方法结合，构建油品烃类分子性质数据库，精确估算性质并用于产品调和。

祝然 [53] 研究了 SOL 法对催化裂化原料分子组成的描述，在原来 22 个结构向量基础上，增加了镍、钒等 4 个结构向量以表征多核分子。在此基础上，选取 56 种单核分子核心和 33 种多核分子核心，通过制定核心分子添加侧链（如—CH_2—）规则，构建出 1309 种分子集总来描述催化裂化进料的馏分油和渣油的分子组成。模拟结果表明，采用 1309 种分子描述渣油组成，686 种分子集总描述 VGO 组成均能较好地反映原料的真实性质。

催化裂化过程所涉及的反应具有复杂性及多样性，所制定的反应规则不可能包含催化裂化工艺所有可能发生的反应，需要进行若干简化。祝然所制定的反应规则主要是以遵循碳正离子反应机理为主的裂化、脱烷基、开环等催化反应，同时为了反应规则的完整性，规则也包括热裂化、脱杂原子、生焦等非催化反应。具体来说，针对催化裂化反应中各同系物族类化合物的反应类型，祝然共制定了 92 条单核分子反应规则及 34 条多核分子反应规则即 126 条反应规则用来描述重油的催化裂化反应行为。在此基础上，作者进行反应器模型求解，得到了相应的动力学参数。在速率常数估算方面，作者参考了经典的线性自由能关系（Linear Free Energy Relationship，LFERs）法结构 - 性质及反应性关系，采用了分层法计算速率常数。如，考虑同系物中结构不同的烃类分子对速率常数的影响、催化剂失活的影响以及装置因素的影响，将速率常数拟合为五部分的函数。采用这种方法计算速率常数，能够大幅减少需要计算的值，由原来的需要估测成千上万种反应速率常数缩减为只需调节几十种变量便可实现速率常数的优化工作。

在得到产物分子矩阵后，作者采用基团贡献法对产物中的分子进行分类，这与原料分子按照沸点进行馏分划分的方法是一样的。

所建模型经过与实验室小型提升管实验装置数据和工业装置数据的对照，证明精度比传统的集总模型要高，产物分布的模拟计算值与实验值相对误差均在 6% 以内，SOL 法还能计算得到产物分子组成的信息。SOL 法模型对进料组成、反应温度、剂油比、停留时间的变化有较好的适应性，模拟值与小试装置、工业装置实验值与考察值均吻合较好，相对误差分别不超过 7% 和 8%，结果满意。

所建 SOL 模型用于考察催化裂化工艺条件及进料组成优化非常方便、快捷、准确，图 6-32 为催化裂化反应温度和剂油比对轻质油收率的影响研究结果图[53]。

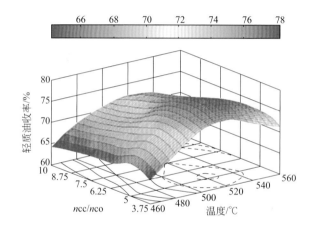

图 6-32 催化裂化反应温度和剂油比对轻质油收率的影响

第五节 其他应用

石油分子工程与分子管理在反应规律探索以及新催化剂、新工艺开发中也显示了蓬勃的生机和灿烂的前景。诚如在动力学模型建立与参数求解中介绍的那样，化合物的性质与其分子结构之间存在关系是化学物质的特性，所以分子结构与其动力学反应性之间也存在定量关系，因此在反应速率关系式中也就将反应速率参数（常数）与反应性关联了，进而与表征反应过程的分子特性特别是一些电子或能量方面的信息进行了关联。通过石油分子工程，为研究反应规律、反应机理，特别是确定反应中间体、判断可能发生的反应路径提供了很大方便与可能。例如，图 6-33 所示在确定碳正离子反应中间体吸附态 C_R^+ 存在形式方面依据其吸附态与自由态时的能量差，而通过研究某硫化物分子（结构见图 6-34）在 B 酸作用下 H$^+$ 质子攻击不同位置的能量（见表 6-16），来判断可能的反应路径。

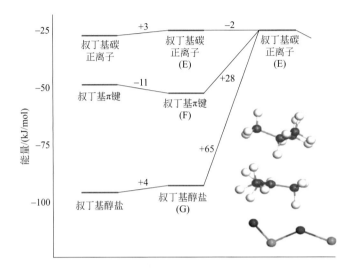

● 图 6-33　吸附态 C_R^+ 与自由态 C_R^+ 能量差示意图

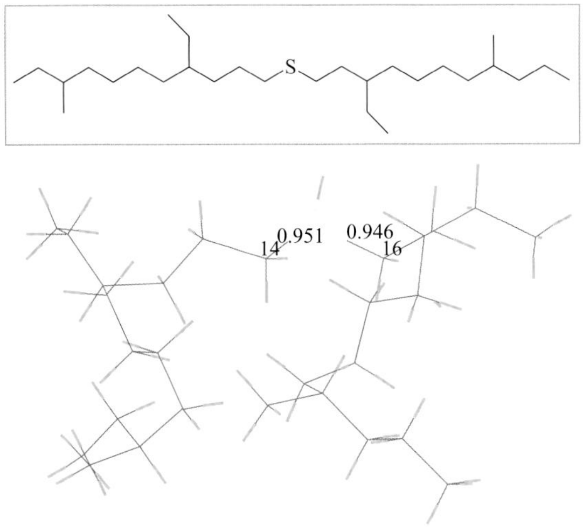

● 图 6-34　某硫化物分子结构示意图

表6-16 H⁺质子攻击不同位置的能量

中间体	$\Delta H_f^\ominus$/(kcal/mol)	中间体	$\Delta H_f^\ominus$/(kcal/mol)	中间体	$\Delta H_f^\ominus$/(kcal/mol)
模型 -SH⁺	9.3	模型 -10H⁺	57.6	模型 -21H⁺	54.4
模型 -1H⁺	90.2	模型 -11H⁺	91.1	模型 -22H⁺	53.3
模型 -2H⁺	61.8	模型 -12H⁺	70.9	模型 -23H⁺	51.5
模型 -3H⁺	65.1	模型 -13H⁺	75.2	模型 -24H⁺	47.1
模型 -4H⁺	94.6	模型 -14H⁺	16.2	模型 -25H⁺	63.9
模型 -5H⁺	62.9	模型 -16H⁺	20.3	模型 -26H⁺	78.4
模型 -6H⁺	52.4	模型 -17H⁺	59.1	模型 -27H⁺	45.8
模型 -7H⁺	69.5	模型 -18H⁺	39.9	模型 -28H⁺	53.6
模型 -8H⁺	25.6	模型 -19H⁺	48.8	模型 -29H⁺	94.7
模型 -9H⁺	62.4	模型 -20H⁺	84.2		

注：1kcal = 4.1868kJ。

在催化剂评价方面，也可以采用石油分子工程的方法来进行。例如，有两种（分子筛）催化剂 A 和 B，其酸性评价数据见表 6-17。对其反应性能评价，得到图 1-7（见第一章）。

表6-17 两种催化剂A和B的酸性评价数据

分子筛	酸值 /（mol/g）					
	NH₃-TPD				Py-FTIR	
	总酸	200 ~ 350℃	350 ~ 450℃	> 450℃	L 酸	B 酸
分子筛 A	110.335	80.626	15.413	14.296	108.822	47.764
分子筛 B	115.206	78.999	18.644	17.563	34.219	26.517

结合表 6-17 和图 1-7，不难发现：B 分子筛有利于质子化裂化反应，其他各反应 A 分子筛更为有利；对于环化或者缩环反应，两种分子筛差异较大，且 B 分子筛能垒很高；对于双分子反应，两种分子筛差异较大，A 分子筛能垒更低。这就为下一步两种分子筛催化剂的应用指明了方向。

中海油在上述理念指导下开发了相应的催化裂化汽油和柴油脱硫用的催化剂 [54]。对于新工艺开发来说，采用石油分子工程与分子管理的理念也是非常合适的。例如，中海油针对海洋原油低硫高氮的最大特点，开发了劣质催化柴油反序加氢改质工艺。之所以采用反序工艺，是为了保证裂化段不接触高含量的硫氮（尤其是有机氮），因此可以更好地发挥分子筛型加氢裂化催化剂的性能，提高单程转化率；而贵金属催化剂对硫氮具有更高的脱除深度，可以生产出真正的无硫汽柴油。这种工艺较一段串联通过式可以降低 25% 反应压力，可以更好地保证芳烃选择性开环，降低氢耗。因此，这种工艺对原料适应性强，生产灵活性大，可以适当提高柴油的终馏点，提高装置加工劣质原料的能力。表 6-18 所示为中海油开发的裂化剂与工业参比剂对比的结果。

表6-18　中海油裂化剂与工业参比剂的对比评价结果

项目	中海油裂化剂	工业参比剂
C_5^+ 液收质量分数 /%	98.5	93.2
总芳烃质量分数 /%	76.2	72.8
汽油馏分（< 205℃）		
收率 /%	44.7	40.5
S 含量 /（μg/g）	6.5	7.2
N 含量 /（μg/g）	4.3	5.1
芳烃质量分数 /%	47.5	41.3
柴油馏分（> 205℃）		
收率 /%	53.8	52.7
密度 /（kg/m³）	881	890
S 含量 /（μg/g）	8.9	9.6
十六烷值指数	40.1	38.9

注：工况为 6.0MPa，400℃，1.0h⁻¹，600：1。

基于分子工程理念，中海油开发的其他新工艺，可参见本章前面的介绍和文献 [19]。

总之，作为炼油强化技术的石油分子工程与分子管理，通过加深对石油资源分子水平上的认识，并深入研究石油及其分子组成的转化规律，同时借助计算机与信息化新技术在算法与算力等方面的进步，一方面可以优化原料组成、有针对性地开发最适合的催化剂并设计一系列合理反应路径和反应条件，达到原料、催化剂、工艺以及反应器的最佳匹配；另一方面，可以实现包括原油在内的资源敏捷优化与决策优化协同，原油选择、加工、销售全产业链在内的协同优化，以及全产业链过程质量、安全、环保的监管与溯源，进而达到全流程整体协同优化下的管控与决策智能一体化，从而真正实现超越传统石油粗放认知体系、进入"分子水平"层次的精细和精准石油炼制，推动炼油化工产业跨越式高质量发展，实现"资源高效转化、能源高效利用、过程绿色低碳"的目标。

——— 参考文献 ———

[1] 吴青 . 智能炼化建设——从数字化迈向智慧化 [M]. 北京 : 中国石化出版社 , 2018.

[2] 吴青. 智能炼化建设塑造炼化企业新未来 [J]. 炼油技术与工程, 2018, 48 (11): 1-4.

[3] 吴青. 流程工业智慧炼化建设的研究与实践 [J]. 无机盐工业, 2017, 49 (12): 1-8.

[4] 吴青. 新态势下的炼化企业数字化转型——从数字炼化走向智慧炼化 [J]. 化工进展, 2018, 37 (6): 2140-2146.

[5] 吴青. 流程工业卓越智能炼化建设的研究与实践 [J]. 无机盐工业, 2018, 50 (8): 1-5, 33.

[6] 吴青. 炼化企业数字化工厂建设及其关键技术研究 [J]. 无机盐工业, 2018, 50 (2): 1-7.

[7] 吴青. 石油分子工程及其管理的研究与应用（Ⅰ）[J]. 炼油技术与工程, 2017, 47 (1): 1-9.

[8] 吴青. 石油分子工程及其管理的研究与应用（Ⅱ）[J]. 炼油技术与工程, 2017, 47 (2): 1-14.

[9] 吴青. NIR、MIR 和 NMR 分析技术在原油快速评价中的应用 [J]. 炼油技术与工程, 2018, 48 (6): 1-7.

[10] 吴青, 彭成华, 赵晨曦等. CDOS-FRCN 全馏分催化汽油选择加氢脱硫工艺技术的工业应用 [J]. 山东化工, 2015, 44 (8): 122-1244.

[11] 赵晨曦, 王旭, 彭成华等. CDOS-FRCN 全馏分催化汽油选择加氢脱硫技术的首次工业应用 [J]. 现代化工, 2013, 33 (9): 100-104.

[12] 邢恩会, 谢文华, 慕旭宏. 降低汽油苯含量技术进展 [J]. 中外能源, 2011, 16 (5): 81-85.

[13] 王丽景. 浅谈柴油质量升级到国Ⅳ、国Ⅴ的技术对策 [J]. 中国石油和化工, 2014, 11: 67-70.

[14] Heckel T, Thakkar V, Behraz E. Developments in distillate fuel specifications and strategies for meeting them[C]. San Francisco: NPRA Annual Meeting, 1998.

[15] 李泽坤, 王刚, 刘银东等. CGO 关键组分结构分析及其对 FCC 反应性能的影响 [J]. 石油学报 (石油加工), 2010, 26 (5): 691-699.

[16] 鞠雪艳, 蒋东红, 胡志海等. 四氢萘类化合物与萘类化合物混合加氢裂化反应规律的考察 [J]. 石油炼制与化工, 2012, 43 (11): 1-5.

[17] 杨平, 辛靖, 李明丰等. 四氢萘加氢转化研究进展 [J]. 石油炼制与化工, 2011, 42 (8): 1-6.

[18] 王雷, 邱建国, 李奉孝. 四氢萘加氢裂化反应动力学 [J]. 石油化工, 1999, 28 (4): 240-243.

[19] 吴青, 吴晶晶. 基于分子工程理念的催化裂化轻循环油 (LCO) 提质增值研究 // 薛群基. "化工、冶金、材料" 前言与创新, 中国工程院化工、冶金与材料工程第十一届学术会议论文集 [M]. 北京: 化学工业出版社, 2016.

[20] 唐津莲, 许友好, 汪燮卿等. 四氢萘在分子筛催化剂上环烷环开环反应的研究 [J]. 石油炼制与化工, 2012, 43 (1): 20-28.

[21] 白媛媛, 李士雨. 基于分子矩阵预测石脑油分子水平组成 [J]. 石油化工, 2016, 45 (1l): 1369-1374.

[22] 彭辉, 张磊, 邱彤等. 乙烯裂解原料等效分子组成的预测方法 [J]. 化工学报, 2011, 62 (12): 3447-3451.

[23] Wu Qing. Construction of smart refinery based on molecular engineering & management[C].

Qingdao: 10th Symposium on Heavy Petroleum Fractions: Chemistry, Processing and Utilization, 2018.

[24] 王佳，焦国凤，孟繁磊等．柴油烃类分子组成预测研究 [J]．计算机与应用化学，2015, 32 (6): 707-711.

[25] 孟繁磊，周祥，郭锦标等．异构烷烃的有效碳数与物性关联研究 [J]．计算机与应用化学，2010, 27 (2): 1638-1642.

[26] 郭广娟，李洋，侯栓弟等．柴油分子重构模型的建立及烃类组成模拟 [J]．计算机与应用化学，2014, 31 (12): 142-145.

[27] Muhammad I A. Integrated and multi-period design of diesel hydrotreating process [D]. Manchester: University of Manchester, 2009.

[28] 侯栓弟，龙军，张楠．减压蜡油分子重构模型：Ⅰ模型建立 [J]．石油学报（石油加工），2012, 28 (6): 889-894.

[29] 李洋，龙军，侯栓弟等．减压蜡油分子重构模型：Ⅱ烃类组成模拟 [J]．石油学报（石油加工），2013, 29 (1): 1-5.

[30] 阎龙，王子军，张锁江等．基于分子矩阵的馏分油组成的分子建模 [J]．石油学报（石油加工），2012, 28 (2): 329-337.

[31] Klein M T, Hou G, Bertolacini R J, et al. Molecular modeling in heavy hydrocarbon conversions[M]. New Jersey: Taylor & Francis, 2006.

[32] 马法书，袁志涛，翁惠新．分子尺度的复杂反应体系动力学模拟 I 原料分子的 Monte Carlo 模拟 [J]．化工学报，2004, 54 (11): 1539-1545.

[33] 沈荣民，蔡军杰，江红波等，延迟焦化原料油分子的蒙特卡罗模拟 [J]．华东理工大学学报（自然科学版），2005, 36 (1): 56-61.

[34] 倪腾亚，刘纪昌，沈本贤．基于结构导向集总的渣油分子组成矩阵构建模型 [J]．石油炼制与化工，2015, 46 (7): 15-22.

[35] 龚剑洪，陆善祥，崔建等．国产重油组成的表征 [J]．石油炼制与化工，2000, 31 (10): 48-52.

[36] 赵雨霖．原油分子重构 [D]．上海：华东理工大学，2011.

[37] 牛莉丽．原油的熵最大化分子重构 [D]．上海：华东理工大学，2011.

[38] Hudebine D, Verstraete JJ. Molecular reconstruction of LCO gasoils from overall petroleum analyses[J]. Chemical Engineering Science. 2004, 59(22): 4755-4763.

[39] 马爱增．芳烃型和汽油型连续重整技术选择 [J]．石油炼制与化工，2007, 38 (1): 1-6.

[40] Van Trirnpont P A, Marin G B, Froment G F. Reforming of C_7 hydrocarbons on a sulfided commercial Pt/Al203 catalyst[J]. Ind Eng Chem Res, 1988, 27 (1): 51-57.

[41] Laidler K J. Chemical kinetics[M].2nd edited. New York: McGraw-Hill, 1965.

[42] Sundaram K M, Froment G F. Modeling of thermal kinetics. 3. Radical mechanisms for the pyrolysis of simple paraffins, olefins and their mixtures[J]. Ind Eng Chem Fundam, 1978,

17 (3): 174-182.

[43] Dente M, Ranzi E. Mathematical modeling of hydrocarbon pyrolysis reactions//Albright L F, Corcoran W H. Pyrolysis: theory and industrial practice[M]. New York: Academic Press, 1983.

[44] Dente M, Ranzi E, Goossens A G. Detailed prediction of olefin yields from hydrocarbon pyrolysis through a fundamental simulation model (SPYRO) [J]. Computers & Chemical Engineering, 1979, 3 (1-4): 61-75.

[45] Goossens A G, Dente M, Ranzi E. Improve steam cracker operation[J]. Hydrocarbon Processing, 1978, 57 (9): 227-236.

[46] Goossens A G, Dente M, Ranzi E. Simulation program predicts olefin-furnace performances [J]. Oil Gas J, 1978, 76 (36) , 89-104.

[47] Benson S W. The thermochemistry and kinetics of gas phase reactions//William A Pryor. Frontiers of Free Radical Chemistry[M]. New York: Academic Press, 1980.

[48] Benson S W. Refining petroleum for chemicals//Spillane L J, Leftin H P. Advances in Chemistry Series[M]. Washington, D C: American Chemical Society, 1970.

[49] 许友好 , 鲁波娜 , 何鸣元等 . 变径流化床反应器理论与实践 [M]. 北京 : 中国石化出版社 , 2019.

[50] 吴青 . 催化裂化汽油清洁化反应的热力学、动力学模型与新反应过程的探索 [D]. 北京 : 石油化工科学研究院 , 2004.

[51] 粟伟 . 催化裂化过程建模与应用研究 [D]. 杭州 : 浙江大学 , 2010.

[52] Quann R J, Jaffe S B. Structure-oriented lumping: describing thechemistry of complex hydrocarbon mixtures[J]. Industrial & Engineering Chemical Research, 1992, 31 (11): 2483-2497.

[53] 祝然 . 结构导向集总新方法构建催化裂化动力学模型及其应用研究 [D]. 上海 : 华东理工大学 , 2013.

[54] Wu Qing, Li Yuyang, Zhang gui, et al. Synthesis and characterization of beta-FDU-12 and the hydrodesulfurization performance of FCC gasoline and diesel[J]. Fuel Processing Technology, 2018, 172: 55-64.

索　引